エクセル&ワード
全部! 使える
瞬間ワザ

たくさがわ つねあき

Bunko!
今すぐ使える かんたん 文庫

技術評論社

エクセルの画面構成

エクセル 2016 の画面を確認しよう。エクセル特有の要素が多いので、あらかじめマスターしておきたい。

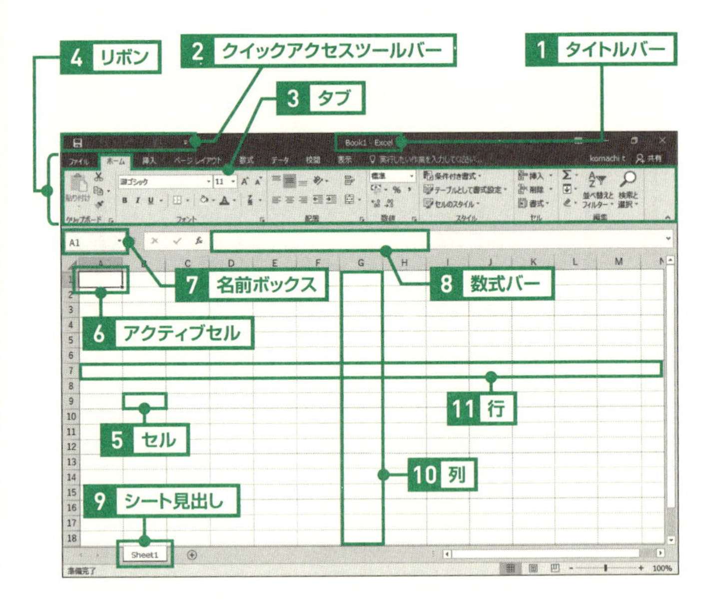

1 タイトルバー

編集中のブックのファイル名（ここでは「Book1」）が表示される。

2 クイックアクセスツールバー

よく使う機能を登録できる。最初は「上書き保存」など、3つのボタンが用意されている。

3 タブ　4 リボン

タブには、用途によって分類されたボタンが配置されている。タブの名前をクリックすることで、その内容に応じたボタンを表示できる。これらタブの集まったものをリボンと呼ぶ。ブック内でグラフや図などを選択した時だけ表示されるタブもある。

5 セル

1つ1つのマスのこと。このマスにデータを入力し、表を作成する。

6 アクティブセル

現在選択されているセル。太い枠で囲まれている。

7 名前ボックス

アクティブセルの場所が「A1」「B3」のように表示される。

8 数式バー

セルや計算式の内容を確認できる。ここからデータを編集することもできる。

9 シート見出し

1つのブックには、複数のシートを作成できる。「1月分」「2月分」…のように、関連するシートを1つのブック内で整理できる。

10 列

縦の並びのこと。A列、B列と呼ぶ。

11 行

横の並びのこと。1行、2行と呼ぶ。

ワードの画面構成

ワード2016の画面を確認しよう。入力関係の要素も合わせて解説する。

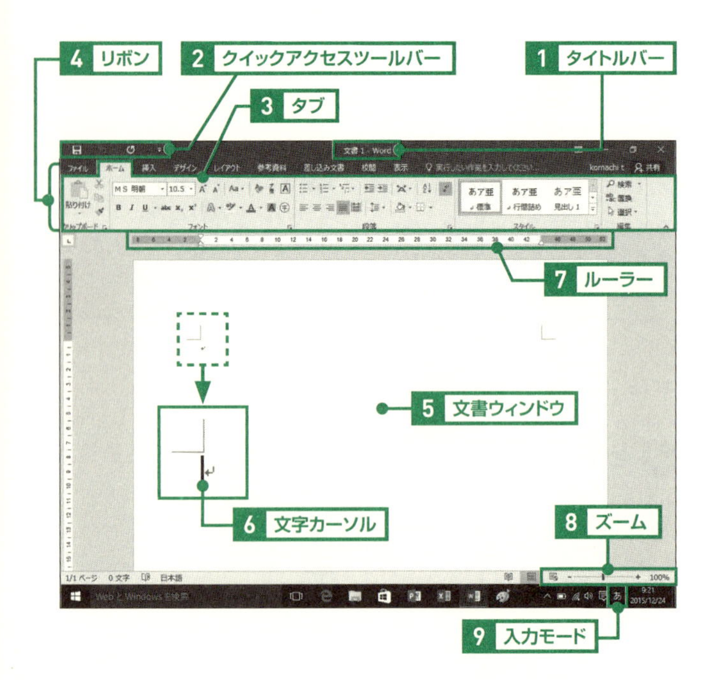

1 タイトルバー

編集中の文書のファイル名（ここでは「文書 1」）が表示される。

2 クイックアクセスツールバー

よく使う機能を登録できる。最初は「上書き保存」など、3つのボタンが用意されている。

3 タブ　4 リボン

タブには、用途によって分類されたボタンが配置されている。タブの名前をクリックすることで、その内容に応じたボタンを表示できる。これらタブの集まったものをリボンと呼ぶ。文書内で罫線や図などを選択した時だけ表示されるタブもある。

5 文書ウィンドウ

ここに文字を入力したり図を作成したりする。

6 文字カーソル

入力した文字は、この位置に表示される。クリックやキー操作で移動することができる。

7 ルーラー

文字の開始位置を揃える場合の目安となる定規。

8 ズーム

ワードの画面を＋で拡大、-で縮小できる。つまみをドラッグしてもよい。

9 入力モード

現在の入力モードを確認できる。「あ」なら日本語入力、「A」なら英語入力だ。単語登録や難読漢字の入力もここからできる。

Contents 目次

第1章 エクセル&ワード共通の便利操作 ベスト10

第2章 エクセル定番の基本操作

第3章 エクセル便利な応用操作

第4章 ワード定番の基本操作

第5章 ワード便利な応用操作

◎免責

本書に記載された内容は、情報の提供のみを目的としています。したがって、本書を用いた運用は、必ずお客様自身の責任と判断によって行ってください。これらの情報の運用の結果について、技術評論社および著者はいかなる責任も負いません。

本書記載の情報は、2015 年 12 月現在のものを掲載しています。ソフトウェアの画面など、ご利用時には変更されている場合があります。また、本書は Excel 2016、Word 2016 の画面で解説を行っています。その他の Excel、Word のバージョンでは、操作内容が異なる場合があります。

以上の注意事項をご承諾いただいた上で、本書をご利用願います。これらの注意事項をお読みいただかずに、お問い合わせいただいても、技術評論社および著者は対処しかねます。あらかじめ、ご承知おきください。

◎商標、登録商標について

本文中に記載されている会社名、製品名などは、それぞれの会社の商標、登録商標、商品名です。

なお、本文に TM マーク、® マークは明記しておりません。

第1章

エクセル＆ワード共通の便利操作ベスト10

ベスト

001

まちがった操作をすばやく取り消す

[初級]

ここがポイント！ Ctrl+Zキーを押す

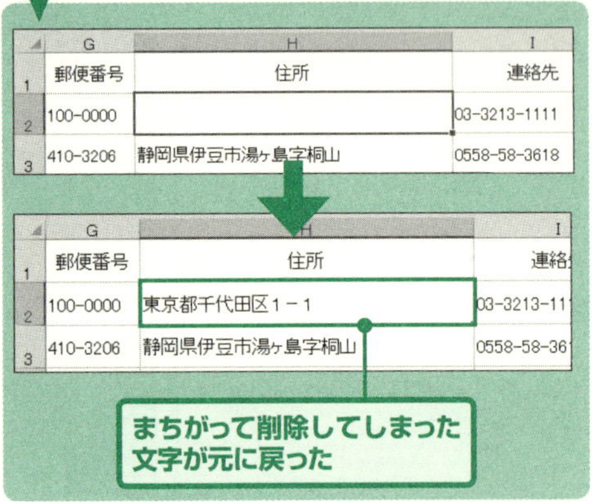

	G	H	I
1	郵便番号	住所	連絡先
2	100-0000		03-3213-1111
3	410-3206	静岡県伊豆市湯ヶ島字桐山	0558-58-3618

	G	H	I
1	郵便番号	住所	連絡
2	100-0000	東京都千代田区1－1	03-3213-11
3	410-3206	静岡県伊豆市湯ヶ島字桐山	0558-58-36

まちがって削除してしまった文字が元に戻った

ワードやエクセルでうっかり文字を消してしまったり、不用意な操作で思った結果と違ってしまうのはよくあることだ。そんな時にまちがった操作を取り消し、**直前の状態に戻してくれる**のが**［Ctrl］+［Z］キー**だ。［Ctrl］キーを押したままにし、［Z］キーを繰り返し押せば、押した数だけ、操作をさかのぼって取り消すことができる。操作のまちがいを恐れずに積極的に操作していくための、必須ワザだ。

1 うっかりまちがった操作をしてしまったら、Ctrl+Zキーを押す❶。ここでは、必要な文字をまちがって削除してしまった。

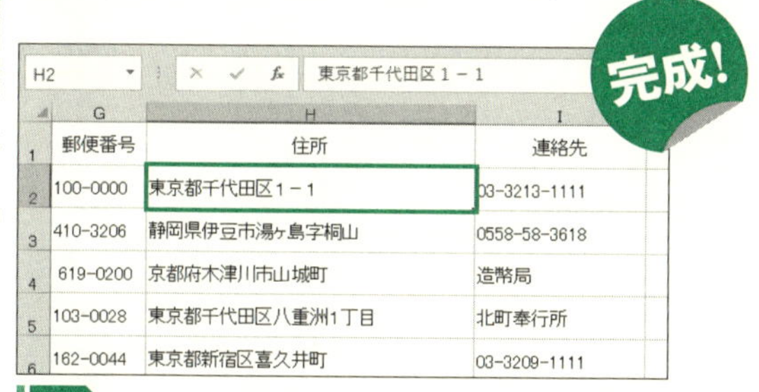

2 まちがえた操作が取り消されて、文字が元の状態に戻る。

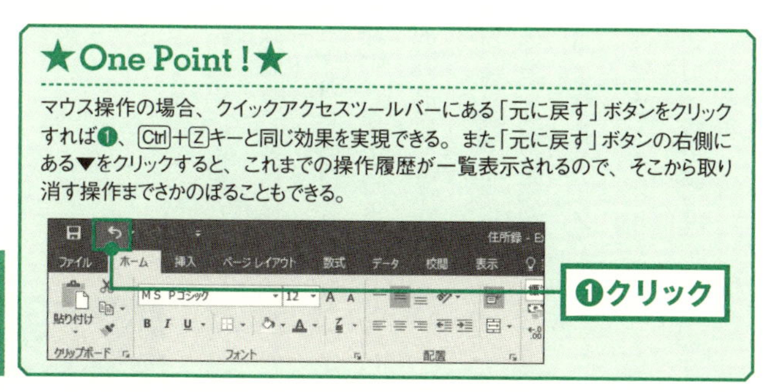

★One Point !★

マウス操作の場合、クイックアクセスツールバーにある「元に戻す」ボタンをクリックすれば❶、Ctrl+Zキーと同じ効果を実現できる。また「元に戻す」ボタンの右側にある▼をクリックすると、これまでの操作履歴が一覧表示されるので、そこから取り消す操作までさかのぼることもできる。

ベスト

002

直前の操作を繰り返す

［初級］

ここがポイント！

Ctrl＋Yキーを押す

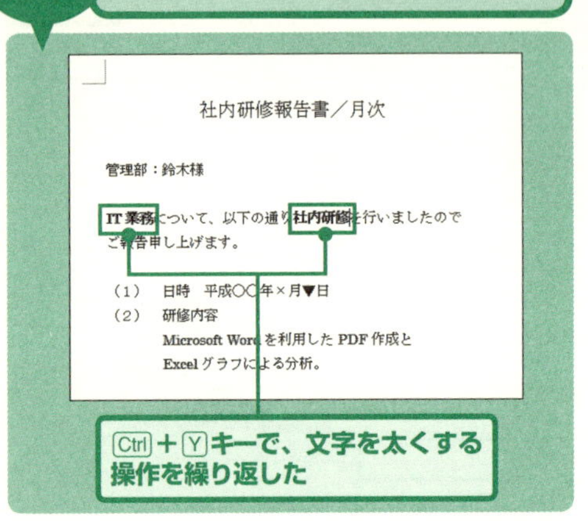

この操作を知らずに損をしている人は少なくない。繰り返したい操作を行った直後に、［Ctrl］キーを押しながら［Y］キーを押す。文字の色を繰り返し設定したい、列の追加を繰り返し行いたい、セルに同じ枠線を設定したいなど、**繰り返し行う作業**を効率化するとってもおきのワザだ。同じ機能が、クイックアクセスツールバーのボタンに用意されているが、小さくクリックしづらいのでおすすめしない。

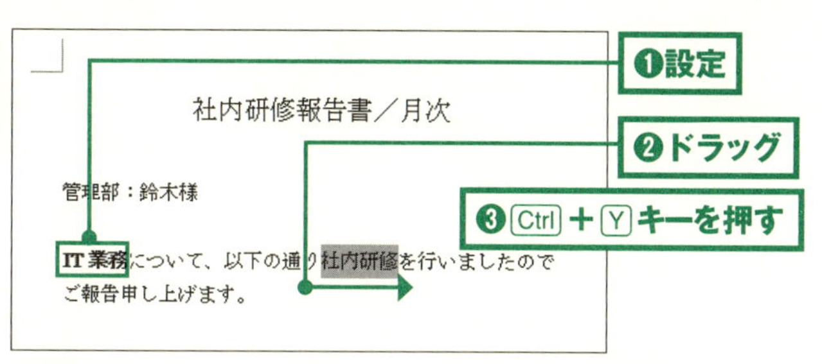

1 文字に太字を設定する❶。別の文字をドラッグして選択し❷、Ctrlキーを押しながらYキーを押す❸。

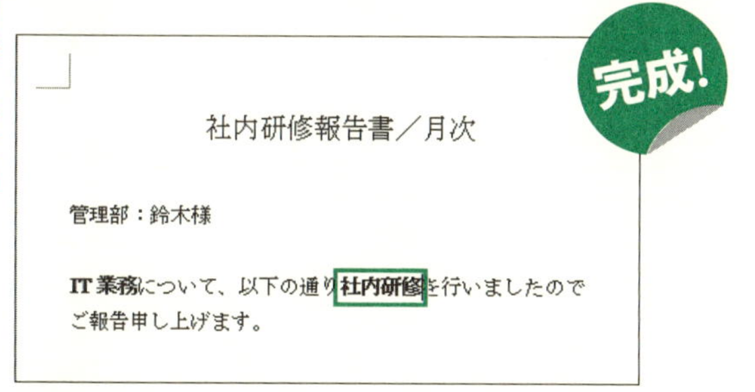

2 選択した文字が太字になる。別の文字をドラッグし、もう一度Ctrl+Yキーを押せば、その文字も太字になる。別の操作を行うまで、何度でも繰り返すことができる。

★One Point!★

ダイアログボックスを利用して設定した書式も、「繰り返し」を実行できる。複数の設定をまとめて繰り返すことができて効率的だ。しかし、繰り返しができない操作もあるので、注意しよう。

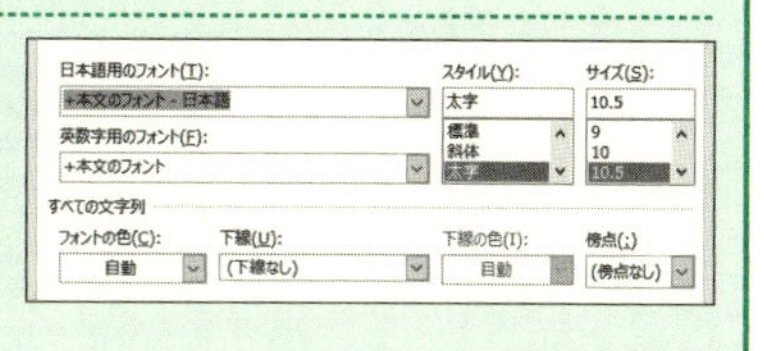

ベスト
003

コピー&貼り付けを最速で行う

ここがポイント！
Ctrl＋Cキーでコピー
Ctrl＋Vキーで貼り付け

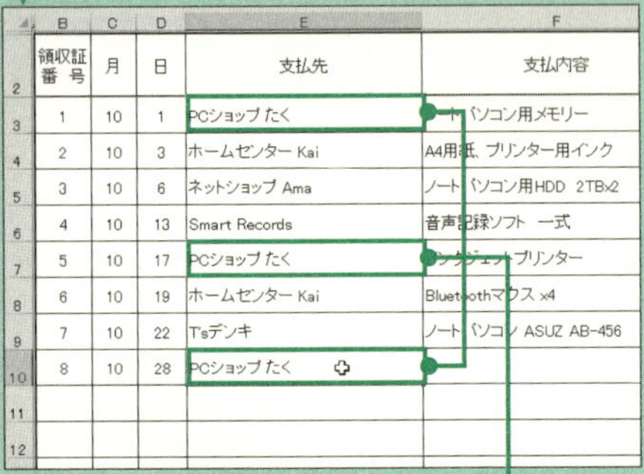

	B	C	D	E	F
2	領収証番号	月	日	支払先	支払内容
3	1	10	1	PCショップ たく	ノートパソコン用メモリー
4	2	10	3	ホームセンター Kai	A4用紙、プリンター用インク
5	3	10	6	ネットショップ Ama	ノートパソコン用HDD 2TBx2
6	4	10	13	Smart Records	音声記録ソフト 一式
7	5	10	17	PCショップ たく	インクジェットプリンター
8	6	10	19	ホームセンター Kai	Bluetoothマウス x4
9	7	10	22	T'sデンキ	ノートパソコン ASUZ AB-456
10	8	10	28	PCショップ たく	
11					
12					

セルのコピーをすばやく行うことができる

［初級］

パソコンがもっとも得意とするのは、データの再利用だ。そこで活躍するのが**「コピー&貼り付け」**で、文字や図形をかんたんに再利用できる。コピー&貼り付けは、「①コピーしたいものを選択する ②コピーする ③貼り付けたい位置をクリックする ④貼り付ける」という手順で行う。このうちの②の「コピー」は**【Ctrl】＋【C】キー**、④の「貼り付け」は**【Ctrl】＋【V】キー**を押すことで、最速で実行できる。

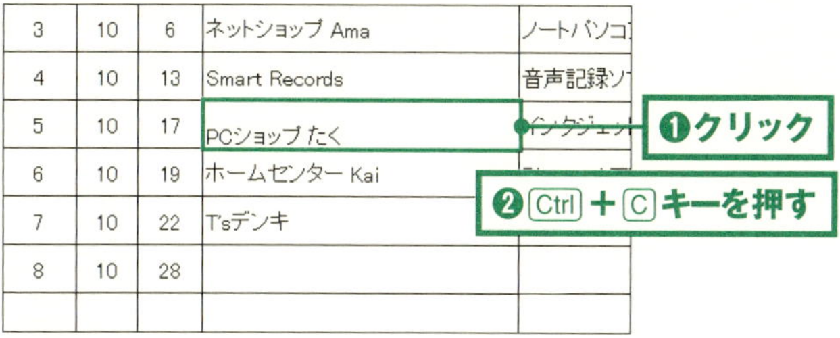

3	10	6	ネットショップ Ama	ノートパソコ
4	10	13	Smart Records	音声記録ソ
5	10	17	PCショップ たく	インクジェッ
6	10	19	ホームセンター Kai	
7	10	22	T'sデンキ	
8	10	28		

❶クリック

❷Ctrl+Cキーを押す

1 コピーしたいセルを選択する❶。Ctrlキーを押しながらCキーを押す❷。

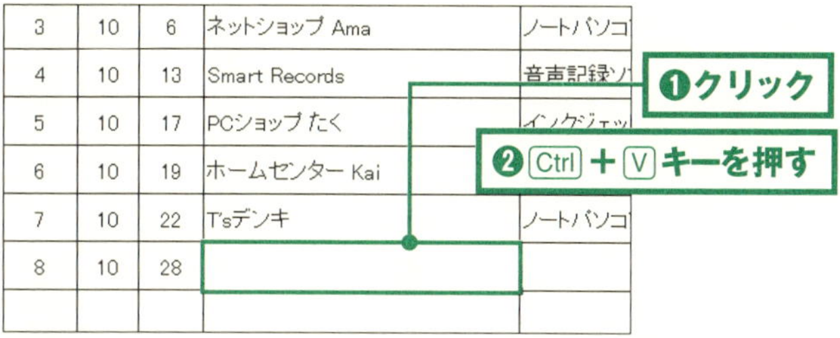

3	10	6	ネットショップ Ama	ノートパソコ
4	10	13	Smart Records	音声記録ソ
5	10	17	PCショップ たく	インクジェッ
6	10	19	ホームセンター Kai	
7	10	22	T'sデンキ	ノートパソコ
8	10	28		

❶クリック

❷Ctrl+Vキーを押す

2 貼り付けたい位置をクリックする❶。Ctrl+Vキーを押す❷。

3	10	6	ネットショップ Ama	ノー
4	10	13	Smart Records	音声
5	10	17	PCショップ たく	インクジェッ
6	10	19	ホームセンター Kai	Bluetoothマ
7	10	22	T'sデンキ	ノートパソコ
8	10	28	PCショップ たく	

完成!

3 文字がコピーされて、貼り付けられた。

ベスト
004

トラブルに備えて文書をすばやく保存する

［初級］

ここがポイント！ Ctrl＋Sキーを押す

	領収証番号	月	日	支払先	支払内容
3	1	10	1	PCショップ たく	ノートパソコン用メモリー
4	2	10	3	ホームセンター Kai	A4用紙、プリンター用インク
5	3	10	6	ネットショップ Ama	ノートパソコン用HDD 2TBx2
6	4	10	13	Smart Records	音声記録ソフト 一式
7	5	10	17	PCショップ たく	インクジェットプリンター
8	6	10	19	ホームセンター Kai	Bluetoothマウス x4
9	7	10	22	T'sデンキ	ノートパソコン ASUZ AB-456
10	8	10	28	PCショップ たく	
11					

文書の変更内容をこまめに保存する

保存には、「上書き保存」と「名前を付けて保存」がある。文書を最初に保存したり、別の場所に保存し直すのは「名前を付けて保存」だが、すでに保存された文書に加えた変更を保存するのは「**上書き保存**」だ。上書き保存は、急なトラブルに備え、できるだけ頻繁に行いたい。**［Ctrl］＋［S］キー**を押す方法なら、入力中など、こまめに上書き保存ができる。アプリがフリーズするなど、**トラブルが起きても安心**だ。

	B	C	D	E	F	G
2	領収証番号	月	日	支払先	支払内容	金額
3	1	10	1	PCショップ たく	ノートパソコン用メモリ	
4	2	10	3	ホームセンター Kai	A4用紙、プリンター用	
5	3	10	6	ネットショップ Ama	ノートパソコン用HDD 2TBx2	¥32
6	4	10	13	Smart Records	音声記録ソフト 一式	¥50
7	5	10	17	PCショップ たく	インクジェットプリンター	¥9
8	6	10	19	ホームセンター Kai	Bluetoothマウス x4	¥8
9	7	10	22	T'sデンキ	ノートパソコン ASUZ AB-456	¥65
10	8	10	28	PCショップ たく		
11						

❶ Ctrl ＋ S キーを押す

1 文書作成の途中で、Ctrlキーを押しながらSキーを押す❶。

	B	C	D	E	F	G
2	領収証番号	月	日	支払先	支払内容	
3	1	10	1	PCショップ たく	ノートパソコン用メモリー	
4	2	10	3	ホームセンター Kai	A4用紙、プリンター用インク	
5	3	10	6	ネットショップ Ama	ノートパソコン用HDD 2TBx2	¥32
6	4	10	13	Smart Records	音声記録ソフト 一式	¥50
7	5	10	17	PCショップ たく	インクジェットプリンター	¥9
8	6	10	19	ホームセンター Kai	Bluetoothマウス x4	¥8
9	7	10	22	T'sデンキ	ノートパソコン ASUZ AB-456	¥65
10	8	10	28	PCショップ たく		
11						

完成！

2 画面上は何の変化も起こらないが、最新の内容で上書き保存が実行されている。まだ保存していない文書では、「名前を付けて保存」ダイアログが表示される。

★One Point !★

保存されているかどうか確認したい場合は、「ファイル」タブをクリックして表示される画面の「プロパティ」で「更新日時」を見る。上書き保存が行われた日時を確認できる。

関連する日付

更新日時	今日 21:24
作成日時	2007/09/03 22:25
最終印刷日	2015/10/28 8:01

ベスト 005

画面を拡大して読みやすくする

［初級］

ここがポイント！ Ctrl＋ホイール回転で画面を拡大する

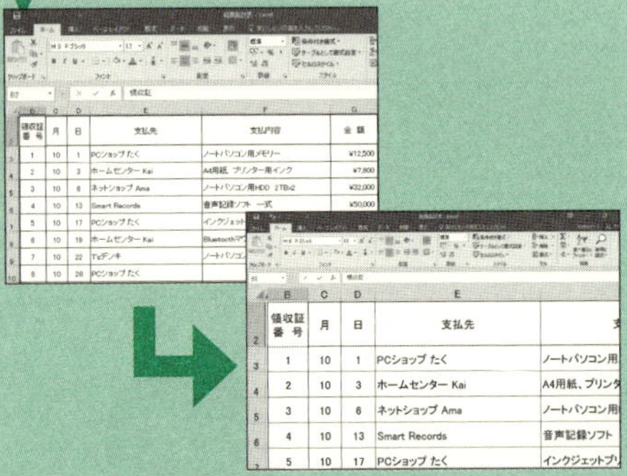

領収証番号	月	日	支払先	支払内容	金額
1	10	1	PCショップ たく	ノートパソコン用メモリー	¥12,500
2	10	3	ホームセンター Kai	A4用紙、プリンター用インク	¥7,800
3	10	6	ネットショップ Ama	ノートパソコン用HDD 2TB×2	¥32,000
4	10	13	Smart Records	音声記録ソフト 一式	¥50,000
5	10	17	PCショップ たく	インクジェット	
6	10	19	ホームセンター Kai	Bluetoothマ	
7	10	22	Tsデンキ	ノートパソコ	
8	10	28	PCショップ たく		

画面を拡大表示して見やすくする

画面の小さいパソコンでは、画面内の文字や表示が小さく見づらいことがある。特にワードやエクセルでの文書作成中は、文字が小さいと作業効率が悪くなる。このような場合に**［Ctrl］キーを押しながら、マウスのホイールを奥側に回すと、ウィンドウ内が拡大**表示されて見やすくなる。元に戻すには、［Ctrl］キーを押しながら、マウスのホイールを手前側に回転する。さらに手前に回すと、画面が縮小表示される。

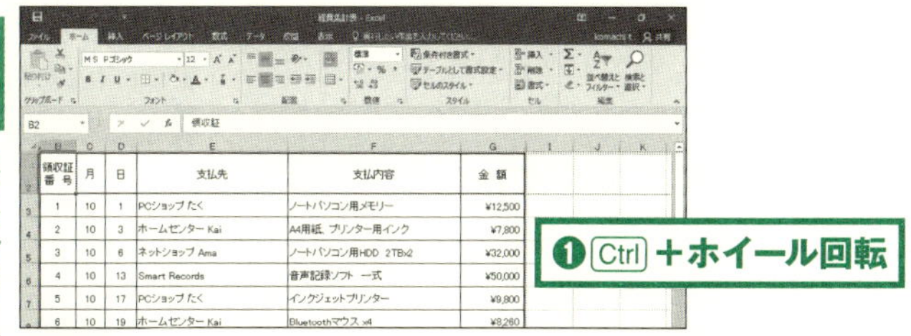

1 Ctrlキーを押しながら、マウスのホイールを奥側に回転する❶。

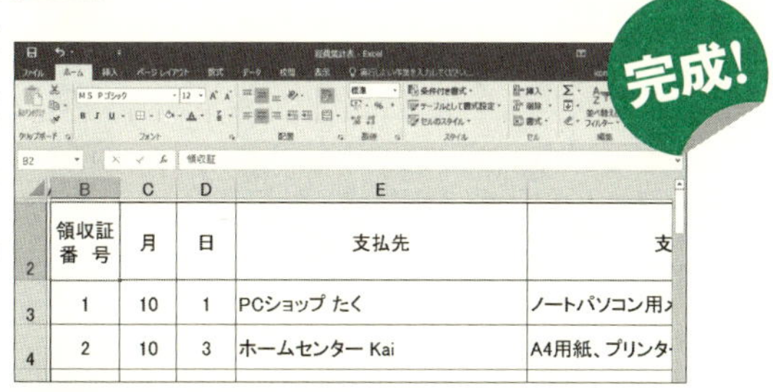

2 画面が拡大表示される。Ctrlキーを押しながら、マウスのホイールを手前側に回転すると、画面が縮小表示される。

★One Point !★

⊞＋＋キーを押すと、パソコンの画面全体を拡大できる。⊞＋－キーを押すと、反対に画面全体が小さくなる。

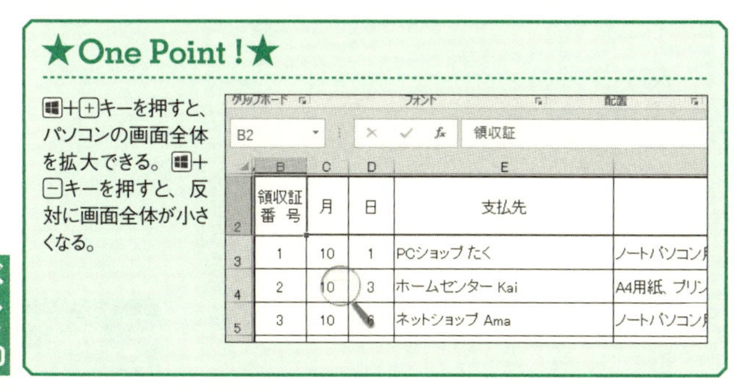

ベスト
006

よく使う単語を登録する

［初級］

ここがポイント！
「単語用例登録」でよく使う単語を登録する

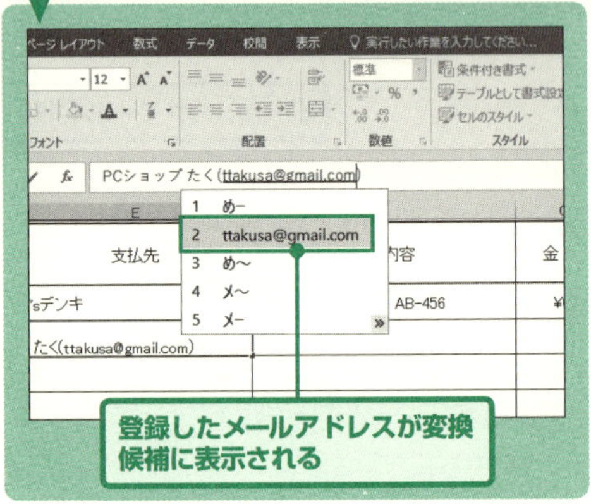

よく使う単語や、入力が面倒な単語は、**単語として登録**しておくとよい。自分のメールアドレスや会社名、住所などを登録しておけば、例えば「めー」と入力して「ttakusa@gmail.com」に変換したり、「じゅう」と入力して「市ケ谷左内町21-13」に変換することができる。また、変換候補に出にくい最近の**子供の名前**や**専門用語**、よく使う語句を登録しておけば、数文字入力するだけで、変換候補から選択することができる。

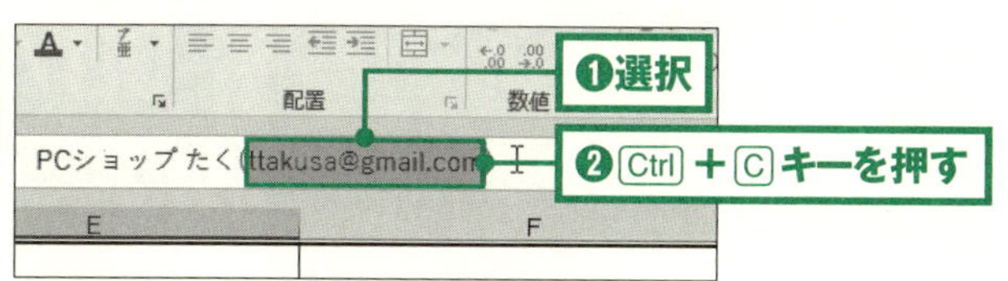

1 登録したい語句を入力し、選択する❶。Ctrlキーを押しながらCキーを押す❷。

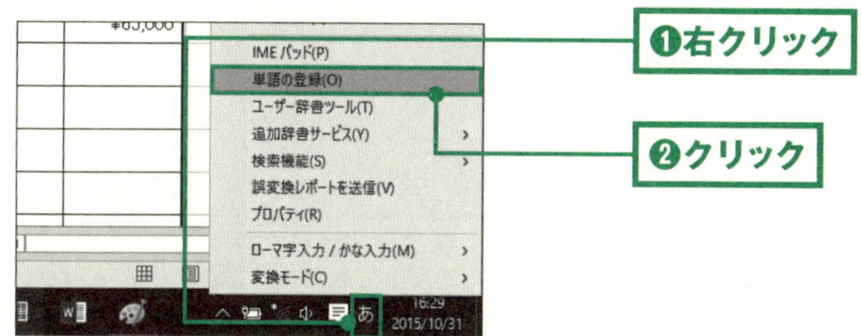

2 言語バーの「あ」または「A」を右クリックし❶、「単語の登録(O)」をクリックする❷。

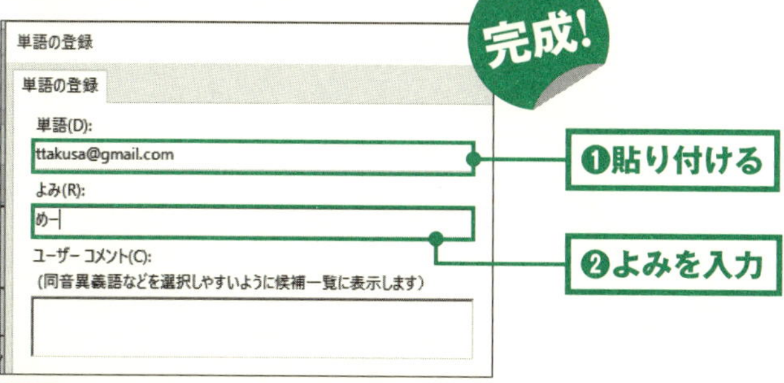

3 「単語(D)」に、コピーした語句をCtrl+Vキーで貼り付ける❶。「よみ(R)」に語句の読みを入力し❷、「登録(A)」をクリックする。以降、ここで登録した「よみ」を入力すると、「単語」に入れた語句が変換候補に表示される。

ベスト
007

ワードやエクセルを最速で起動する

［初級］

ここがポイント！ アプリ名の先頭数文字を入力する

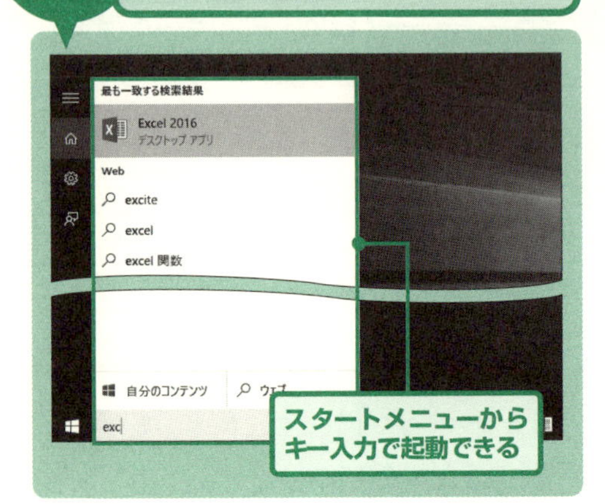

ワードやエクセルを起動する場合、デスクトップのアイコンをダブルクリックしたり、スタートメニューのアイコンをクリックしたりするのが一般的だ。しかし、**もっとも速い**のは、キーボードを利用する方法だ。アプリ名の先頭数文字を覚えておけば、最速で起動できる。最初に⊞キーを押して**スタートメニュー**または**スタート画面**を表示する。「wor」や「exc」と入力し、［Enter］キーを押すだけでよい。

1 ⊞キーを押して、スタートメニューまたはスタート画面を表示する。

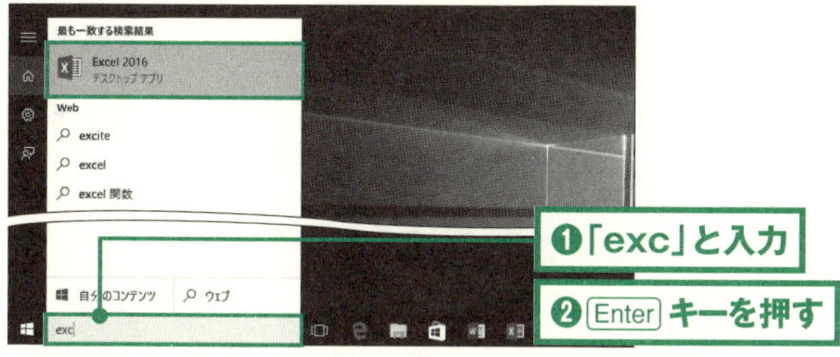

2 エクセルの場合は「exc」と入力し❶、Enterキーを押す❷。ワードの場合は「wor」と入力し、Enterキーを押す。

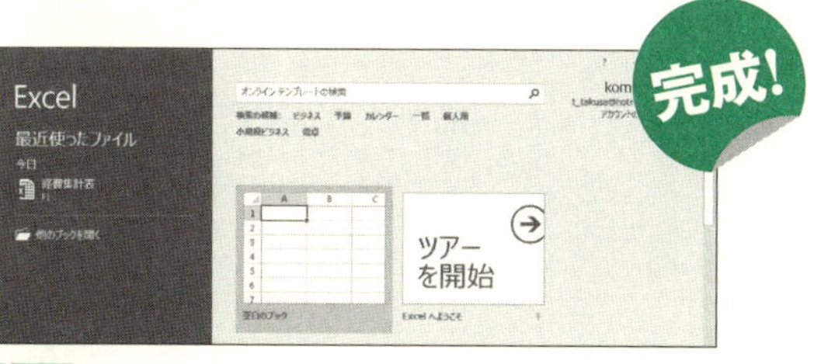

3 エクセルが起動した。

ベスト
008

よく使う文書やブックを登録して起動する

［初級］

ここがポイント！
「最近使ったファイル」に固定表示する

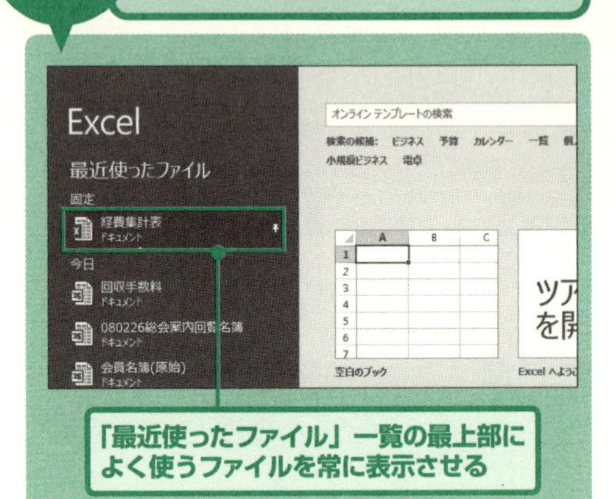

最近使った文書やブックを開くには、起動直後の画面や「ファイル」タブの「開く」で、「最近使ったファイル（文書）」の一覧から探すのが効率的だ。しかし、この一覧は開いた順に並んでいるため、しばらく使っていなかったファイルは表示されない。また、順番も変わってしまう。そこで、**定期的に使う文書やブック**は常に表示されるように**固定**しておこう。いつでも同じ場所に表示されれば、探す手間が省け、作業効率もUPする。

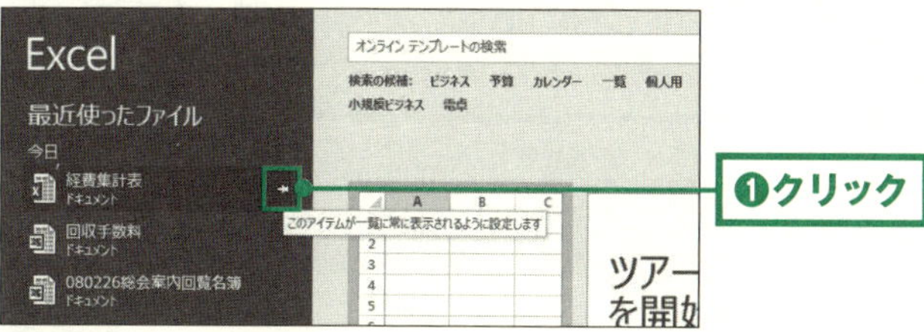

1 エクセルを起動し、「最近使ったファイル」の一覧で、登録したいブックの「ピン」マークをクリックする❶。

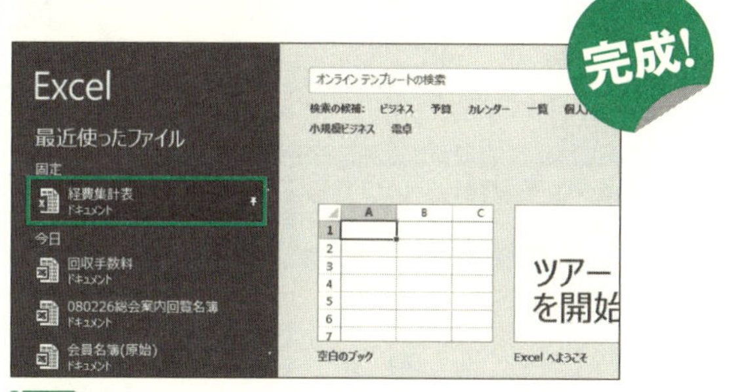

2 「最近使ったファイル」の最上部にブックが固定された。

★One Point !★

「最近使ったファイル」への固定表示は、タスクバーのアイコンでも行うことができる。タスクバーのアプリのアイコンを右クリックし❶、「最近使ったもの」の一覧で「ピン」マークをクリックする❷。これで、タスクバーのアイコンから、常にファイルを開くことができる。

ベスト
009

よく使う機能をクイックアクセスツールバーに登録する

[中級]

ここがポイント!
よく使う機能を常に表示させておく

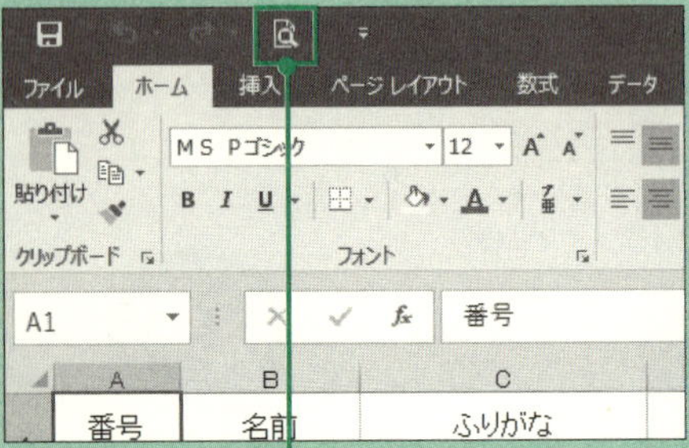

ファイル ホーム 挿入 ページ レイアウト 数式 データ
貼り付け クリップボード MS Pゴシック 12 フォント
A1 番号
A B C
番号 名前 ふりがな

よく使うボタンを登録し、いつでも使えるようにする

クイックアクセスツールバーは、ワードやエクセルの画面左上に常に表示されているバーだ。よく利用する機能をここに**登録**しておけば、いちいちリボンから探す手間が省けて便利だ。最初は「上書き保存」や「元に戻す」しかないが、追加したいボタンを右クリックし、「クイックアクセスツールバーに追加」を選択すると、追加できる。クイックアクセスツールバーの右側にある▼からも追加可能だ。

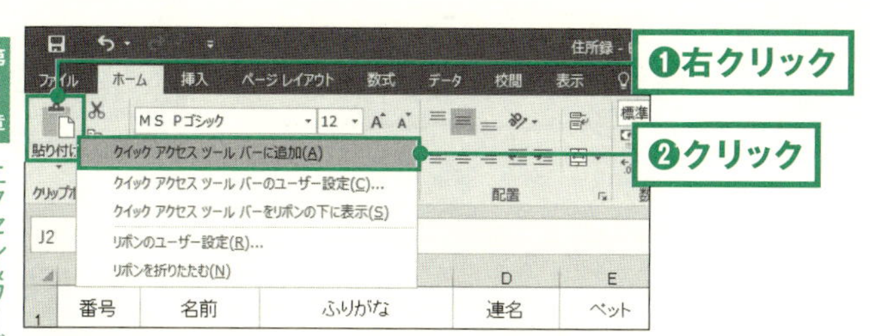

1 登録したいボタンの上で右クリックする❶。「クイックアクセスツールバーに追加(A)」をクリックする❷。

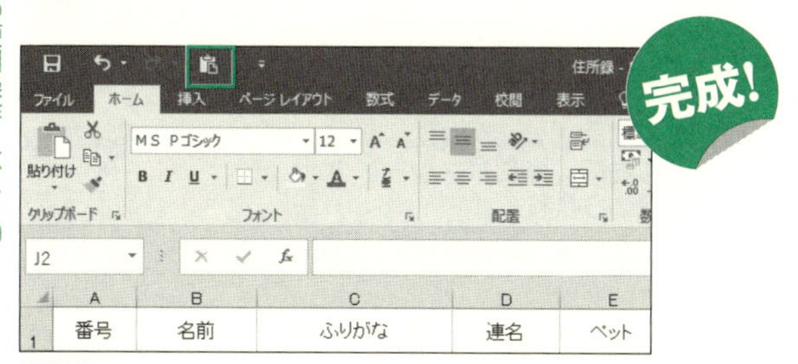

2 クイックアクセスツールバーに、ボタンが追加された。

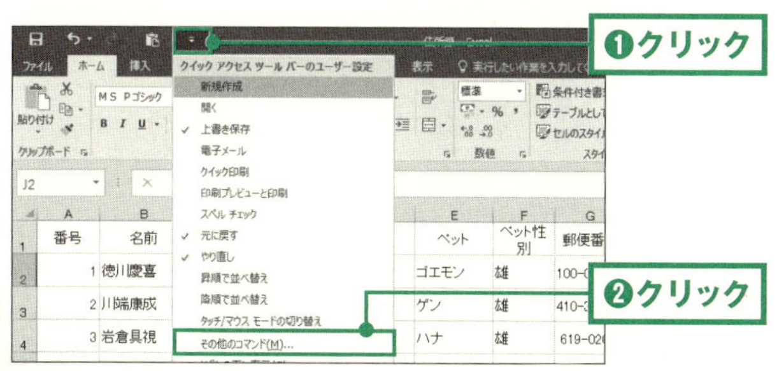

3 クイックアクセスツールバーの右側にある「▼」をクリックし❶、「その他のコマンド(M)」をクリックしても❷、よく使う機能を追加できる。

ベスト

010

文書やブックにパスワードをかける

［中級］

ここがポイント!

パスワードでファイルの閲覧や編集を制限する

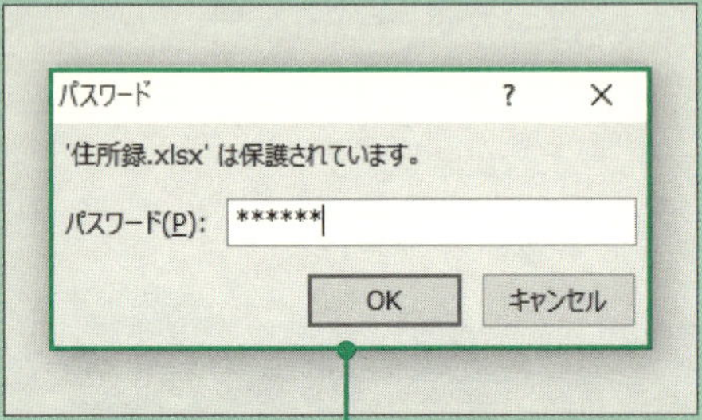

ファイルを開く際にパスワードの入力を求められる

パソコンのデータは、そのままでは閲覧や編集がかんたんにできてしまう。しかし、内容を見られては困る**社外秘**などのデータもあるだろう。ワードやエクセルではこのような場合に備えて、パスワードを設定することができる。パスワードには、閲覧を制限できる「**読み取りパスワード**」と、閲覧はOKだが上書き保存を制限できる「**書き込みパスワード**」の2種類がある。必要に応じて使い分けよう。

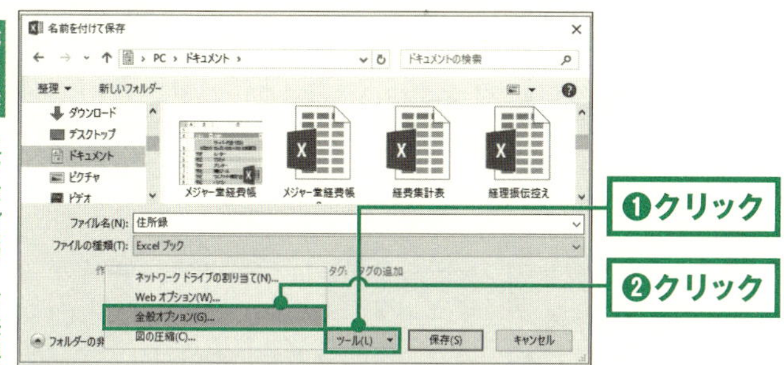

1 ファイルの保存時に、「ツール(L)」をクリックし❶、「全般オプション(G)」をクリックする❷。

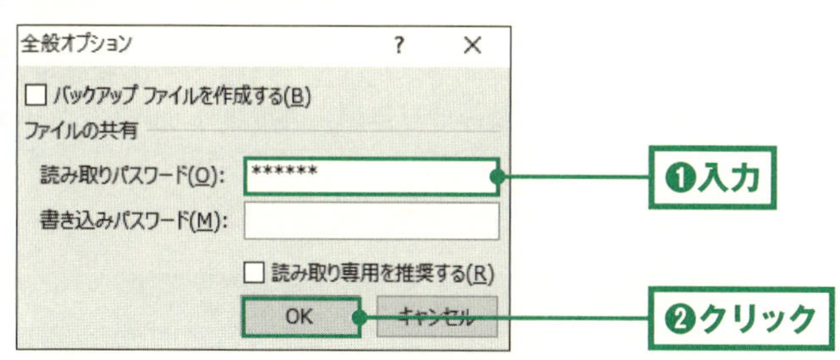

2 「読み取りパスワード(O)」または「書き込みパスワード(M)」を入力する❶。「OK」をクリックし❷、もう一度パスワードを入力して「OK」→「保存(S)」の順にクリックする。

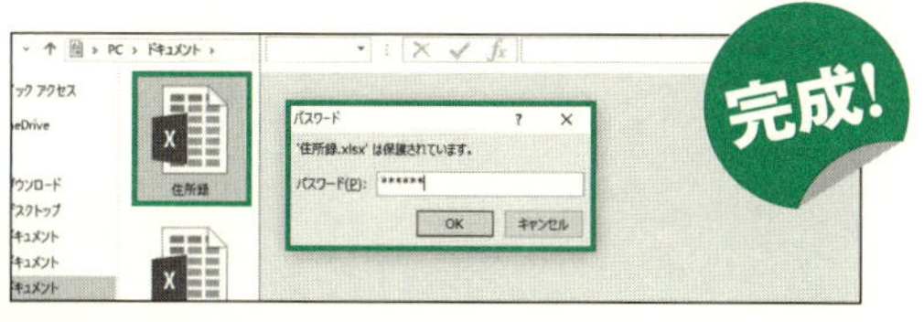

3 ファイルにパスワードが設定された。ファイルを開こうとすると、パスワードの入力を求められる。

COLUMN

ファイルが編集できないときの注意点

ワードやエクセルのファイルを開いたとき、内容の編集ができないことがある。例えばインターネットからダウンロードしたファイルなどは、編集できない状態で開かれる。これはセキュリティのためで、画面上部に表示される「**編集を有効にする(E)**」をクリックすることで❶、編集が可能になる。

また、マクロと呼ばれるプログラムが組み込まれているファイルも、メッセージが表示され、そのままでは編集できない。**出処がわかっている**ファイルであれば、「**コンテンツの有効化**」をクリックする。また、**読み取り専用**に設定されているファイルも、開くとメッセージが表示される。この場合は「OK」をクリックし、保存先を指定すれば編集が可能になる。

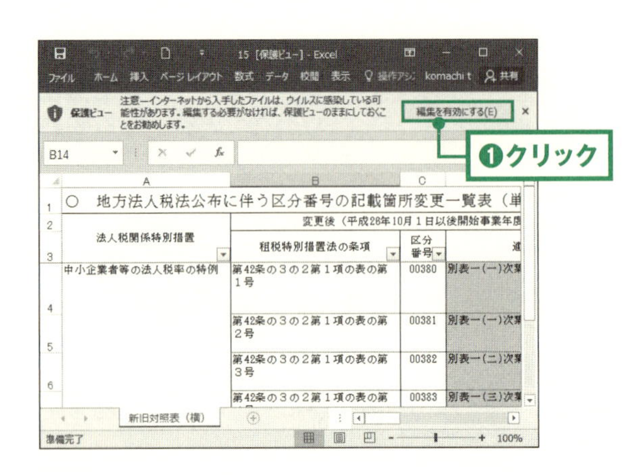

第2章

エクセル
定番の基本操作

基本

011

目的のセルにすばやく移動する

［初級］

ここがポイント！

「名前ボックス」にセル番地を入力する

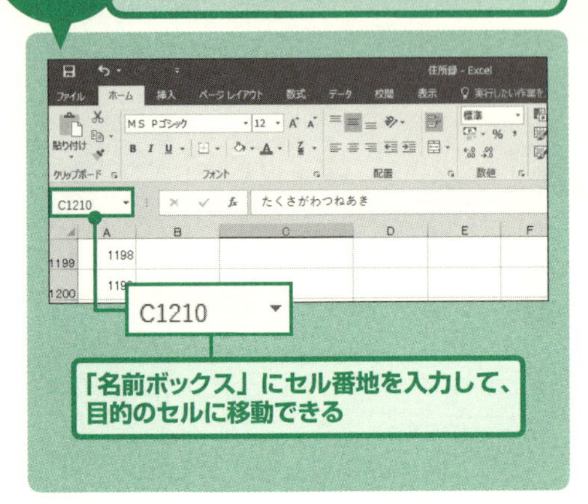

住所録などの大きな表で離れているセルを選択する際、スクロールして探すのは時間がかかる。そこで、どれだけ**離れているセル**でも一瞬で選択できる便利な機能が「**名前ボックス**」だ。やり方は、「名前ボックス」にA100やC1210などのセル番地を入力し、［Enter］キーを押すだけだ。一瞬で目的のセル番地まで移動できる。重要なデータの入ったセル番地を覚えておけば、一瞬でそこまで移動できる。

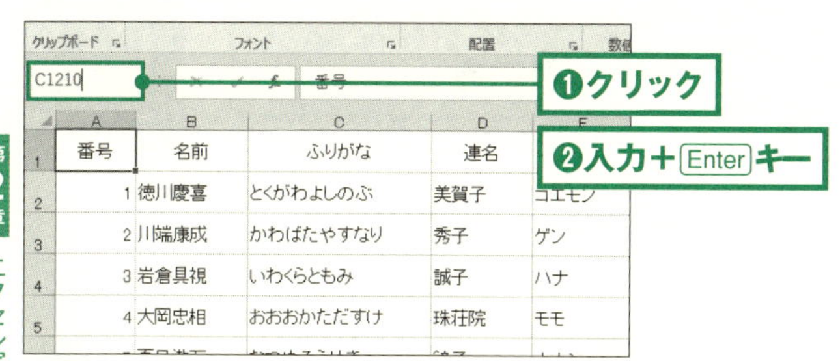

1 「名前ボックス」をクリックする❶。移動先のセル番地を入力し、Enterキーを押す❷。

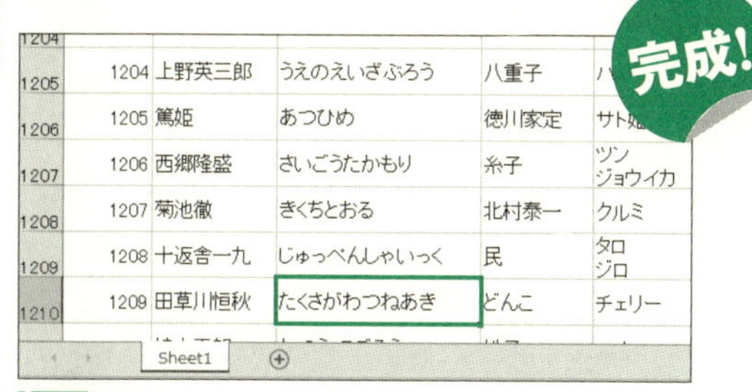

2 指定したセルが選択される。

★One Point !★

セルを選択した状態で「名前ボックス」に任意の名前を入力すると、そのセル範囲に名前がつけられる。以降は「名前ボックス」にこの名前を入力してEnterキーを押せば、そのセルまで移動できる。セル番地は覚えづらい、という人におすすめの機能だ。

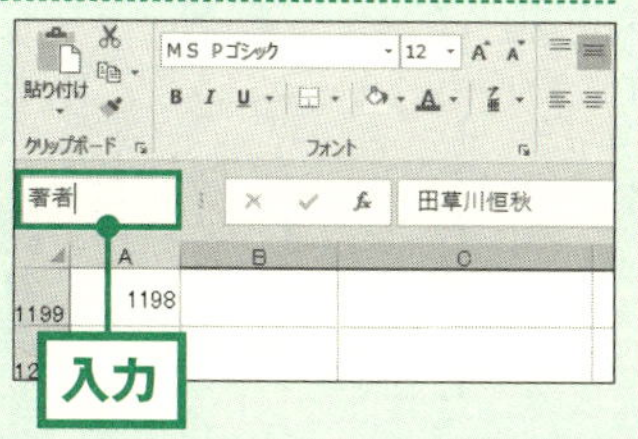

基本

012

離れたセルを選択する

ここがポイント！

Ctrlキーを押しながらクリックする

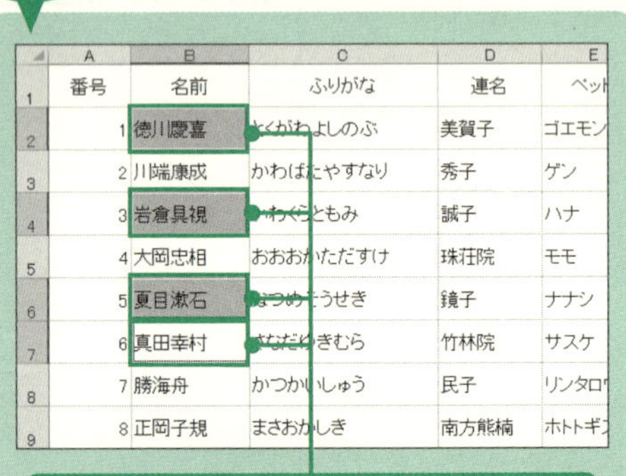

離れた場所にある複数のセルを選択できる

複数のセルを選択するには、ドラッグするのが通常の方法だ。しかしドラッグ操作では、連続したセルは選択できるが、離れたセルは選択できない。**離れたセル**を選択するには、2つ目以降のセルを**［Ctrl］キー**を押しながら**クリック**する。この方法は、ファイルを選択する場合にも利用できる。また、［Ctrl］キーを押しながら列見出しや行見出しをクリックすれば、離れたところにある列や行を選択することができる。

［初級］

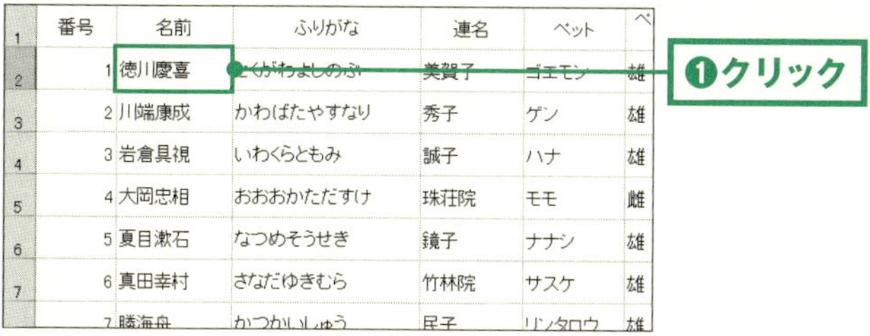

	番号	名前	ふりがな	連名	ペット	
1	番号	名前	ふりがな	連名	ペット	
2	1	徳川慶喜	とくがわよしのぶ	美賀子	ゴエモン	雄
3	2	川端康成	かわばたやすなり	秀子	ゲン	雄
4	3	岩倉具視	いわくらともみ	誠子	ハナ	雄
5	4	大岡忠相	おおおかただすけ	珠荘院	モモ	雌
6	5	夏目漱石	なつめそうせき	鏡子	ナナシ	雄
7	6	真田幸村	さなだゆきむら	竹林院	サスケ	雄
	7	勝海舟	かつかいしゅう	民子	リンタロウ	雄

❶クリック

1

1つ目のセルをクリックする❶。

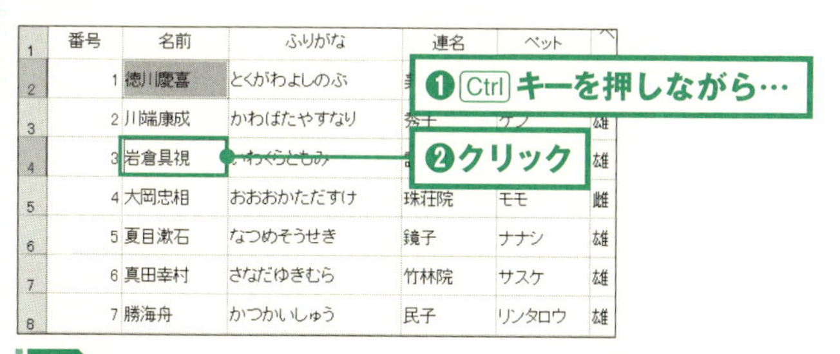

	番号	名前	ふりがな	連名	ペット	
1	番号	名前	ふりがな	連名	ペット	
2	1	徳川慶喜	とくがわよしのぶ			
3	2	川端康成	かわばたやすなり			
4	3	岩倉具視	いわくらともみ			雄
5	4	大岡忠相	おおおかただすけ	珠荘院	モモ	雌
6	5	夏目漱石	なつめそうせき	鏡子	ナナシ	雄
7	6	真田幸村	さなだゆきむら	竹林院	サスケ	雄
8	7	勝海舟	かつかいしゅう	民子	リンタロウ	雄

2

Ctrlキーを押しながら❶、2つ目のセルをクリックする❷。

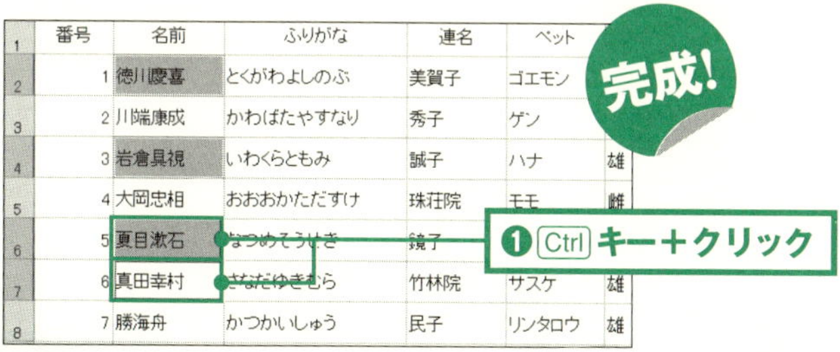

	番号	名前	ふりがな	連名	ペット	
1	番号	名前	ふりがな	連名	ペット	
2	1	徳川慶喜	とくがわよしのぶ	美賀子	ゴエモン	
3	2	川端康成	かわばたやすなり	秀子	ゲン	
4	3	岩倉具視	いわくらともみ	誠子	ハナ	雄
5	4	大岡忠相	おおおかただすけ	珠荘院	モモ	雌
6	5	夏目漱石	なつめそうせき	鏡子		
7	6	真田幸村	さなだゆきむら	竹林院	サスケ	雄
8	7	勝海舟	かつかいしゅう	民子	リンタロウ	雄

完成!

❶Ctrlキー＋クリック

3

続けて、Ctrlキーを押しながら3つ目、4つ目のセルをクリックする❶。これで、複数のセルを選択できた。

基本

013

表全体をすばやく選択する

［初級］

ここがポイント!

Ctrl＋Shift＋*キーを押す

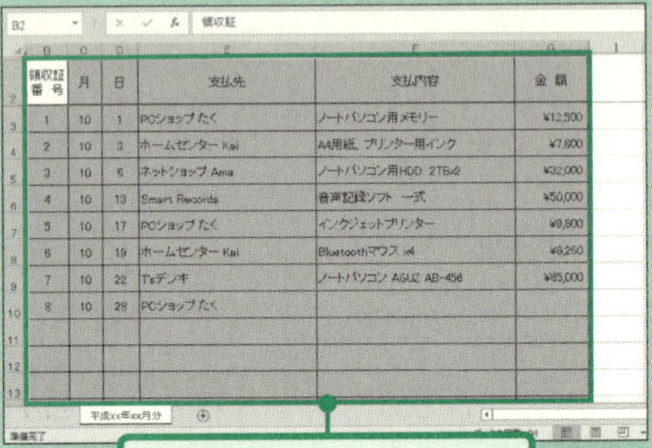

領収証番号	月	日	支払先	支払内容	金額
1	10	1	PCショップ たく	ノートパソコン用メモリー	¥12,500
2	10	3	ホームセンター Kai	A4用紙、プリンター用インク	¥7,800
3	10	6	ネットショップ Ama	ノートパソコン用HDD 2TB/2	¥32,000
4	10	13	Smart Records	音声記録ソフト 一式	¥50,000
5	10	17	PCショップ たく	インクジェットプリンター	¥9,800
6	10	19	ホームセンター Kai	Bluetoothマウス x4	¥8,260
7	10	22	T'sデンキ	ノートパソコン ASUZ AB-456	¥85,000
8	10	28	PCショップ たく		

大きな表でも、かんたんに選択できる

エクセルで表を選択する場合、ドラッグするのが一般的だ。しかし、画面に入りきらない大きな表の場合、ドラッグで選択するのは大変な作業になる。こんな時のために、大きな表も一瞬で選択できる便利ワザがある。選択したい表のいずれかのセルをクリックし、**［Ctrl］キー**と**［Shift］キー**を押しながら**［*］キー**を押そう。すると、**一瞬で表全体を選択**できる。ただし表の中に空行があると、2つの表として認識され選択できない。

	B	C	D	E	F
2	領収証番号	月	日	支払先	支払内容
3		10	1	PCショップ たく	
4	2	10	3	ホームセンター Kai	
5	3	10	6	ネットショップ Ama	ノートパソコン用HDD 2TBx2
6	4	10	13	Smart Records	
7	5	10	17	PCショップ たく	
8	6	10	19	ホームセンター Kai	Bluetoothマウス x4
9	7	10	22	T'sデンキ	ノートパソコン ASUZ AB-456
10	8	10	28	PCショップ たく	

❶クリック

❷ Ctrl + Shift + * キーを押す

1 表の中のいずれかのセルをクリックし❶、Ctrlキーと Shiftキーを押しながら*キーを押す❷。

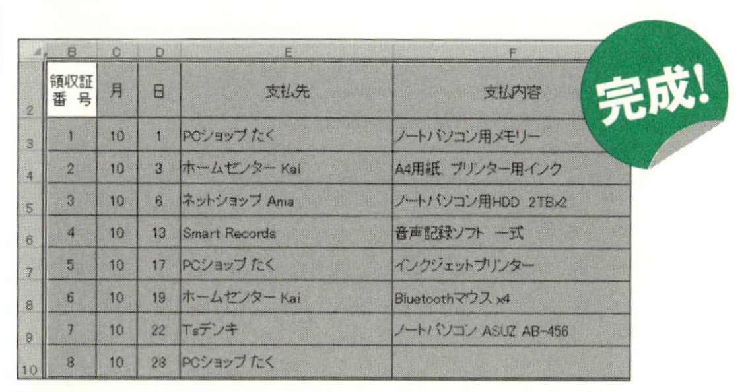

	B	C	D	E	F
2	領収証番号	月	日	支払先	支払内容
3	1	10	1	PCショップ たく	ノートパソコン用メモリー
4	2	10	3	ホームセンター Kai	A4用紙、プリンター用インク
5	3	10	6	ネットショップ Ama	ノートパソコン用HDD 2TBx2
6	4	10	13	Smart Records	音声記録ソフト 一式
7	5	10	17	PCショップ たく	インクジェットプリンター
8	6	10	19	ホームセンター Kai	Bluetoothマウス x4
9	7	10	22	T'sデンキ	ノートパソコン ASUZ AB-456
10	8	10	28	PCショップ たく	

2 表全体が選択される。

★One Point !★

表全体ではなく、シートすべてを選択することもできる。列見出しの左、行見出しの上にある部分をクリックすると、シート内のすべてのセルが選択される。

B2　領収証

	B	C	D	E
2	領収証番号	月	日	支払先
3	1	10	1	PCショップ たく
4	2	10	3	ホームセンター Kai
5	3	10	6	ネットショップ Ama

基本

014

セルをすばやく編集状態にする

［初級］

ここがポイント！ F2キーを押す

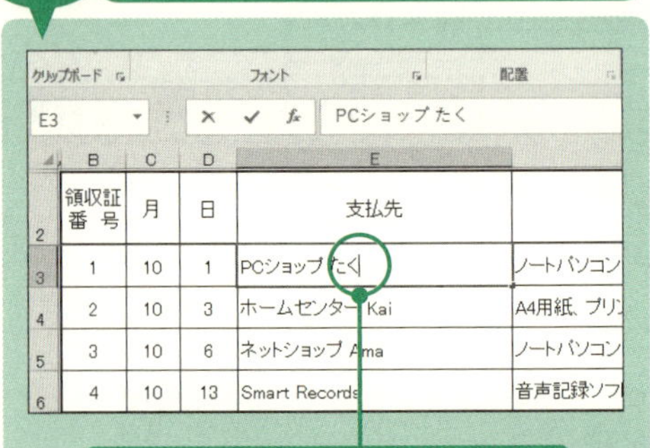

エクセルでセル内の**文字や数式を編集**するには、いくつかの方法がある。1つは編集したいセルをダブルクリックする方法。もう1つは、数式バーを利用する方法だ。しかし、どちらも入力途中にキーボードからマウスに持ち替えなければならず、面倒だ。そこでおすすめなのが、**［F2］キー**だ。方向キーでセルを選択し、［F2］キーを押す。あとは、キーボードで文字を入力すればよい。マウスを使わず、最速で文字の追加、編集ができる。

	領収証番号	月	日	支払先	支払内容
2					
3	1	10	1	PCショップ たく	ノートパソコン用メモ
4	2	10	3	ホームセンター Kai	A4用紙、プリンター用インク
5	3	10	6	ネットショップ Ama	ノートパソコン用HDD
6	4	10	13	Smart Records	音声記録ソフト　一式
7	5	10	17	PCショップ たく	インクジェットプリンター
8	6	10	19	ホームセンター Kai	Bluetoothマウス x4
9	7	10	22	T'sデンキ	ノートパソコン ASUZ AB-456

❶選択する

❷F2キーを押す

1 編集したいセルを選択し❶、F2キーを押す❷。

完成！

	領収証番号	月	日	支払先	支払内容
2					
3	1	10	1	PCショップ たく	ノートパソコン用メモリ
4	2	10	3	ホームセンター Kai	A4用紙、プリンター用インク
5	3	10	6	ネットショップ Ama	ノートパソコン用HDD 2TBx2
6	4	10	13	Smart Records	音声記録ソフト　一式
7	5	10	17	PCショップ たく	インクジェットプリンター
8	6	10	19	ホームセンター Kai	Bluetoothマウス x4
9	7	10	22	T'sデンキ	ノートパソコン ASUZ AB-456

2 セルに文字カーソルが挿入され、編集できる状態になる。あとは、そのまま文字を入力したり修正したりすればよい。

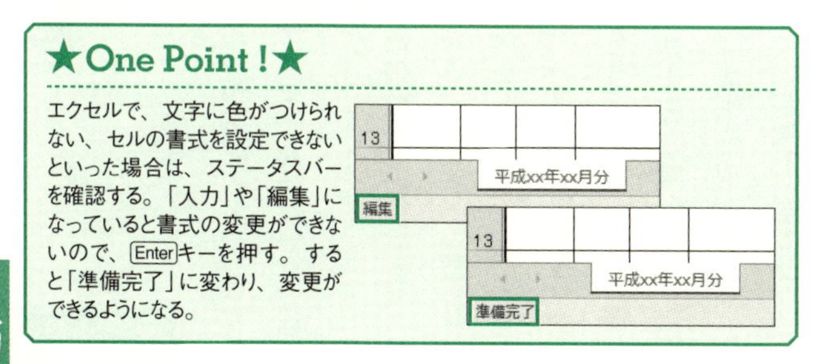

★One Point！★

エクセルで、文字に色がつけられない、セルの書式を設定できないといった場合は、ステータスバーを確認する。「入力」や「編集」になっていると書式の変更ができないので、Enterキーを押す。すると「準備完了」に変わり、変更ができるようになる。

基本

015

入力後のセルの移動方向を変更する

［初級］

ここがポイント!

Enterキーを押した際の方向を選択する

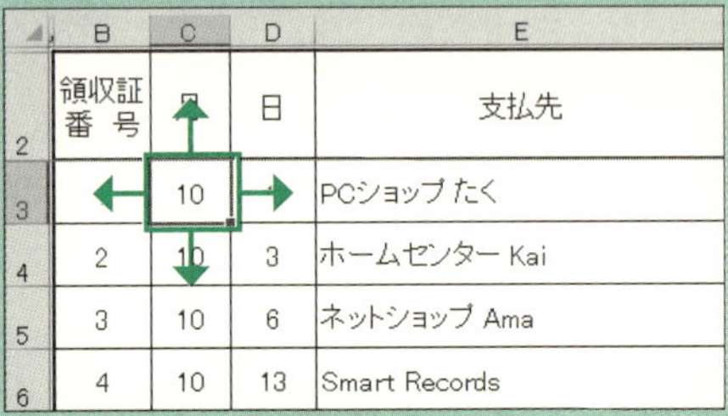

	B	C	D	E
2	領収証番号		日	支払先
3		10		PCショップ たく
4	2	10	3	ホームセンター Kai
5	3	10	6	ネットショップ Ama
6	4	10	13	Smart Records

入力後に選択されるセルを「上」「下」「左」「右」のいずれかに変更できる

エクセルで現在選択されているセルのことを「**アクティブセル**」という。通常、セルに入力したあと［Enter］キーを押すと、**下側のセル**が選択され、アクティブセルになる。しかし、横に長い表を作成する場合など、アクティブセルを**右に移動**させたい場合もあるだろう。そんな時は、［Enter］キーを押した際にセルが移動する方向を、「右」に変更すればよい。表の作成が終わったら、設定を元の「下」に戻しておこう。

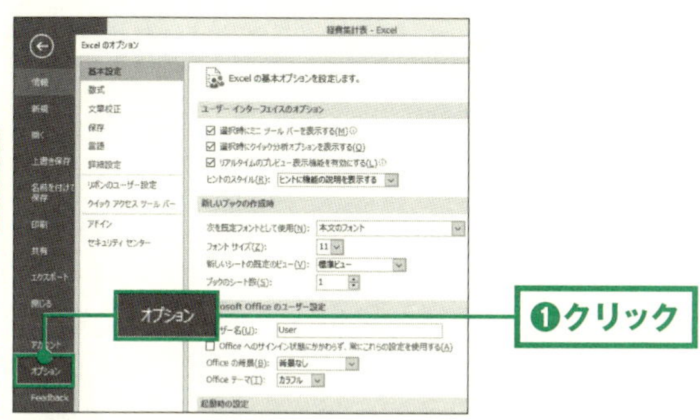

1 「ファイル」タブをクリックし、「オプション」をクリックする❶。「Excelのオプション」画面が表示される。

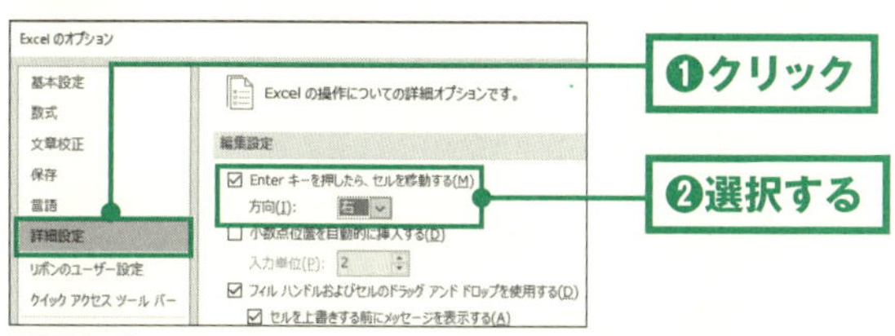

2 「詳細設定」をクリックする❶。「Enterキーを押したら、セルを移動する(M)」の「方向(I)」で、「右」を選択する❷。「OK」をクリックする。

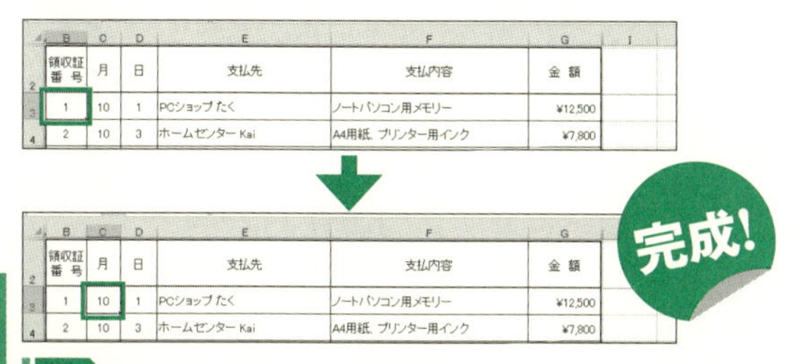

3 Enterキーを押すと、右側のセルがアクティブセルになる。

基本

016

上のセルと同じ文字を入力する

[初級]

ここがポイント！ Ctrl＋Dキーを押す

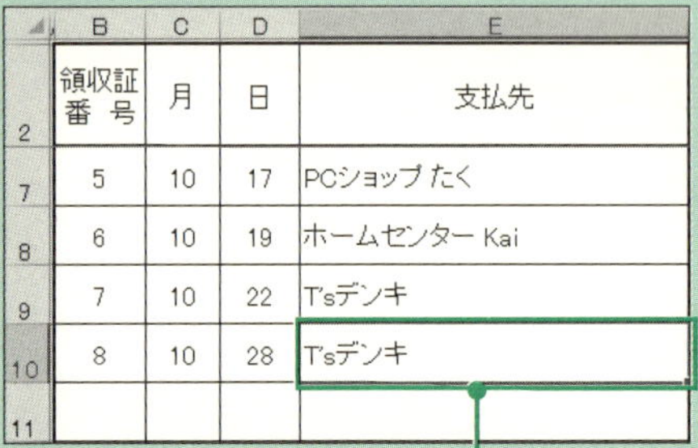

	B	C	D	E
2	領収証番号	月	日	支払先
7	5	10	17	PCショップ たく
8	6	10	19	ホームセンター Kai
9	7	10	22	T'sデンキ
10	8	10	28	T'sデンキ
11				

真上のセルと同じ値を入力できる

同じデータを繰り返し入力する場合、よく使われるのは「オートフィル」だろう（P.54参照）。しかし、入力途中にキーボードからマウスに持ち替えなければならないのは面倒だ。上と同じ値を入れるだけなら、**[Ctrl]＋[D]キー**がおすすめだ。[Ctrl]キーを押しながら[D]キーを押すと、**上のセルと同じ文字**が一瞬で入力される。左のセルと同じ文字を入力したい場合は、[Ctrl]＋[R]キーを押す。

	B	C	D	E	F
2	領収証番号	月	日	支払先	支払内
7	5	10	17	PCショップ たく	イ
8	6	10	19	ホームセンター Kai	B
9	7	10	22	T'sデンキ	ノートパソコン ASUZ A
10	8	10	28		
11					

❶ Ctrl + D キーを押す

1 真上のセルに入力したい文字が入っている状態で、Ctrlキーを押しながらDキーを押す❶。

	B	C	D	E	F
2	領収証番号	月	日	支払先	支払内
7	5	10	17	PCショップ たく	インクジェットプリンター
8	6	10	19	ホームセンター Kai	Bluetoothマウス x4
9	7	10	22	T'sデンキ	ノートパソコン ASUZ A
10	8	10	28	T'sデンキ	
11					

2 上のセルと同じ文字が入力される。

完成!

★One Point!★

場合によっては、Alt+↓キーも便利だ。上に入力されたセルをリスト表示し、そこから選択することができる。

6	10	19	ホームセンター Kai
7	10	22	T'sデンキ
8	10	28	PCショップ たく
9	10	31	
			PCショップ たく Smart Records T'sデンキ ネットショップ Ama ホームセンター Kai

017

複数のセルに同じデータを入力する

ここがポイント！

Ctrl ＋ Enter キーで入力を確定する

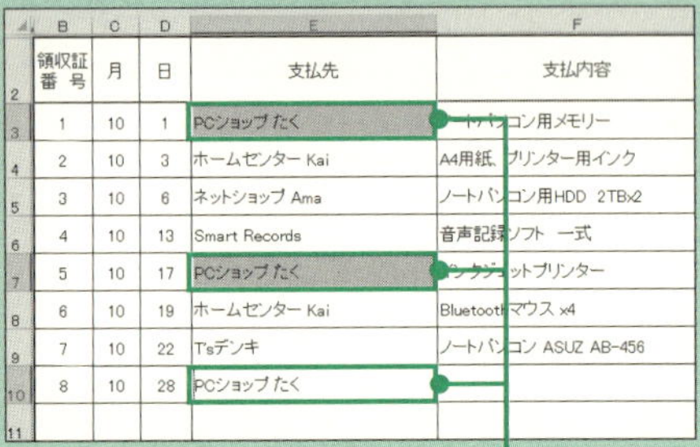

	B	C	D	E	F
2	領収証番号	月	日	支払先	支払内容
3	1	10	1	PCショップ たく	ノートパソコン用メモリー
4	2	10	3	ホームセンター Kai	A4用紙、プリンター用インク
5	3	10	6	ネットショップ Ama	ノートパソコン用HDD 2TBx2
6	4	10	13	Smart Records	音声記録ソフト 一式
7	5	10	17	PCショップ たく	インクジェットプリンター
8	6	10	19	ホームセンター Kai	Bluetoothマウス x4
9	7	10	22	T'sデンキ	ノートパソコン ASUZ AB-456
10	8	10	28	PCショップ たく	
11					

複数のセルに同じデータを入力できる

同じ値を複数のセルに入力したい時、いちいちセルを選択し、入力を繰り返すのは面倒だ。コピー&貼り付けをしてもよいが、同じ値を入力することがわかっているのであれば、もっと効率的な方法がある。複数のセルを選択し（P.40参照）、普段通りに文字を入力する。最後に入力を決定する際、**［Ctrl］キー**を押しながら**［Enter］キー**を押す。そうすれば、選択したすべてのセルに、一度に**同じ文字を入力**できる。

［初級］

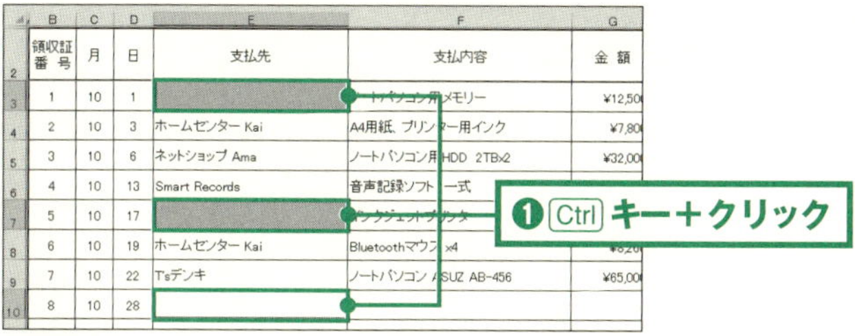

	B	C	D	E	F	G
2	領収証番号	月	日	支払先	支払内容	金額
3	1	10	1		ノートパソコン用メモリー	¥12,50
4	2	10	3	ホームセンター Kai	A4用紙、プリンター用インク	¥7,80
5	3	10	6	ネットショップ Ama	ノートパソコン用HDD 2TBx2	¥32,00
6	4	10	13	Smart Records	音声記録ソフト 一式	
7	5	10	17		インクジェットプリンター	
8	6	10	19	ホームセンター Kai	Bluetoothマウス x4	
9	7	10	22	T'sデンキ	ノートパソコン ASUZ AB-456	¥65,00
10	8	10	28			

❶ Ctrl キー＋クリック

1 Ctrlキーを押しながらクリックし❶、複数のセルを選択する。

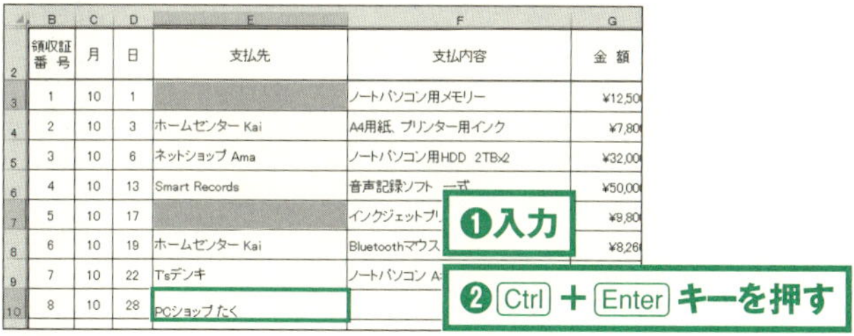

	B	C	D	E	F	G
2	領収証番号	月	日	支払先	支払内容	金額
3	1	10	1		ノートパソコン用メモリー	¥12,50
4	2	10	3	ホームセンター Kai	A4用紙、プリンター用インク	¥7,80
5	3	10	6	ネットショップ Ama	ノートパソコン用HDD 2TBx2	¥32,00
6	4	10	13	Smart Records	音声記録ソフト 一式	¥50,00
7	5	10	17		インクジェットプリ	¥9,80
8	6	10	19	ホームセンター Kai	Bluetoothマウス	¥8,26
9	7	10	22	T'sデンキ	ノートパソコン A	
10	8	10	28	PCショップ たく		

❶入力

❷ Ctrl ＋ Enter キーを押す

2 文字を入力し❶、Ctrl＋Enterキーを押す❷。

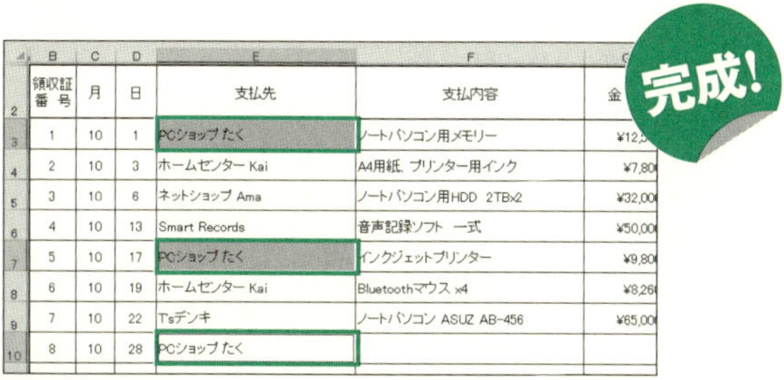

完成！

	B	C	D	E	F	G
2	領収証番号	月	日	支払先	支払内容	金
3	1	10	1	PCショップ たく	ノートパソコン用メモリー	¥12,
4	2	10	3	ホームセンター Kai	A4用紙、プリンター用インク	¥7,80
5	3	10	6	ネットショップ Ama	ノートパソコン用HDD 2TBx2	¥32,00
6	4	10	13	Smart Records	音声記録ソフト 一式	¥50,00
7	5	10	17	PCショップ たく	インクジェットプリンター	¥9,80
8	6	10	19	ホームセンター Kai	Bluetoothマウス x4	¥8,26
9	7	10	22	T'sデンキ	ノートパソコン ASUZ AB-456	¥65,00
10	8	10	28	PCショップ たく		

3 選択したすべてのセルに、同じ文字が入力された。

基本 018

セル内で改行する

[初級]

ここがポイント！ Alt＋Enterキーで改行する

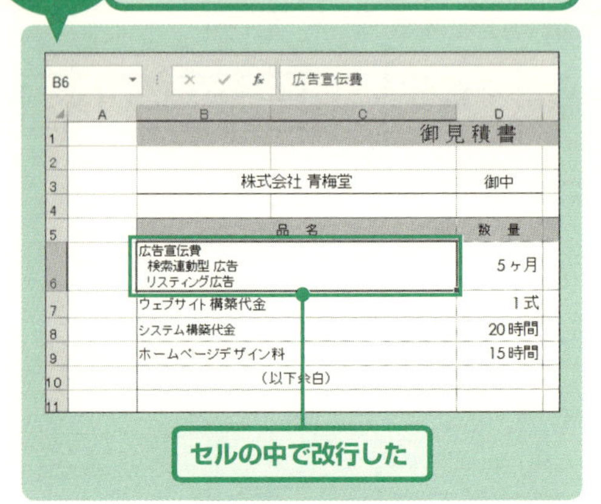

エクセルで文字を入力していると、場合によっては1つのセルに2行以上入れたいこともある。ワードの場合は「Ｅｎｔｅｒ」キーを押すと改行できるが、エクセルでは下のセルに移動してしまう。エクセルのセル内で**改行**するのが、**［Ａｌｔ］＋［Ｅｎｔｅｒ］キー**だ。セルへの文字の入力中、改行したい位置で「Ａｌｔ」キーを押しながら「Ｅｎｔｅｒ」キーを押す。これで改行することができる。改行後、続けて文字を入力すればよい。

品名
広告宣伝費 検索連動型 広告 リスティング広告
ウェブサイト 構築代金
システム構築代金
ホームページデザイン料
（以下余白）

❶ Alt ＋ Enter キーを押す

1 セル内の改行したい場所でクリックし、文字カーソルを置いておく。Altキーを押しながらEnterキーを押す❶。

品名
広告宣伝費 検索連動型 広告 リスティング広告
システム構築代金
ホームページデザイン料
（以下余白）

2 セルの中で改行される。

完成！

品名
広告宣伝費 検索連動型 広告 リスティング広告
ウェブサイト 構築代金
システム構築代金
ホームページデザイン料
（以下余白）

3 同様の方法で、何度でも改行できる。

基本

019

連続データをすばやく入力する

［初級］

ここがポイント！ **オートフィルを利用する**

	B	C	D	E	
2	領収証番号	月	日	支払先	
3	1	10	1	PCショップ たく	ノートパソコン用
4	2	10	3	ホームセンター Kai	A4用紙、プリン
5	3	10	6	ネットショップ Ama	ノートパソコン用
6	4	10	13	Smart Records	音声記録ソフト
7	5	10	17	PCショップ たく	インクジェットプ
8	6	10	19	ホームセンター Kai	Bluetoothマウス
9	7	10	22	T'sデンキ	ノートパソコン
10	8	10	28	PCショップ たく	

連続データをすばやく入力できた

エクセルの入力機能でもっとも便利なのが、**オートフィル**だろう。数字「1，2，3…」や曜日「月、火、水…」など、**連続したデータを一瞬で入力**できる。これらのデータを1つ1つ入力していたら、時間がかかってしかたがない。最初のデータを入力し、あとはオートフィルを使ってドラッグすれば、連続した値をすばやく入力できる。なお、数字の場合は「Ctrl」キーを押しながらドラッグする必要があるので注意したい。

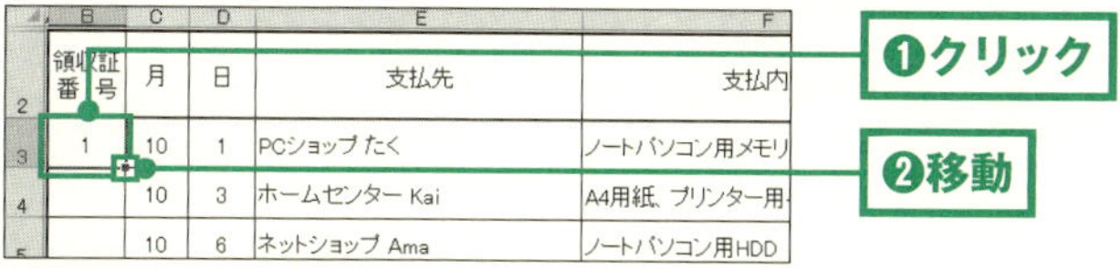

	B	C	D	E	F
2	領収証番号	月	日	支払先	支払内
3	1	10	1	PCショップ たく	ノートパソコン用メモリ
4		10	3	ホームセンター Kai	A4用紙、プリンター用
5		10	6	ネットショップ Ama	ノートパソコン用HDD

❶クリック

❷移動

1 連続データの最初のセルをクリックし❶、マウスポインターをセルの右下に移動する❷。

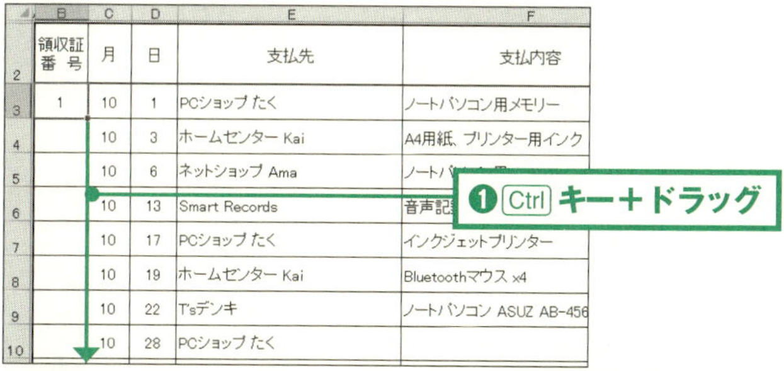

	B	C	D	E	F
2	領収証番号	月	日	支払先	支払内容
3	1	10	1	PCショップ たく	ノートパソコン用メモリー
4		10	3	ホームセンター Kai	A4用紙、プリンター用インク
5		10	6	ネットショップ Ama	ノートパ
6		10	13	Smart Records	音声記
7		10	17	PCショップ たく	インクジェットプリンター
8		10	19	ホームセンター Kai	Bluetoothマウス x4
9		10	22	T'sデンキ	ノートパソコン ASUZ AB-456
10		10	28	PCショップ たく	

❶ Ctrl キー＋ドラッグ

2 マウスポインターの形が＋になる。ここでは数字の連続データを入力したいので、Ctrlキーを押しながら下方向にドラッグする❶。

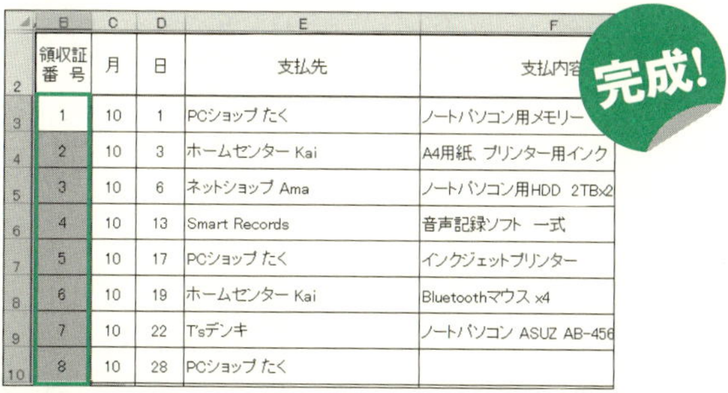

	B	C	D	E	F
2	領収証番号	月	日	支払先	支払内容
3	1	10	1	PCショップ たく	ノートパソコン用メモリー
4	2	10	3	ホームセンター Kai	A4用紙、プリンター用インク
5	3	10	6	ネットショップ Ama	ノートパソコン用HDD 2TBx2
6	4	10	13	Smart Records	音声記録ソフト 一式
7	5	10	17	PCショップ たく	インクジェットプリンター
8	6	10	19	ホームセンター Kai	Bluetoothマウス x4
9	7	10	22	T'sデンキ	ノートパソコン ASUZ AB-456
10	8	10	28	PCショップ たく	

完成！

3 連続した値を入力できた。

基本

020

土日を除いた日付を入力する

［初級］

ここがポイント！ 「連続データ（週日単位）」を利用する

B	C	D
番号	日付	支援派遣先
1	2月5日	幸寿庵
1	2月8日	メジャー堂
1	2月9日	メジャー堂
1	2月10日	やお炎
1	2月11日	日の出自動車
1	2月12日	靴のヤマナカ
1	2月15日	奥多摩ストア

土日を除いた日付をすばやく入力できた

仕事で曜日の連続データを入力する場合、営業日ではない土日が必要ないことも多い。そんな時、土日も含めた連続データを入力し、あとから土日のみを削除するのでは効率が悪い。その場合は、「**連続データ（週日単位）**」を利用する。曜日をオートフィルで入力した後、オートフィルオプションで「連続データ（週日単位）」を選択する。これで、土、日を除く連続データをすばやく入力することができる。

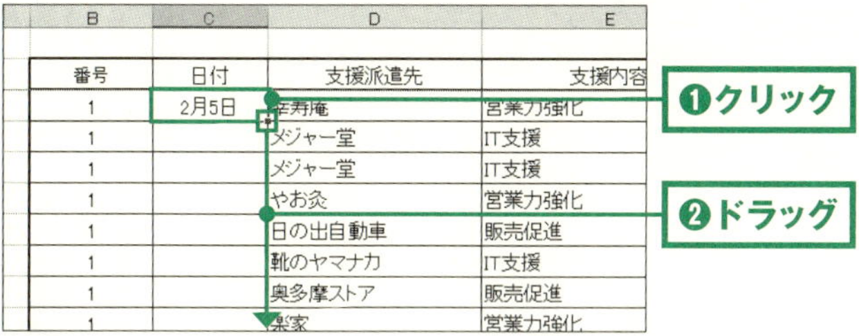

B	C	D	E
番号	日付	支援派遣先	支援内容
1	2月5日	幸寿庵	営業力強化
1		メジャー堂	IT支援
1		メジャー堂	IT支援
1		やお炎	営業力強化
1		日の出自動車	販売促進
1		靴のヤマナカ	IT支援
1		奥多摩ストア	販売促進
1		楽家	営業力強化

❶クリック

❷ドラッグ

1 曜日が入力されたセルを選択し❶、セルの右下をドラッグする❷。

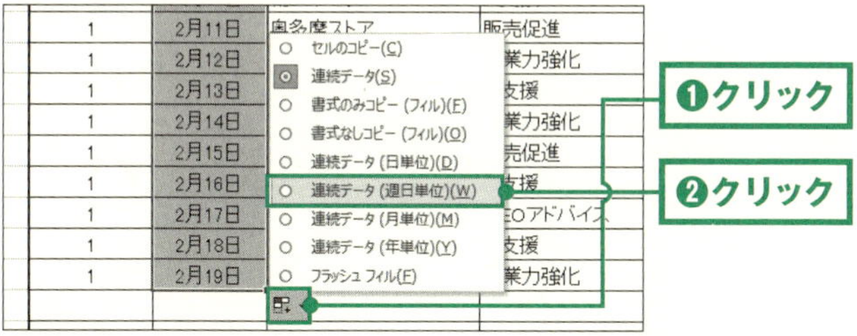

番号	日付	支援派遣先	支援内容
1	2月11日	奥多摩ストア	販売促進
1	2月12日		業力強化
1	2月13日		支援
1	2月14日		業力強化
1	2月15日		売促進
1	2月16日		支援
1	2月17日		EOアドバイス
1	2月18日		支援
1	2月19日		業力強化

○ セルのコピー(C)
◉ 連続データ(S)
○ 書式のみコピー (フィル)(F)
○ 書式なしコピー (フィル)(O)
○ 連続データ (日単位)(D)
○ 連続データ (週日単位)(W)
○ 連続データ (月単位)(M)
○ 連続データ (年単位)(Y)
○ フラッシュ フィル(F)

❶クリック

❷クリック

2 「オートフィルオプション」をクリックし❶、「連続データ(週日単位)(W)」をクリックする❷。

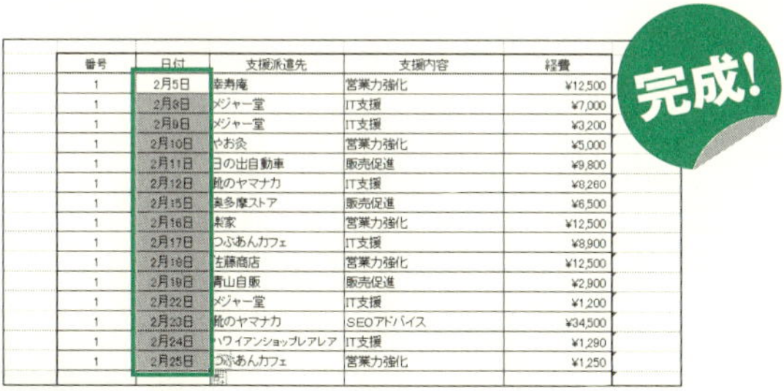

番号	日付	支援派遣先	支援内容	経費
1	2月5日	幸寿庵	営業力強化	¥12,500
1	2月8日	メジャー堂	IT支援	¥7,000
1	2月9日	メジャー堂	IT支援	¥3,200
1	2月10日	やお炎	営業力強化	¥5,000
1	2月11日	日の出自動車	販売促進	¥9,800
1	2月12日	靴のヤマナカ	IT支援	¥8,260
1	2月15日	奥多摩ストア	販売促進	¥6,500
1	2月16日	楽家	営業力強化	¥12,500
1	2月17日	つぶあんカフェ	IT支援	¥8,900
1	2月18日	佐藤商店	営業力強化	¥12,500
1	2月19日	青山自販	販売促進	¥2,900
1	2月22日	メジャー堂	IT支援	¥1,200
1	2月23日	靴のヤマナカ	SEOアドバイス	¥34,500
1	2月24日	ハワイアンショップレアレア	IT支援	¥1,290
1	2月25日	つぶあんカフェ	営業力強化	¥1,250

完成!

3 土日を除いた連続データが入力できた。

基本

021

複数のシートに同じデータを入力する

［初級］

ここがポイント！ 複数のシートを選択して入力する

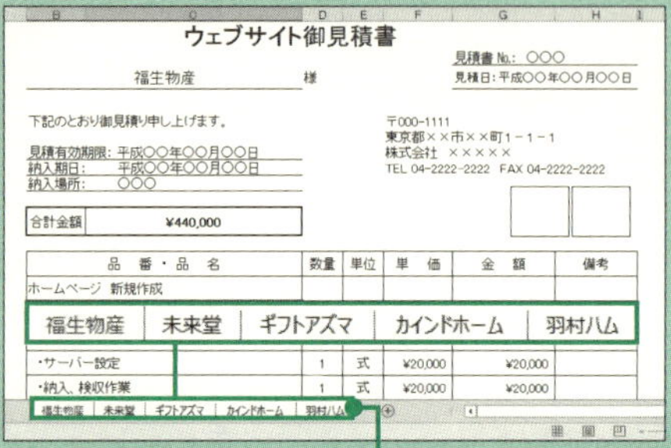

ウェブサイト御見積書

品番・品名	数量	単位	単価	金額	備考
ホームページ 新規作成					
・サーバー設定	1	式	¥20,000	¥20,000	
・納入、検収作業	1	式	¥20,000	¥20,000	

福生物産　未来堂　ギフトアズマ　カインドホーム　羽村ハム

複数のシートを選択して入力すると、それらのシートに同じ値を入力できる

エクセルの便利な機能に、「シート」がある。見積書や請求書など、同じ体裁の表が複数必要な場合、1つのブック内に複数の書類を作成できる。これら複数のシートに同じデータを入力する場合は、**［Shift］キー**を押しながら修正したい**シートをクリック**し、あらかじめ選択しておく。タイトルバーに「**作業グループ**」と表示された状態でセルの内容を修正すれば、選択したすべてのシートに修正が反映される。

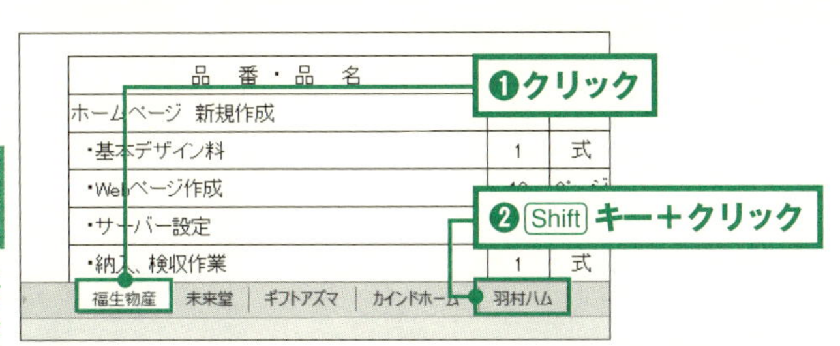

1 一番左のシートをクリックする❶。一番右のシートを、Shiftキーを押しながらクリックする❷。

2 複数のシートを選択できた。セルの内容を修正し、Enterキーを押す❶。

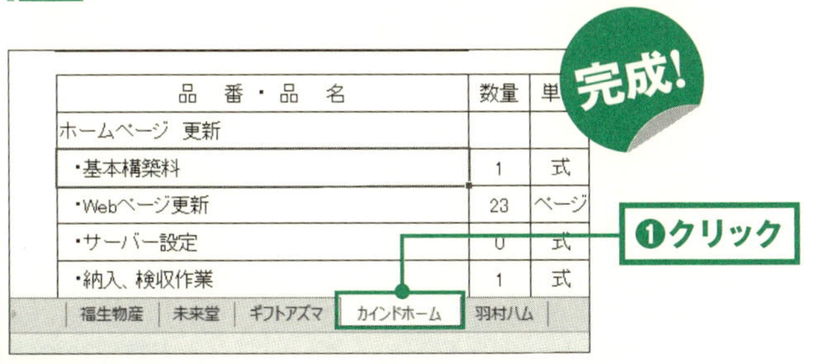

3 いずれかのシートをクリックすると❶、シートの選択が解除される。すべてのシートが修正されていることが確認できる。

基本

022

支店名を登録してすばやく入力する

[初級]

ここがポイント！ 「ユーザー設定リスト」に登録する

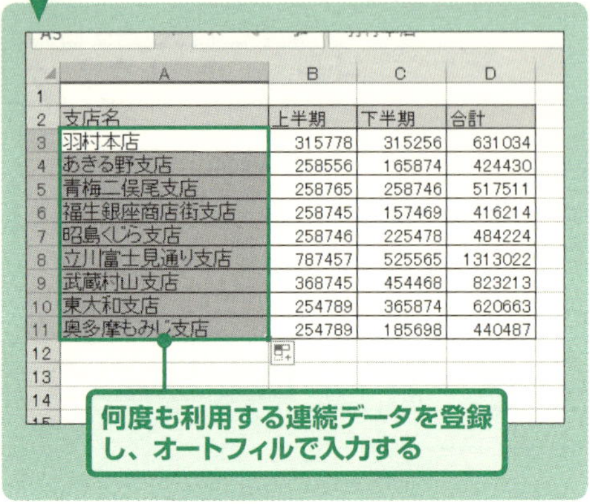

	A	B	C	D
1				
2	支店名	上半期	下半期	合計
3	羽村本店	315778	315256	631034
4	あきる野支店	258556	165874	424430
5	青梅二俣尾支店	258765	258746	517511
6	福生銀座商店街支店	258745	157469	416214
7	昭島くじら支店	258746	225478	484224
8	立川富士見通り支店	787457	525565	1313022
9	武蔵村山支店	368745	454468	823213
10	東大和支店	254789	365874	620663
11	奥多摩もみじ支店	254789	185698	440487
12				
13				
14				

何度も利用する連続データを登録し、オートフィルで入力する

オートフィルは、数字や曜日、干支など、あらかじめ用意されているものを利用できる。しかし、場合によっては**自分でよく利用する連続データ**をオートフィルで入力したい場合もあるだろう。会社であれば、よく入力する支店名や商品名を登録しておくと便利なことこの上ない。連続データを入力した表をあらかじめ用意しておき、**「ユーザー設定リスト」**に登録すれば、以降、どのブックでも登録した内容をオートフィルで入力できる。

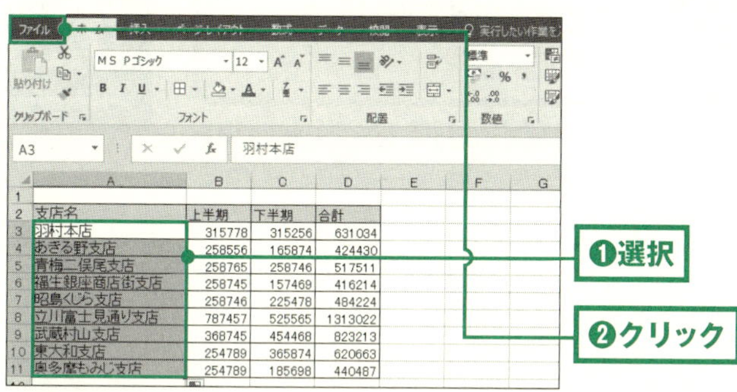

1 登録したい連続データを入力し、選択しておく❶。「ファイル」タブをクリックし❷、「オプション」をクリックする。

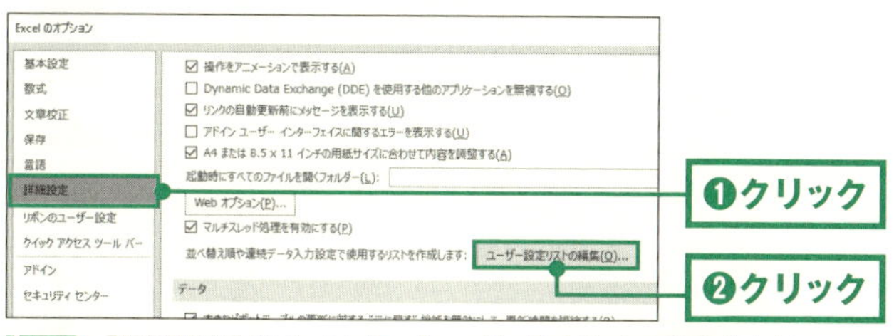

2 「詳細設定」をクリックし❶、「ユーザー設定リストの編集(O)」をクリックする❷。

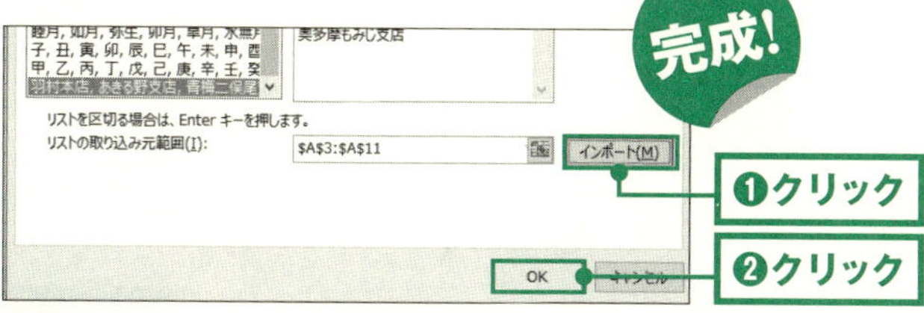

3 「インポート(M)」をクリックし❶、「OK」をクリックする❷。もう一度「OK」をクリックすれば、今後は連続データとしてオートフィルで入力できる。

基本

023

マイナスの値に▲をつける

ここがポイント！ 負の数の表示形式を変更する

1	●売上と対前月比			
2		営業1課	対前月比	
3	4月	455,723		
4	5月	648,691	▲ 192968	
5	6月	710,027	▲ 61336	
6	7月	674,057	35970	
7	8月	718,706	▲ 44649	
8	9月	812,588	▲ 93882	
9	10月	906,450	▲ 93862	
10	11月	100,062	806388	
11	12月	1,094,214	▲ 994152	

マイナスの値に▲をつけて表示した

会社の仕事などでは、マイナスの値を赤字にしたり、▲や（）で囲ったりすることでわかりやすく表現する。このような場合に、いちいち文字色を赤に設定するというのはスマートなやり方ではない。また、「▲1000」と入力するとエクセルは文字列として認識し、計算式などに利用できない。そこで、「**セルの書式設定**」の「**表示形式**」を変更することで、負の数の見た目を「▲1000」や赤字の1000に変更できる。

［中級］

906,450	-93,862
100,062	806,388
1,094,214	-994,152

挿入(I)...
削除(D)
数式と値のクリア(N)
クイック分析(Q)
フィルター(E)
並べ替え(O)
コメントの挿入(M)
セルの書式設定(F)...
ドロップダウン リストから選択(K)...
ふりがなの表示(S)

❶右クリック
❷クリック

1 表示を変更したいセル範囲を選択し、その上で右クリックする❶。「セルの書式設定(F)」をクリックする❷。

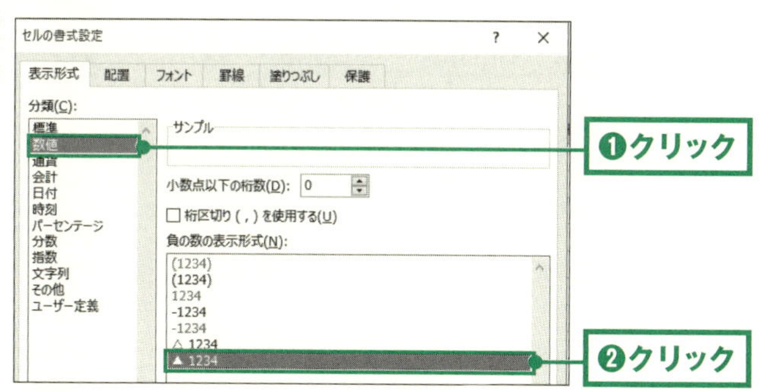

2 「数値」をクリックする❶。「負の数の表示形式(N)」で、「▲1234」をクリックする❷。「OK」をクリックする。

	営業1課	対前月比
4月	455,723	
5月	648,691	▲ 192969
6月	710,027	▲ 61336
7月	674,057	35970
8月	718,706	▲ 44649
9月	812,588	▲ 93882
10月	906,450	▲ 93862
11月	100,062	806388
12月	1,094,214	▲ 994152

完成!

3 負の数に▲がついて表示される。

基本

024

数値に単位をつけて表示する

[初級]

ここがポイント!

「ユーザー定義」で単位を入力する

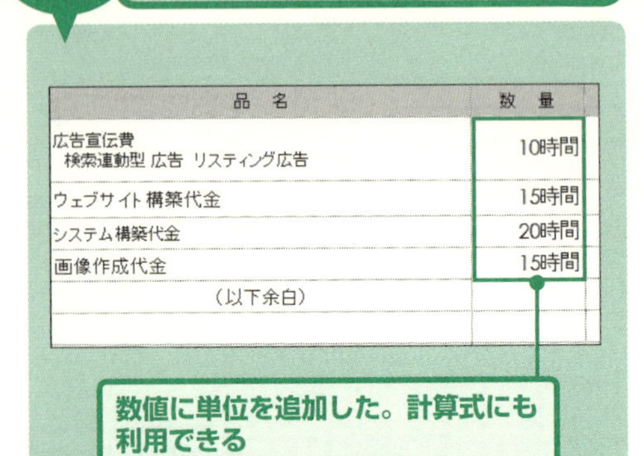

エクセルで入力した数値は、計算や関数に利用できる。しかし、1000円や1式、3時間のように単位をつけて入力すると、文字列として認識され、計算に使うことができない。計算式にも利用できる形で単位を追加する方法として、「**ユーザー定義**」がある。「セルの書式設定」で「ユーザー定義」を選択し、「**種類**」に単位を入力する。全角文字の場合は、"　"（ダブルクォーテーション）で囲む必要がある。

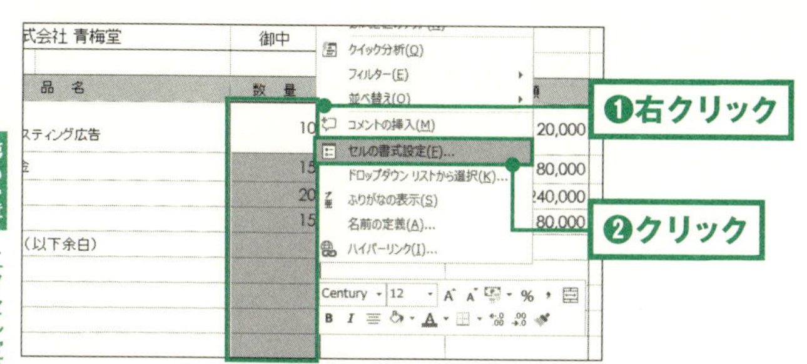

1 単位を表示したいセル範囲を選択し、その上で右クリックする❶。「セルの書式設定(F)」をクリックする❷。

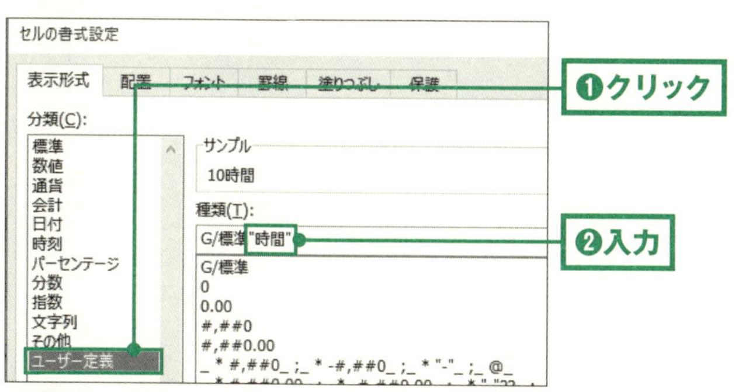

2 「表示形式」タブの「ユーザー定義」をクリックする❶。「種類(T)」の「G/標準」に続けて"時間"と入力する❷。「OK」をクリックする。

品 名	数 量	単 価
広告宣伝費 検索連動型 広告 リスティング広告	10時間	12,0
ウェブサイト構築代金	15時間	12,000
システム構築代金	20時間	12,000
画像作成代金	15時間	12,000

完成!

3 セルの数値に単位「時間」が追加される。計算も問題なく行われている。

基本

025

日付に自動で曜日をつける

[極上]

ここがポイント！

「ユーザー定義」で(aaa)と入力する

番号	日付	支援派遣先
1	2月5日(金)	幸寿庵
1	2月8日(月)	メジャー堂
1	2月9日(火)	メジャー堂
1	2月10日(水)	やお灸
1	2月11日(木)	日の出自動車
1	2月12日(金)	靴のヤマナカ
1	2月15日(月)	奥多摩ストア
1	2月16日(火)	楽家
1	2月17日(水)	つぶあんカフェ

日付に自動で曜日がついた

日付には曜日がつきものだ。しかし、例えば「2016年2月5日（月）」のように入力し、オートフィルをしても、うまくコピーされない。そこで、日付とは別に曜日用の列を用意するのが一般的な方法だ。しかしもっとスマートなのが、日付に**自動で曜日を入れる**方法だ。「セルの書式設定」で日付の「ユーザー定義」に**（aaa）**と入力する。これで、列を追加することなく、自動で曜日を表示できる。日付とのずれも生じない。

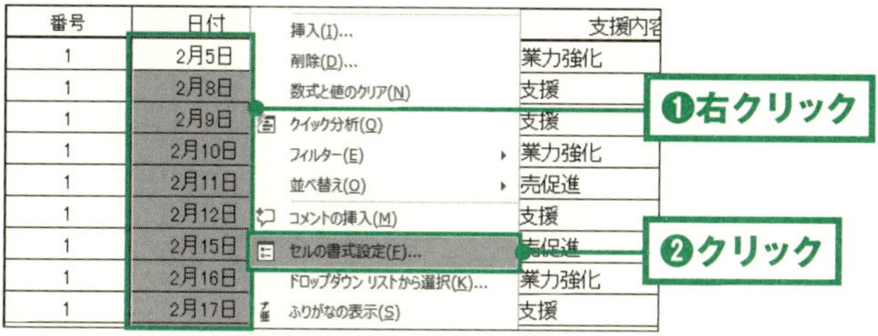

1 日付の入ったセル範囲を選択し、その上で右クリックする❶。「セルの書式設定(F)」をクリックする❷。

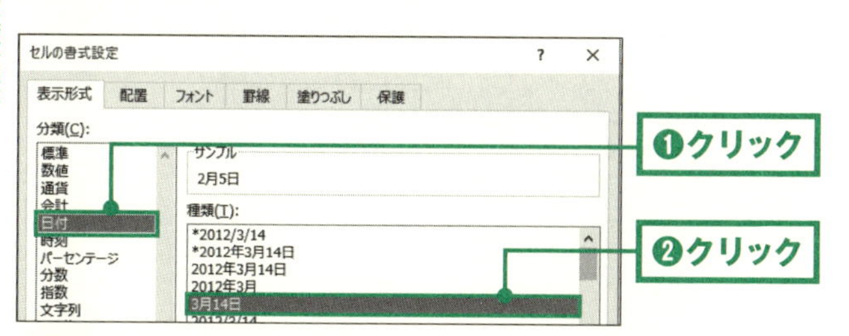

2 「表示形式」タブの「分類(C)」で「日付」をクリックし❶、「種類(T)」で「3月14日」をクリックする❷。

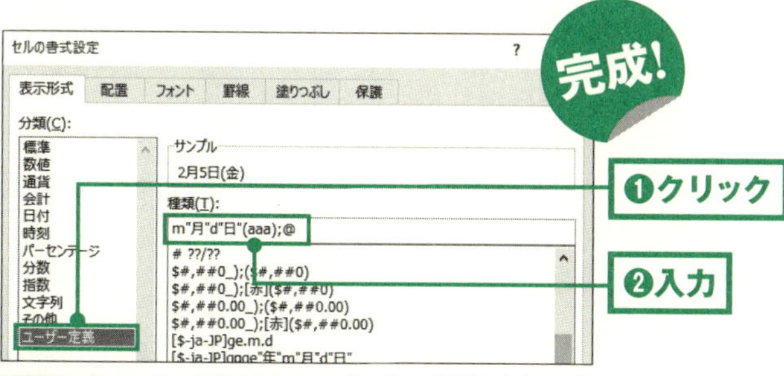

3 「ユーザー定義」をクリックする❶。「種類(T)」で「m"月"d"日"」と「;@」の間に(aaa)と入力する❷。「OK」をクリックする。

ふりがなを表示する

[初級]

エクセルで**ふりがなを表示**させるには、「ホーム」タブの「ふりがなの表示／非表示」を利用する。このボタンをクリックするだけで、セル内にふりがなを表示できる。ふりがながまちがっていた場合は、「ふりがなの表示／非表示」の「▼」をクリックし、「ふりがなの編集」をクリックする。ふりがなが編集状態になるので、文字を修正すればよい。また「ふりがなの設定」を選ぶと、より詳しい設定を行うことができる。

ここがポイント！ 「ふりがなの表示／非表示」を利用する

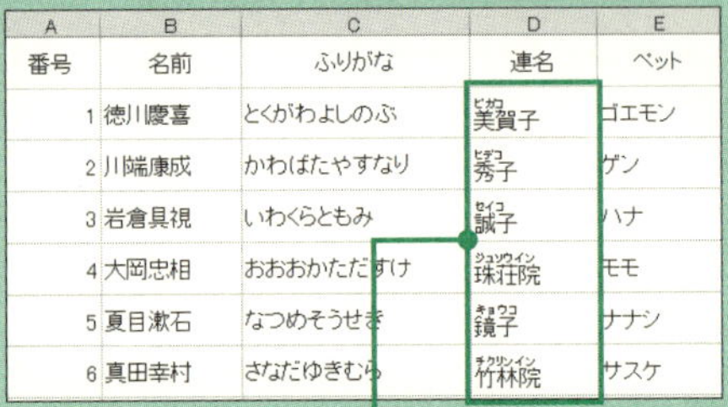

A	B	C	D	E
番号	名前	ふりがな	連名	ペット
1	徳川慶喜	とくがわよしのぶ	ビカコ 美賀子	ゴエモン
2	川端康成	かわばたやすなり	ヒデコ 秀子	ゲン
3	岩倉具視	いわくらともみ	セイコ 誠子	ハナ
4	大岡忠相	おおおかただすけ	ジュソウイン 珠荘院	モモ
5	夏目漱石	なつめそうせき	キョウコ 鏡子	ナナシ
6	真田幸村	さなだゆきむら	チクリンイン 竹林院	サスケ

漢字にふりがなを表示した

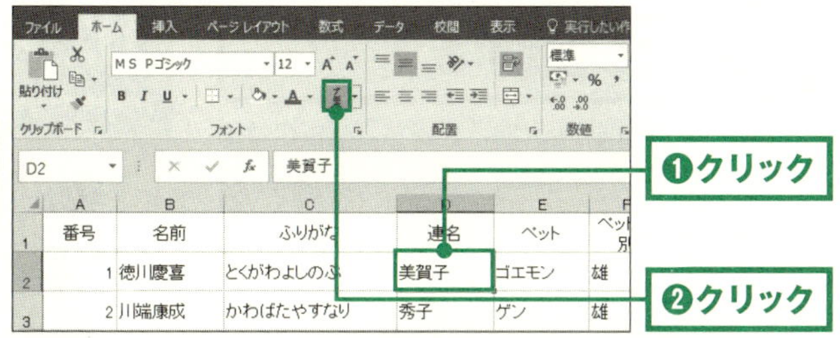

1 ふりがなをつけたいセルをクリックし❶、「ふりがなの表示／非表示」をクリックする❷。

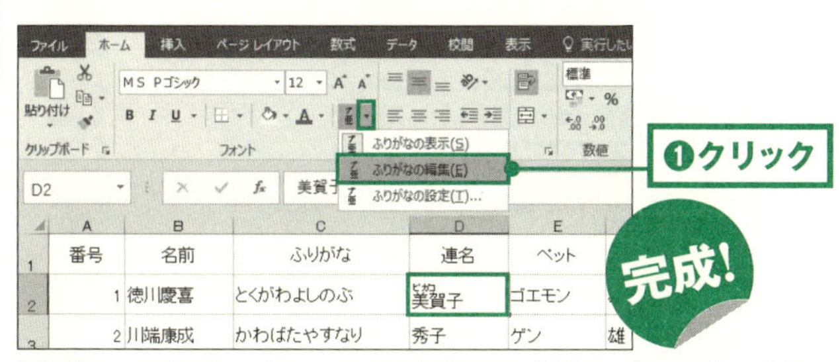

2 ふりがながついた。ふりがなを編集したい場合は、「ふりがなの表示／非表示」の「▼」をクリックし、「ふりがなの編集（E）」をクリックする❶。これで、ふりがなを直接編集できる。

★One Point !★

ふりがなは、初期状態ではカタカナで表示される。これをひらがなにしたい場合は、「ふりがなの表示／非表示」の「▼」をクリックし、「ふりがなの設定（T）」をクリックする。表示される画面で「ひらがな(H)」を選ぶ。

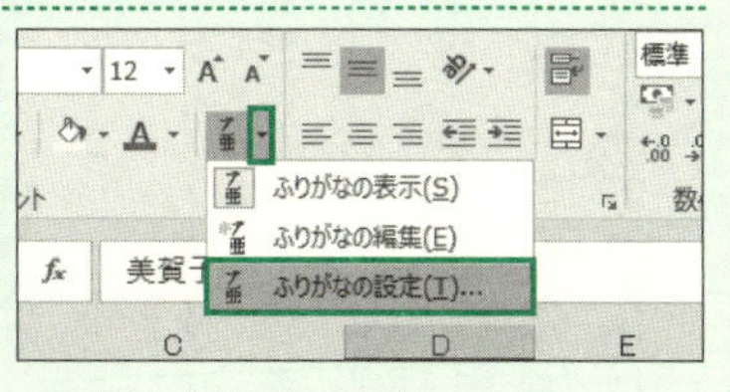

基本

027

数値を千単位に変換する

[初級]

ここがポイント!

「ユーザー定義」に「,」を追加する

	支店別四半期売り上げ			
	第1四半期	第2四半期	第3四半期	第4四半期
新宿本店	171,871	131,148	164,729	178,029
名古屋支店	156,295	163,650	157,409	152,401
福岡支店	169,211	163,348	134,109	145,079
大阪支店	172,350	173,421	164,371	170,665
総計	669,727	631,567	620,617	646,174

数値を千単位で表示した

エクセルでは、何万や何億といった大きな数字を扱うことができる。しかし、あまりにも大きい数字だと、桁数が多くなり見づらくなってしまう。かといって、あらかじめ千単位に換算して入力するのでは、面倒な上、正確性にも欠ける。そこで覚えておきたいのが、「セルの書式設定」の「ユーザー定義」を利用し、**,（カンマ）**を入れる方法だ。この設定を行うだけで、エクセルが**自動で千単位**にしてくれる。

2					
3		支店別四半期売り上げ			
4					
5		第1四半期	第2四半期	第3四半期	第4四...
6	新宿本店	171,871,000	131,148,000	164,728,690	178,02...
7	名古屋支店	156,295,000	163,650,000	157,408,600	152,40...
8	福岡支店	169,211,000	163,348,490	134,108,500	145,07...
9	大阪支店	172,350,400	173,420,600	164,371,000	170,66...
10	総計	669,727,400	631,567,090	620,616,790	646,17...
11					

クイック分析(Q)
フィルター(E)
並べ替え(O)
コメントの挿入(M)
セルの書式設定(F)...
ドロップダウン リストから選択(K)...
ふりがなの表示(S)
名前の定義(A)...
ハイパーリンク(I)...

❶右クリック
❷クリック

1 数字を千単位に変換したいセル範囲を選択し、右クリックする❶。「セルの書式設定(F)」をクリックする❷。

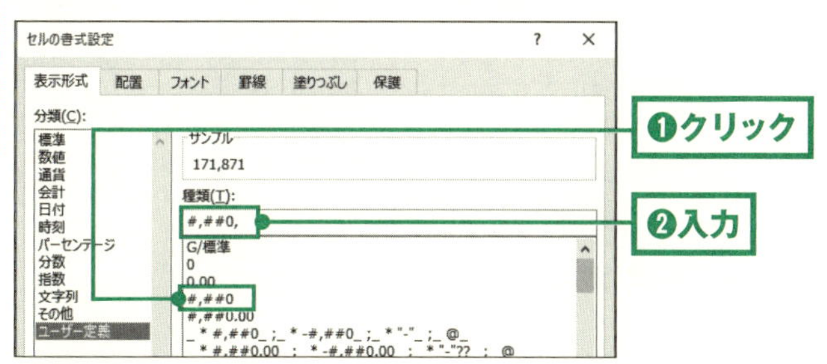

2 「表示形式」タブの「ユーザー定義」で、「#,##0」をクリックする❶。「種類(T)」の「#,##0」のあとに,(カンマ)を入力する❷。「OK」をクリックする。

B6　171871000

	A	B	C	D	E	F
1						
2						
3		支店別四半期売り上げ				
4						
5		第1四半期	第2四半期	第3四半期	第4四半期	合計
6	新宿本店	171,871	131,148	164,729	178,029	645,777
7	名古屋支店	156,295	163,650	157,409	152,401	629,754
8	福岡支店	169,211	163,348	134,109	145,079	611,747
9	大阪支店	172,350	173,421	164,371	170,665	680,807
10	総計	669,727	631,567	620,617	646,174	2,568,085

完成!

3 桁が千単位で表示された。数式バーを見ると、数字はそのままになっている。

基本 028

セルの位置をドラッグで入れ替える

［中級］

ここがポイント！ Shiftキー＋ドラッグで移動＆挿入する

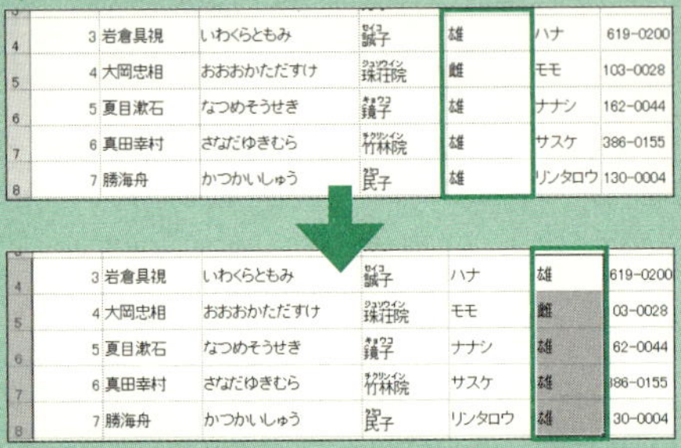

3	岩倉具視	いわくらともみ	誠子	雄	ハナ	619-0200
4	大岡忠相	おおおかただすけ	珠莊院	雌	モモ	103-0028
5	夏目漱石	なつめそうせき	鏡子	雄	ナナシ	162-0044
6	真田幸村	さなだゆきむら	竹林院	雄	サスケ	386-0155
7	勝海舟	かつかいしゅう	民子	雄	リンタロウ	130-0004

3	岩倉具視	いわくらともみ	誠子	ハナ	雄	619-0200
4	大岡忠相	おおおかただすけ	珠莊院	モモ	雌	03-0028
5	夏目漱石	なつめそうせき	鏡子	ナナシ	雄	62-0044
6	真田幸村	さなだゆきむら	竹林院	サスケ	雄	86-0155
7	勝海舟	かつかいしゅう	民子	リンタロウ	雄	30-0004

セルの位置をドラッグ操作で移動した

エクセルでセルを移動するには、いくつかの方法がある。「切り取り&貼り付け」が一般的だが、手順が多く、意外と面倒だ。そこでおすすめなのが、**[Shift]キー**を押しながら**ドラッグ**する方法だ。アクティブセルの太線上にマウスポインターを移動し、[Shift]キーを押しながらドラッグする。ドラッグ先に太線が表示されるので、目的の場所でドロップすればよい。セルや行などを移動する際には、ぜひ覚えておきたい操作だ。

秀子	ゲン	雄	410-3206	静岡県伊豆市湯ヶ島字桐山
誠子	雄	ハナ	619-0200	京都府木
珠荘院	雌	モモ	103-0028	東京都千代田区八重洲1丁目
鏡子	雄	ナナシ	162-0044	東京都新宿区喜久井町
竹林院	雄	サスケ	386-0155	長野県上
民子	雄	リンタロウ	130-0004	東京都墨田区本所亀沢町
南方熊楠	ホトトギス		790-8570	愛媛県松山市一番町四丁目

❶選択

❷ Shift キー＋ドラッグ

1 移動したいセルを選択する❶。Shiftキーを押しながら、セルの太線をドラッグする❷。

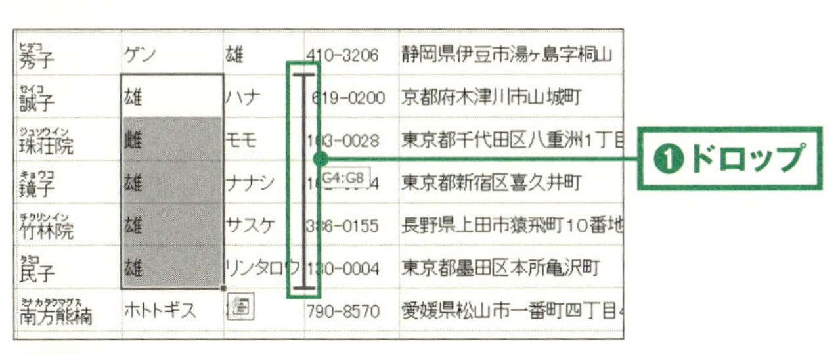

秀子	ゲン	雄	410-3206	静岡県伊豆市湯ヶ島字桐山
誠子	雄	ハナ	619-0200	京都府木津川市山城町
珠荘院	雌	モモ	103-0028	東京都千代田区八重洲1丁目
鏡子	雄	ナナシ	162-0044	東京都新宿区喜久井町
竹林院	雄	サスケ	386-0155	長野県上田市猿飛町10番地
民子	雄	リンタロウ	130-0004	東京都墨田区本所亀沢町
南方熊楠	ホトトギス		790-8570	愛媛県松山市一番町四丁目

2 挿入したい位置で、ドロップする❶。

秀子	ゲン	雄	410-3206	静岡県伊豆市湯ヶ島字
誠子	ハナ	雄	619-0200	京都府木津川市山城町
珠荘院	モモ	雌	103-0028	東京都千代田区八重洲1丁目
鏡子	ナナシ	雄	162-0044	東京都新宿区喜久井町
竹林院	サスケ	雄	386-0155	長野県上田市猿飛町10番地
民子	リンタロウ	雄	130-0004	東京都墨田区本所亀沢町
南方熊楠	ホトトギス	雄	-8570	愛媛県松山市一番町四丁目

完成!

3 セルが挿入され、周囲のセルもずれて配置された。

基本

029

行や列をすばやく追加／削除する

［初級］

ここがポイント！

行・列番号の上で右クリックする

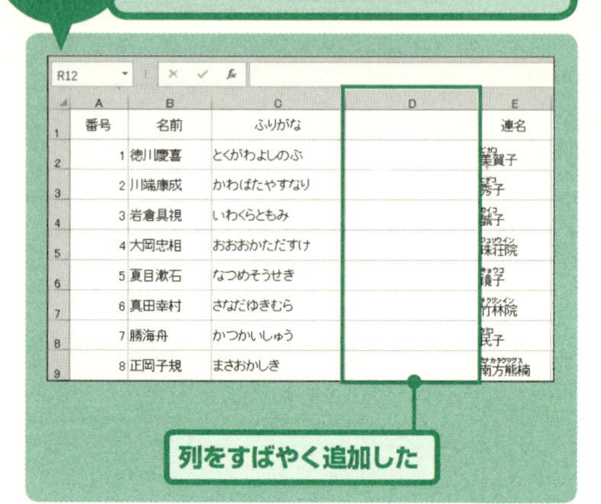

表を作成していて、あとから行や列を追加したり、削除したくなる場合がある。いずれも、右クリックを利用するのが効率的だ。行を挿入したい場合は、挿入したい場所の**上にある行番号を右クリック**し、「**挿入**」をクリックする。削除の場合は、削除したい行の行番号の上で右クリックし、「**削除**」をクリックする。列の場合もほぼ同様だが、挿入したい場所の**右側の列番号を右クリック**する点に気をつけたい。

	A	B	C	D		G
1	番号	名前	ふりがな	連名		便
2	1	徳川慶喜	とくがわよしのぶ	美賀子		
3	2	川端康成	かわばたやすなり	秀子		
4	3	岩倉具視	いわくらともみ	誠子		
5	4	大岡忠相	おおおかただすけ	珠荘院		
6	5	夏目漱石	なつめそうせき	鏡子		
7	6	真田幸村	さなだゆきむら	竹林院		
8	7	勝海舟	かつかいしゅう	民子		
9	8	正岡子規	まさおかしき	南方熊楠	ホトトギス 雄	790-85

切り取り(T)
コピー(C)
貼り付けのオプション:
形式を選択して貼り付け(S)...
挿入(I)
削除(D)
数式と値のクリア(N)
セルの書式設定(F)...
列の幅(C)...
非表示(H)
再表示(U)

❶右クリック
❷クリック

1 列を挿入したい位置の、右側の列番号を右クリックする❶。「挿入(I)」をクリックする❷。

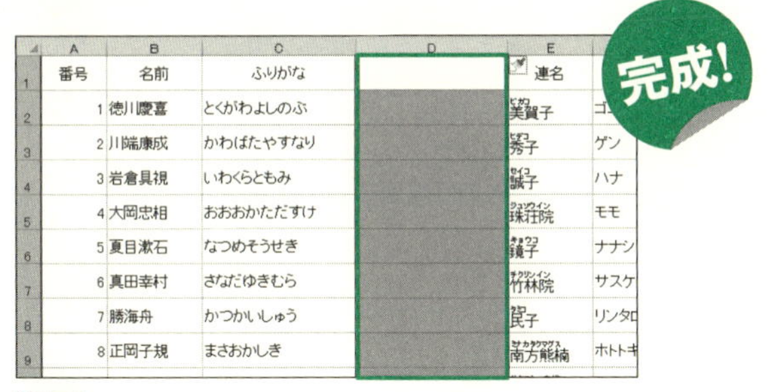

	A	B	C	D	E	
1	番号	名前	ふりがな		連名	
2	1	徳川慶喜	とくがわよしのぶ		美賀子	ゴ
3	2	川端康成	かわばたやすなり		秀子	ゲン
4	3	岩倉具視	いわくらともみ		誠子	ハナ
5	4	大岡忠相	おおおかただすけ		珠荘院	モモ
6	5	夏目漱石	なつめそうせき		鏡子	ナナシ
7	6	真田幸村	さなだゆきむら		竹林院	サスケ
8	7	勝海舟	かつかいしゅう		民子	リンタロ
9	8	正岡子規	まさおかしき		南方熊楠	ホトトギ

2 列が挿入された。

One Point !★

セルを右クリックし、「挿入(I)」または「削除(D)」をクリックすると、セル単体の挿入、削除ができる。

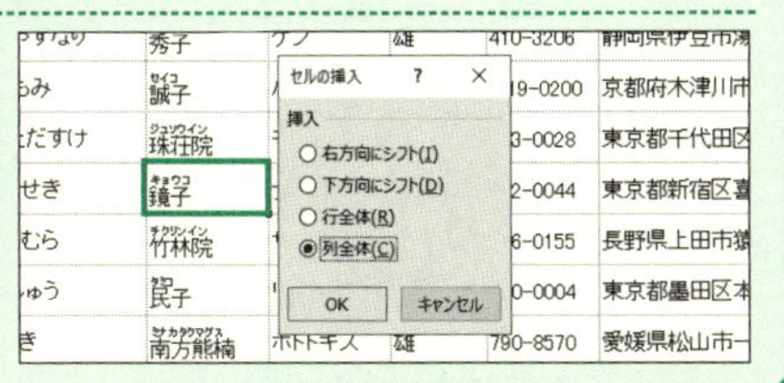

複数の行や列を一度に追加する

［ 初級 ］

ここがポイント!
挿入したい数の行・列を選択する

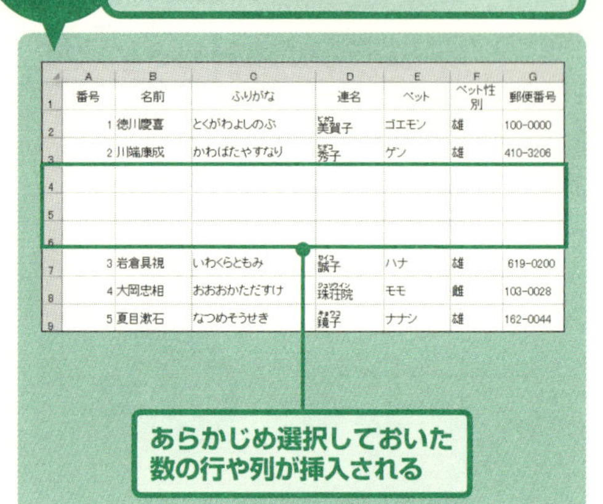

	A	B	C	D	E	F	G
1	番号	名前	ふりがな	連名	ペット	ペット性別	郵便番号
2	1	徳川慶喜	とくがわよしのぶ	美賀子	ゴエモン	雄	100-0000
3	2	川端康成	かわばたやすなり	秀子	ゲン	雄	410-3206
4							
5							
6							
7	3	岩倉具視	いわくらともみ	誠子	ハナ	雄	619-0200
8	4	大岡忠相	おおおかただすけ	珠荘院	モモ	雌	103-0028
9	5	夏目漱石	なつめそうせき	鏡子	ナナシ	雄	162-0044

行や列を挿入する場合、複数の行や列をまとめて挿入したいこともあるだろう。そんな時に、1行1行挿入していたのでは、効率が悪い。そんな時は、**挿入したい数の列や行をドラッグして選択**し、挿入の操作を行えばよい。例えば10行追加したいなら、行番号10行分をドラッグし、あらかじめ選択しておく。続けてその上で右クリックし、「挿入」をクリックすれば、一度に複数の行（10行分）を挿入できる。

番号	名前	ふりがな	連名	ペット	ペット性別	郵便番号
1	徳川慶喜	とくがわよしのぶ	美賀子	ゴエモン	雄	100-0000
2	川端康成	かわばたやすなり	秀子	ゲン	雄	410-3206
3	岩倉具視	いわくらともみ	誠子	ハナ	雄	619-0200
4	大岡忠相	おおおかただすけ	珠荘院	モモ	雌	103-0028
5	夏目漱石	なつめそうせき	鏡子	ナナシ	雄	162-0044
6	真田幸村	さなだゆきむら	竹林院	サスケ	雄	386-0155

❶ドラッグ

1 3行目の下に、3列追加したい。そこで、4行目～6行目の行番号をドラッグして選択する❶。

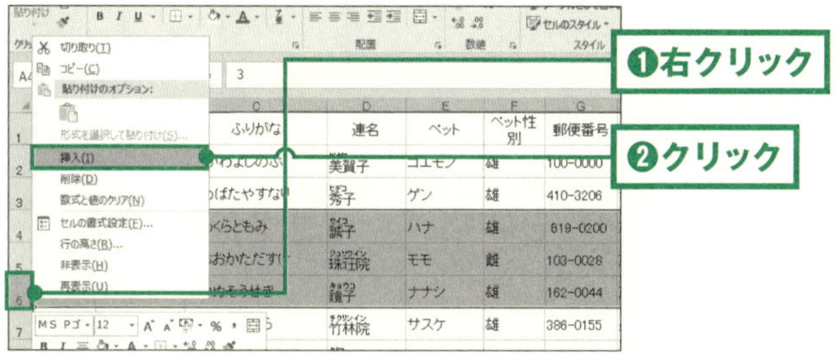

2 選択した行番号の上で右クリックし❶、「挿入(I)」をクリックする❷。

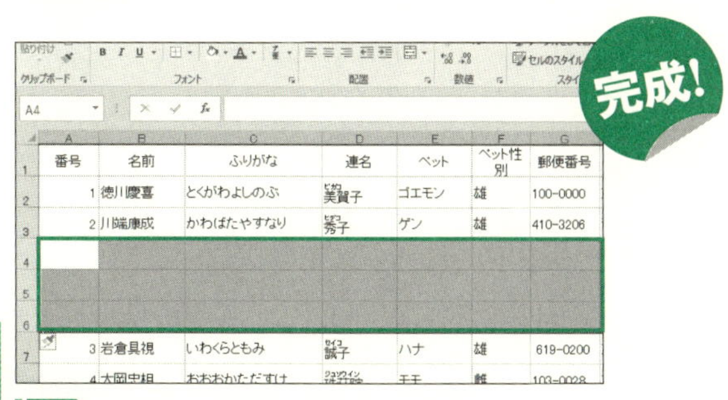

3 選択していた数と同じ数の行が挿入された。

基本

031

行や列をすばやくコピーして貼り付ける

［中級］

	町丁名	世帯数	人口 男	女	計	町丁名
6	本町1丁目	246	276	283	559	本町1丁目
7	本町2丁目	376	406	405	811	本町2丁目
8	本町3丁目	291	349	341	690	本町3丁目
9	本町4丁目	152	157	139	296	本町4丁目
10	上町1丁目	97	83	85	168	上町1丁目
11	上町2丁目	128	152	175	327	上町2丁目
12	上町3丁目	281	268	294	562	上町3丁目
13	上町4丁目	410	421	444	865	上町4丁目
14	中町1丁目	212	214	228	442	中町1丁目
15	中町2丁目	130	122	141	263	中町2丁目
16	中町3丁目	176	216	218	434	中町3丁目
17	中町4丁目	451	469	518	987	中町4丁目
18	中町5丁目	514	553	568	1,121	中町5丁目
19	中町[illegible]丁目	318	317	330	647	中町[illegible]丁目

エクセルで表を作成していると、**行や列をコピー**して使い回したいことがよくある。そのような場合は、行番号、あるいは列番号をクリックして選択し、リボンの「コピー」ボタンをクリックする。そして、貼り付け先をクリックし、リボンの「貼り付け」ボタンをクリックする。しかしこの操作は、P.20で解説したショートカットキーにまるまる置き換えることができる。極力リボンは使わず、キー操作に置き換えたい。

	A	B	C	D	E	F	G
1							
2		世帯と人口					
3							
4	町丁名	世帯数	人	口			
5			男	女	計		
6	本町1丁目	246	276	283	559		
7	本町2丁目	376	406	405	811		
8	本町3丁目	291	349	341	690		
9	本町4丁目	152	157	139	296		
10	上町1丁目	97	83	85	168		
11	上町2丁目	128	152	175	327		
12	上町3丁目	281	268	294	562		
13	上町4丁目	410	421	444	865		
14	中町1丁目	212	214	228	442		

❶クリック

❷Ctrl＋Cキーを押す

1 コピーする列の列番号をクリックし❶、Ctrl+Cキーを押す❷。この時、Ctrl+Xキーを押すと、コピーではなく、移動になる。

	A	B	C	D	E	F	G
1							
2		世帯と人口					
3							
4	町丁名	世帯数	人	口			
5			男	女	計		
6	本町1丁目	246	276	283	559		
7	本町2丁目	376	406	405	811		
8	本町3丁目	291	349	341	690		
9	本町4丁目	152	157	139	296		
10	上町1丁目	97	83	85	168		
11	上町2丁目	128	152	175	327		
12	上町3丁目	281	268	294	562		
13	上町4丁目	410	421	444	865		
14	中町1丁目	212	214	228	442		

❶クリック

❷Ctrl＋Vキーを押す

2 貼り付けたい位置の右側の列番号をクリックし❶、Ctrl+Vキーを押す❷。

	A	B	C	D	E	F	G
1							(Ctrl)▾
2		世帯と人口					
3							
4	町 丁 名	世帯数	人	口		町 丁 名	
5			男	女	計		
6	本 町 1 丁 目	246	276	283	55	本 町 1 丁 目	
7	本 町 2 丁 目	376	406	405	81	本 町 2 丁 目	
8	本 町 3 丁 目	291	349	341	69	本 町 3 丁 目	
9	本 町 4 丁 目	152	157	139	29	本 町 4 丁 目	
10	上 町 1 丁 目	97	83	85	16	上 町 1 丁 目	
11	上 町 2 丁 目	128	152	175	32	上 町 2 丁 目	
12	上 町 3 丁 目	281	268	294	56	上 町 3 丁 目	
13	上 町 4 丁 目	410	421	444	86	上 町 4 丁 目	
14	中 町 1 丁 目	212	214	228	44	中 町 1 丁 目	

完成!

3 コピーした列が、貼り付けられる。

基本

032

行高や列幅をすばやく調整する

[初級]

ここがポイント！
行・列番号の境界でダブルクリックする

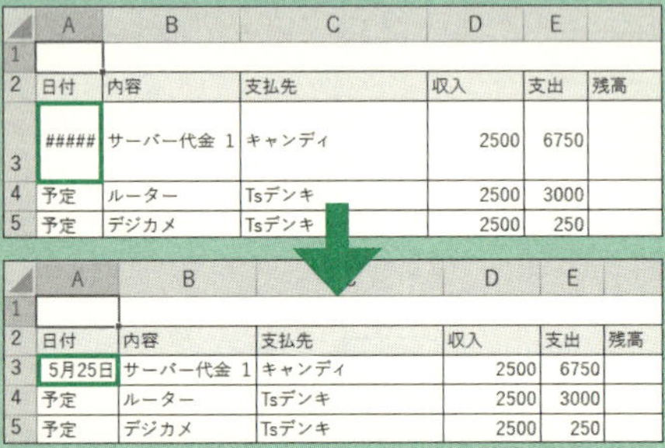

	A	B	C	D	E	
1						
2	日付	内容	支払先	収入	支出	残高
3	#####	サーバー代金 1	キャンディ	2500	6750	
4	予定	ルーター	Tsデンキ	2500	3000	
5	予定	デジカメ	Tsデンキ	2500	250	

	A	B	C	D	E	
1						
2	日付	内容	支払先	収入	支出	残高
3	5月25日	サーバー代金 1	キャンディ	2500	6750	
4	予定	ルーター	Tsデンキ	2500	3000	
5	予定	デジカメ	Tsデンキ	2500	250	

セルの幅や高さを文字数に合わせて調整した

表の行高や列幅は、余計な空きがでないよう、しっかりと調整しておきたい。見栄えのよい表になるし、1枚の用紙に無駄なく収めることができる。行の高さや列幅は、行や列見出しの間をドラッグすることで変えられる。しかし、文字数に合わせるのであれば、**行番号や列番号の境界でダブルクリック**するのが確実だ。マウスポインターが2方向の矢印の状態でダブルクリックすれば、文字数にぴったりと合わせてくれる。

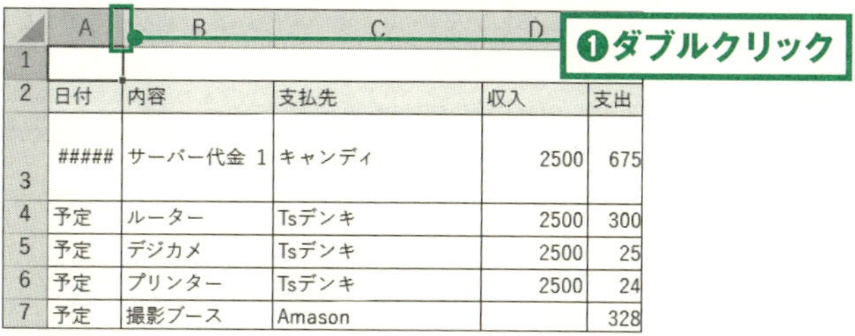

	A	B	C	D	
1					
2	日付	内容	支払先	収入	支出
3	#####	サーバー代金 1	キャンディ	2500	675
4	予定	ルーター	Tsデンキ	2500	300
5	予定	デジカメ	Tsデンキ	2500	25
6	予定	プリンター	Tsデンキ	2500	24
7	予定	撮影ブース	Amason		328

❶ダブルクリック

1 A列とB列の列番号の境界にマウスポインターを移動する。マウスポインターの形が2方向の矢印になったら、ダブルクリックする❶。

	A	B	C	D	E
1					
2	日付	内容	支払先	収入	支出
3	5月25日	サーバー代金 1	キャンディ	2500	67
4	予定	ルーター	Tsデンキ		
5	予定	デジカメ	Tsデンキ	2500	
6	予定	プリンター	Tsデンキ	2500	
7	予定	撮影ブース	Amason		32

❶ダブルクリック

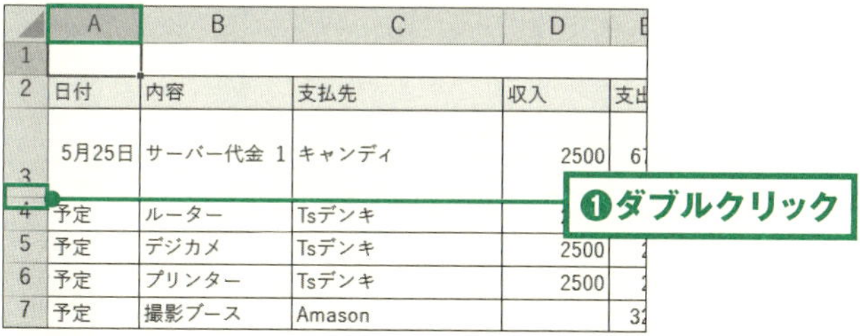

2 A列の幅が広がった。3行目と4行目の行番号の境界にマウスポインターを移動する。マウスポインターの形が2方向の矢印になったら、ダブルクリックする❶。

	A	B	C	D	
1					
2	日付	内容	支払先	収入	支
3	5月25日	サーバー代金 1	キャンディ	2500	6
4	予定	ルーター	Tsデンキ	2500	30
5	予定	デジカメ	Tsデンキ	2500	
6	予定	プリンター	Tsデンキ	2500	
7	予定	撮影ブース	Amason		32
8	予定	ウェブサイト構築	株 WEBSTAR		1E+

完成!

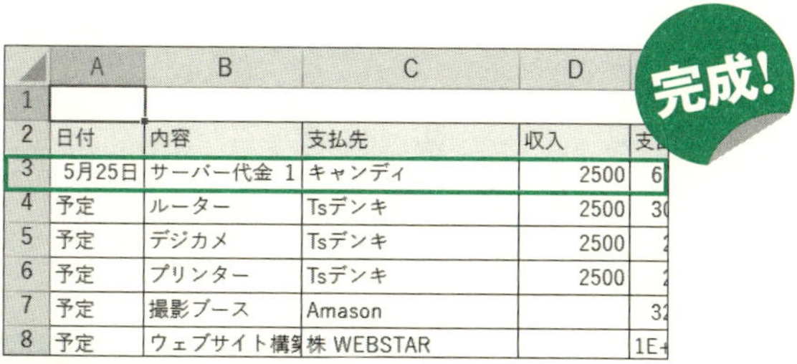

3 3行目の高さが調整され、狭くなった。

基本

033

行や列を一時的に非表示にする

［初級］

ここがポイント！ 行や列を右クリックして「非表示」を選ぶ

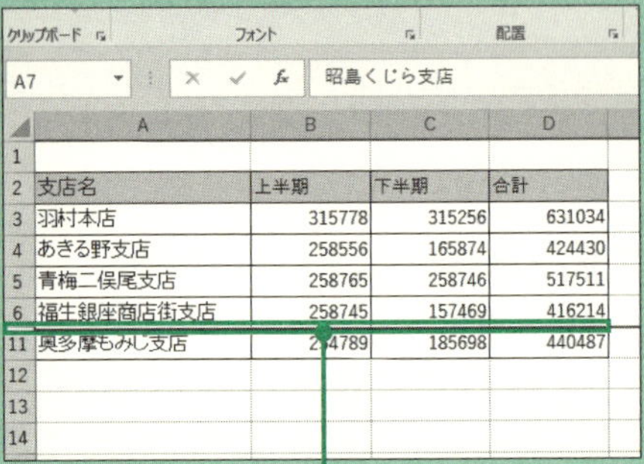

	A	B	C	D
1				
2	支店名	上半期	下半期	合計
3	羽村本店	315778	315256	631034
4	あきる野支店	258556	165874	424430
5	青梅二俣尾支店	258765	258746	517511
6	福生銀座商店街支店	258745	157469	416214
11	奥多摩もみじ支店	2[illegible]4789	185698	440487
12				
13				
14				

7～10行目を非表示にした

不要な行や列があった場合、削除しないまでも、一時的に非表示にしたいことがよくある。そんな時は、**行・列番号**の上で右クリックし、「**非表示**」を選択する。よく見ると行番号や列番号が飛んでおり、非表示になっていることがわかる。これによって、表を見やすくしたり、見せたくないデータを隠すことができる。再表示するには、非表示にした行や列の左右・上下の番号を選択して右クリックし、「再表示」を選べばよい。

❶右クリック

❷クリック

1 非表示にしたい行または列番号の上で右クリックする❶。表示されるメニューで、「非表示(H)」をクリックする❷。

完成!

	A	B	C	D
1				
2	支店名	上半期	下半期	合計
3	羽村本店	315778	315256	631034
4	あきる野支店	258556	165874	424430
5	青梅二俣尾支店	258765	258746	517511
6	福生銀座商店街支店	258745	157469	416214
11	奥多摩もみじ支店	254789	185698	440487
12				

2 行、または列が非表示になった。

★One Point !★

行または列を再表示するには、行の場合は非表示にした行の上下の行番号を選択し、右クリックする❶。列の場合は非表示にした列の左右の列番号を選択し、右クリックする。表示されるメニューで、「再表示(U)」をクリックする❷。

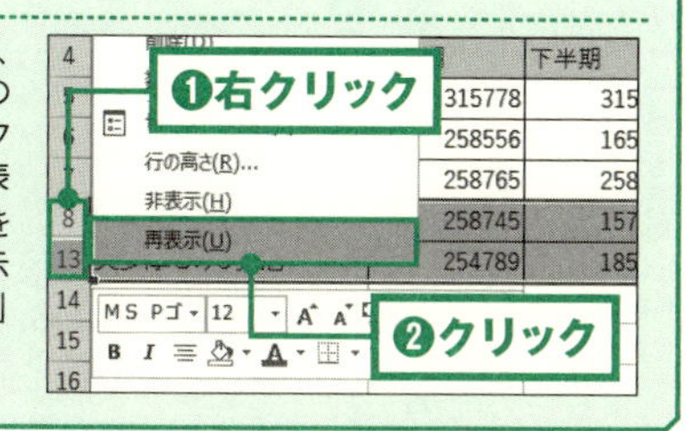

基本

034

選択した範囲に罫線を引く

［初級］

セルに罫線を引くには、さまざまな方法がある。しかし、単純な格子線でよいのであれば、リボンの「罫線」ボタンを使うのがもっとも速い。最初に、罫線を引きたい範囲をドラッグして選択する。次に、「**罫線**」ボタンの右側にある「▼」をクリックし、「**格子**」をクリックすればよい。これで、選択した範囲に格子の罫線を引くことができる。もっと複雑な罫線を引きたい場合は、次のセクションを見てほしい。

ここがポイント！ 「罫線」ボタンを利用する

	上半期	下半期	合計
羽村本店	315778	315256	631034
あきる野支店	258556	165874	424430
青梅二俣尾支店	258765	258746	517511
福生銀座商店街支店	258745	157469	416214
昭島くじら支店	258746	225478	484224
立川富士見通り支店	787457	525565	1313022
武蔵村山支店	368745	454468	823213
東大和支店	254789	365874	620663
奥多摩もみじ支店	254789	185698	440487

選択した範囲に、格子の罫線が引けた

	上半期	下半期	合計
羽村本店	315778	315256	631034
あきる野支店	258556	165874	424430
青梅二俣尾支店	258765	258746	517511
福生銀座商店街支店	258745	157469	416214
昭島くじら支店	258746	225478	484224
立川富士見通り支店	787457	525565	1313022
武蔵村山支店	368745	454468	823213
東大和支店	254789	365874	620663
奥多摩もみじ支店	254789	185698	440487

❶選択

1 罫線を引きたい範囲を選択する❶。

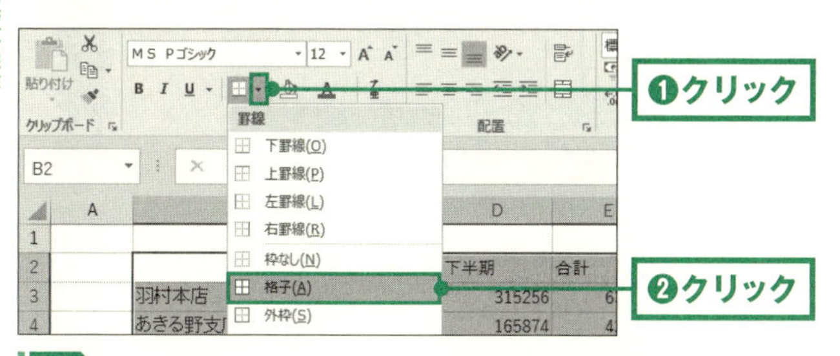

2 「罫線」の「▼」をクリックし❶、「格子」をクリックする❷。

	上半期	下半期	合計
羽村本店	315778	315256	631034
あきる野支店	258556	165874	424430
青梅二俣尾支店	258765	258746	517511
福生銀座商店街支店	258745	157469	416214
昭島くじら支店	258746	225478	484224
立川富士見通り支店	787457	525565	1313022
武蔵村山支店	368745	454468	823213
東大和支店	254789	365874	620663
奥多摩もみじ支店	254789	185698	440487

完成!

3 選択した範囲に、格子の罫線が引けた。

基本

035

ドラッグ操作で罫線を引く

［初級］

ここがポイント！

「罫線の作成」を選択してドラッグする

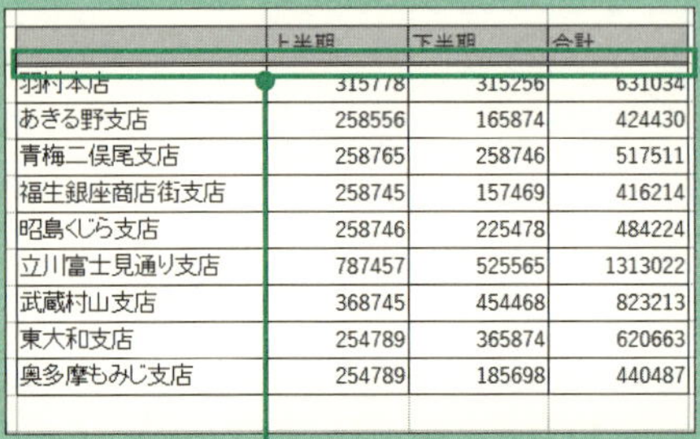

	上半期	下半期	合計
羽村本店	315778	315256	631034
あきる野支店	258556	165874	424430
青梅二俣尾支店	258765	258746	517511
福生銀座商店街支店	258745	157469	416214
昭島くじら支店	258746	225478	484224
立川富士見通り支店	787457	525565	1313022
武蔵村山支店	368745	454468	823213
東大和支店	254789	365874	620663
奥多摩もみじ支店	254789	185698	440487

ドラッグ操作で二重線を引いた

前のセクションでは、選択したセル範囲に格子の罫線を引く方法を解説した。しかし、表の一部に罫線を引きたい場合、この方法では対応できない。例えば、見出しと内容の境界に**二重線を引く**、などといった場合だ。より自由に罫線を引くには、「**罫線の作成**」の利用をおすすめしたい。「罫線の作成」内の項目を選択すると、マウスポインターが鉛筆の形になり、ドラッグした位置に自由に罫線を引くことができる。

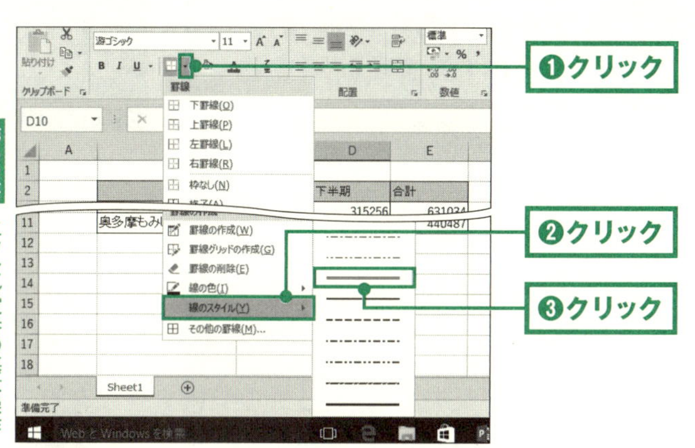

1 「罫線」の「▼」をクリックし❶、「線のスタイル(Y)」をクリックする❷。二重線をクリックする❸。

	上半期	下半期	合計
羽村本店	315778	315256	631034
あきる野支店	258556	165874	424430
青梅二俣尾支店	258765	258746	51751
福生銀座商店街支店	258745	157469	41621
昭島くじら支店	258746	225478	484224

❶ドラッグする

2 マウスポインターが「鉛筆」の形になるので、罫線を引きたい場所でドラッグする❶。

	上半期	下半期	合計
羽村本店	315778	315256	631034
あきる野支店	258556	165874	424430
青梅二俣尾支店	258765	258746	517511
福生銀座商店街支店	258745	157469	416214
昭島くじら支店	258746	225478	484224

完成!

3 ドラッグした場所に、二重線が引けた。Escキーを押すと、「罫線の作成」をやめることができる。

斜めの罫線を引く

［中級］

ここがポイント!
「セルの書式設定」の「罫線」タブを利用する

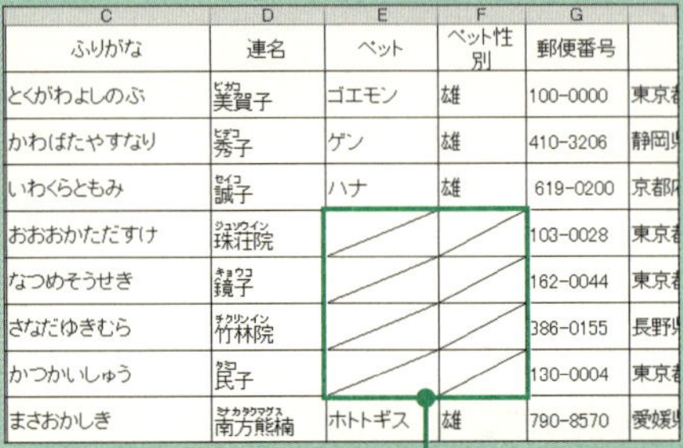

C	D	E	F	G	
ふりがな	連名	ペット	ペット性別	郵便番号	
とくがわよしのぶ	美賀子	ゴエモン	雄	100-0000	東京
かわばたやすなり	秀子	ゲン	雄	410-3206	静岡
いわくらともみ	誠子	ハナ	雄	619-0200	京都
おおおかただすけ	珠荘院			103-0028	東京
なつめそうせき	鏡子			162-0044	東京
さなだゆきむら	竹林院			386-0155	長野
かつかいしゅう	民子			130-0004	東京
まさおかしき	南方熊楠	ホトトギス	雄	790-8570	愛媛

選択範囲に斜めの罫線を引いた

エクセルで罫線を引く方法として、選択した範囲に一度に格子の線を引く方法と、ドラッグして二重線を引く「罫線の作成」の説明をした。もう一つ、**選択した範囲に一度に様々な罫線を引く**方法もある。「セルの書式設定」の「罫線」タブを利用する方法だ。この方法なら、選択した範囲に対して色のついた線、点線や斜めの線、二重線などを一度に引くことができ、効率的だ。あらかじめ設定したい罫線の内容が決まっている場合に利用するとよい。

セイコ 誠子	ハナ	雄	並べ替え(O)	山城町
ジュソウイン 珠荘院			コメントの挿入(M)	八重洲
キョウコ 鏡子			セルの書式設定(F)...	久井町
チクリンイン 竹林院			ドロップダウン リストから選択(K)...	飛町10番
タミコ 民子			ふりがなの表示(S)	亀沢
ミナカタクマグス 南方熊楠	ホトトギス	雄	名前の定義(A)... / ハイパーリンク(I)...	

❶選択
❷右クリック
❸クリック

1

罫線を引きたい範囲を選択し❶、右クリックする❷。「セルの書式設定(F)」をクリックする❸。

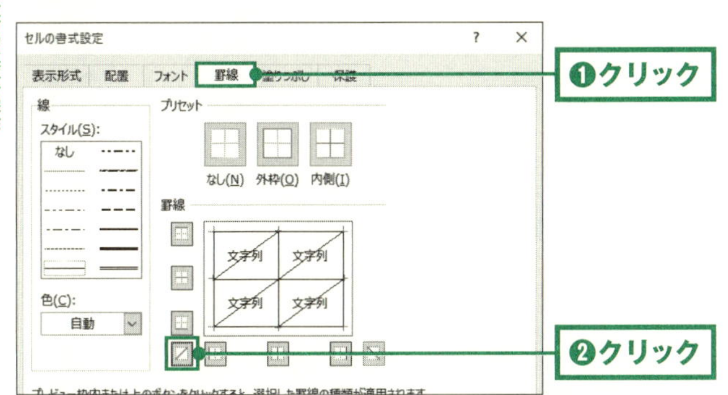

2

「罫線」タブをクリックする❶。ここでは斜めの罫線を引きたいので、「/」をクリックする❷。「スタイル(S)」で罫線の種類、「色(C)」で罫線の色を設定できる。「OK」をクリックする。

いわくらともみ	セイコ 誠子	ハナ	雄	619-0200	京都府木津
おおおかただすけ	ジュソウイン 珠荘院			103-0028	東京都千代
なつめそうせき	キョウコ 鏡子			162-0044	東京都新宿
さなだゆきむら	チクリンイン 竹林院			386-0155	長野県上田市
かつかいしゅう	タミコ 民子			130-0004	東京都墨田区
まさおかしき	ミナカタクマグス 南方熊楠	ホトトギス	雄	790-8570	愛媛県松山市

完成!

3

選択した範囲に、指定した罫線を一度に引くことができた。

基本

037

セル内の文字を縦書きにする

［初級］

ここがポイント！ 文字の「方向」を変更する

地区	支店名	上半期	下半期
西多摩	羽村本店	315778	31525
	あきる野支店	258556	16587
	青梅二俣尾支店	258765	25874
	福生銀座商店街支店	258745	15746
北多摩	昭島くじら支店	258746	22547
	立川富士見通り支店	787457	52556
	武蔵村山支店	368745	45446
	東大和支店	254789	36587
奥多摩	奥多摩もみじ支店	254789	18569

セルの文字を縦書きに設定した

通常、セル内の文字は横書きだが、これを**縦書き**にしたり、**斜め**にしたいこともあるだろう。縦長のセルに、見栄えよく見出しの文字を入れたい場合などに効果的だ。文字の方向を変更するには、「ホーム」タブの「**方向**」を利用する。縦書きだけでなく、「左回りに回転」や「右回りに回転」で斜めにすることもできる。さらに、「セルの配置の設定」を選択すれば、自由な角度で文字を配置することができる。

地区	支店名	上半期	下半期	合計
西多摩	羽村本店	315778	315256	631034
	あきる野支店	258556	165874	424430
	青梅二俣尾支店	258765	258746	517511
	福生銀座商店街支店	258745	157469	416214
北多摩	昭島くじら支店	258746	225478	484224
	立川富士見通り支店	787457	525565	1313022
	武蔵村山支店	368745	454468	823213
	東大和支店	254789	365874	620663
奥多摩	奥多摩もみじ支店	254789	185698	440487

❶選択

1 縦書きにしたい文字の入ったセルを選択する❶。

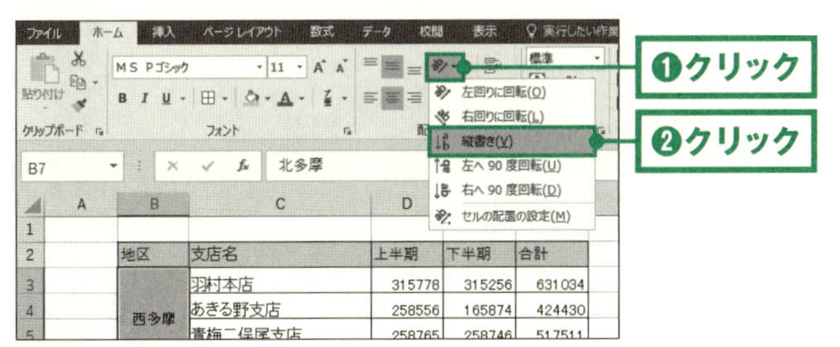

2 「ホーム」タブの「方向」をクリックする❶。「縦書き(V)」をクリックする❷。

地区	支店名	上半期	下半期	合計
西 多 摩	羽村本店	315778	315256	631034
	あきる野支店	258556	165874	424430
	青梅二俣尾支店	258765	258746	517511
	福生銀座商店街支店	258745	157469	416214
北 多 摩	昭島くじら支店	258746	225478	484224
	立川富士見通り支店	787457	525565	1313022
	武蔵村山支店	368745	454468	823213
	東大和支店	254789	365874	620663
奥多摩	奥多摩もみじ支店	254789	185698	440487

完成!

3 文字の方向が縦書きになった。

基本

038

表の見出しを固定する

［中級］

ここがポイント！

「ウィンドウ枠の固定」で見出しを固定する

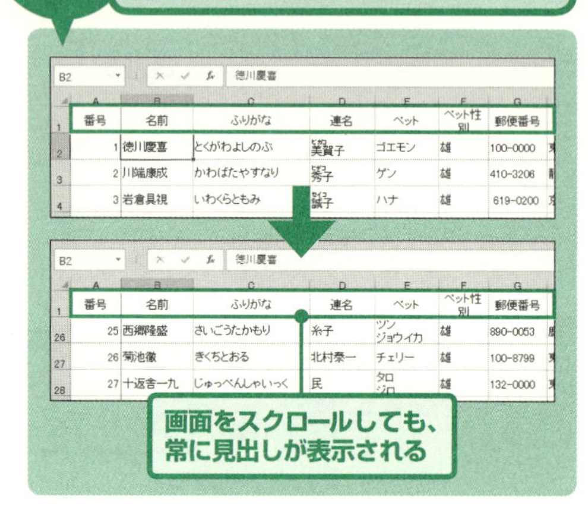

エクセルを利用していると、売り上げ日報や住所録など、縦に長い表を作ることが多い。この縦に長い表を下にスクロールすると、見出しが見えなくなり、その列のデータが何を意味するものなのか、わからなくなってしまう。そこで利用するのが**「ウィンドウ枠の固定」**だ。**見出しが固定**され常に確認できるようになるので、上にスクロールして見出しを見にいく必要もなくなり、入力の際に何を入れればよいか迷わなくなる。

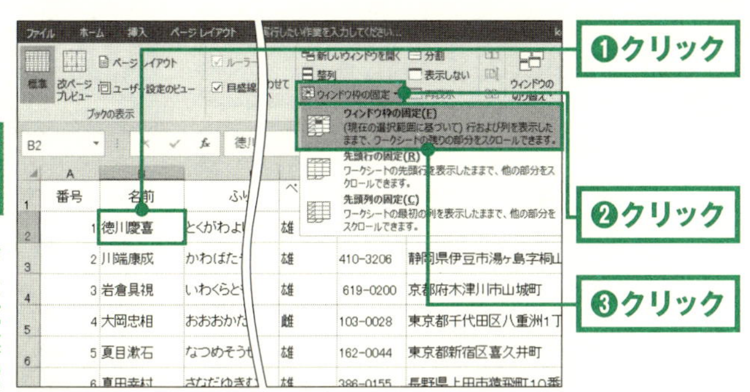

1 固定させたい行の下側のセルをクリックする❶。「表示」タブの、「ウィンドウ枠の固定」をクリックする❷。「ウィンドウ枠の固定(F)」をクリックする❸。

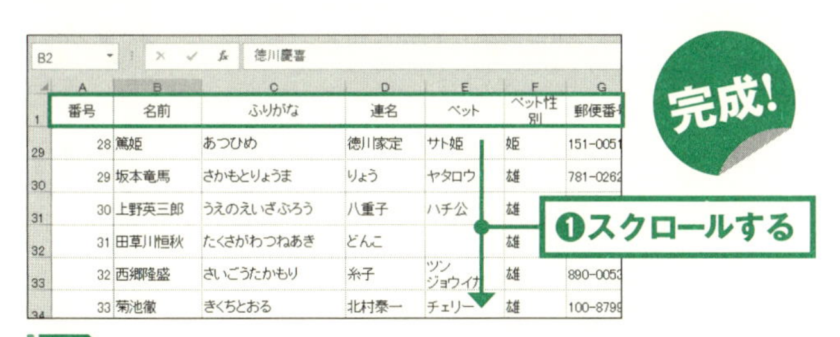

2 表を下にスクロールしても❶、見出しが常に表示されている。

★One Point !★

ウィンドウ枠の固定を解除するには、「表示」タブの「ウィンドウ枠の固定」をクリックし、「ウィンドウ枠固定の解除(F)」をクリックする。

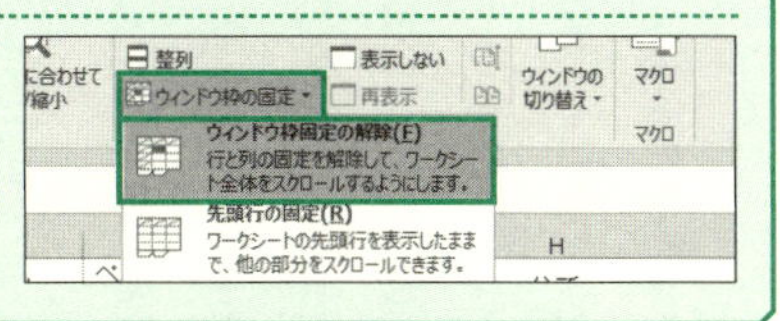

基本

039

セルで方眼紙を作り自由にレイアウトする

［初級］

ここがポイント！ 列幅を狭くして方眼紙のようにする

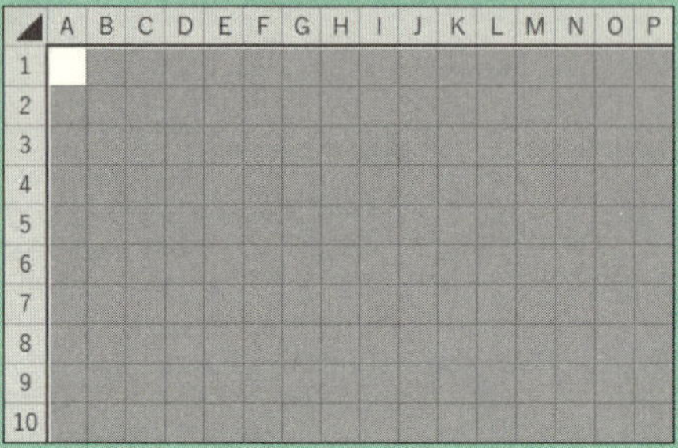

	A	B	C	D	E	F	G	H	I	J	K	L	M	N	O	P
1																
2																
3																
4																
5																
6																
7																
8																
9																
10																

列幅と行高を同じにすると、複雑なレイアウトの表を作成しやすくなる

列の幅を行の高さと同じ値にすることで、シート全体を**方眼紙**のようにすることができる。さまざまなサイズの表が入り組んだ、**複雑なレイアウトの文書**を作成するのに便利な方法だ。方眼紙にするには、セルを全選択して列幅を狭くすればよい。あとは、セルを結合して罫線を引けば、自由なレイアウトの表を作成できる。ただし、セルを結合することで完成後の配置変更がしにくくなるので注意しよう。

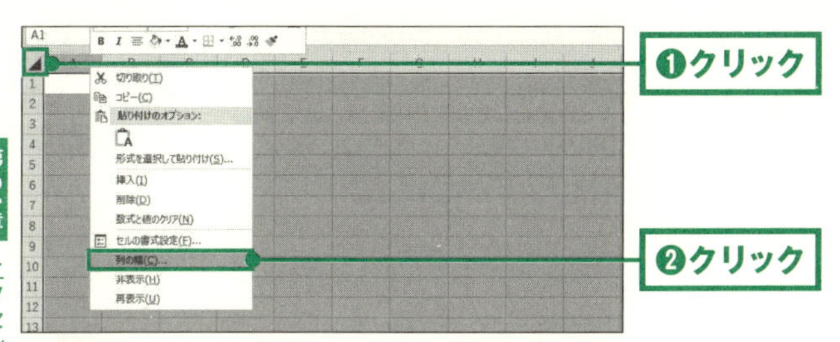

1 「セルの全選択」をクリックする❶。適当な列番号（例はA列）の上で右クリックし、「列の幅(C)」をクリックする❷。

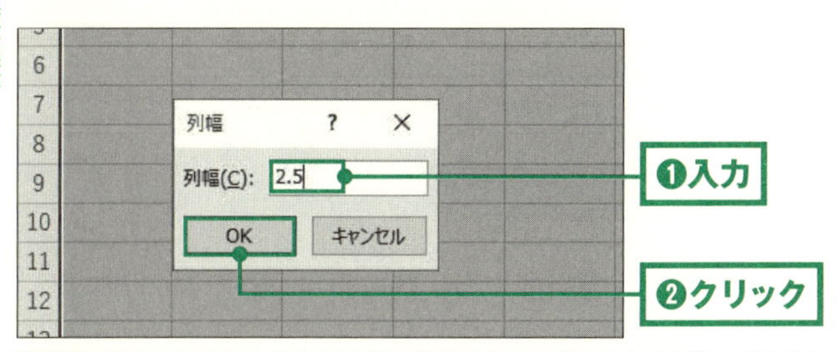

2 「2.5」（エクセル 2013以前の場合は「1.63」）と入力する❶。「OK」をクリックする❷。

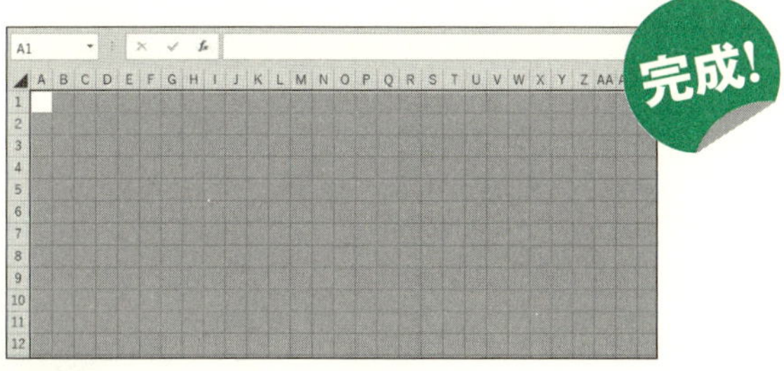

3 セルの幅が狭くなり、方眼紙のようになった。セルを結合して、自由なレイアウトで表を作成できる。

基本

040

エクセルで計算をする

[初級]

ここがポイント!

「=」を入力しセル番地と算術演算子を入力する

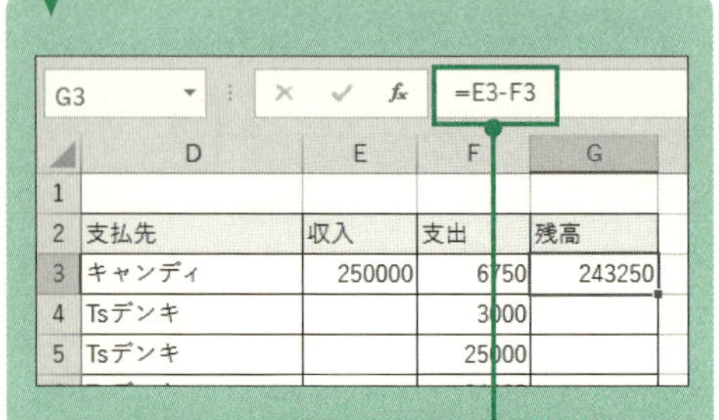

エクセルで足し算や引き算、割り算などを行うには、計算結果を表示したいセルに、最初に「=」を入力する。計算に使いたい数値は、**数値が入ったセルをクリック**して指定する。次に、足し算は「+」、引き算は「-」、掛け算は「*」、割り算は「/」を入力する。計算に使うこれらの記号を「算術演算子」と呼ぶ。計算に使いたいもう一つの数値が入ったセルをクリックし、最後に［Enter］キーを押せば、計算結果が表示される。

1 計算結果を表示したいセルに、「=」を入力する❶。計算に使いたい数値の入ったセルをクリックする❷。

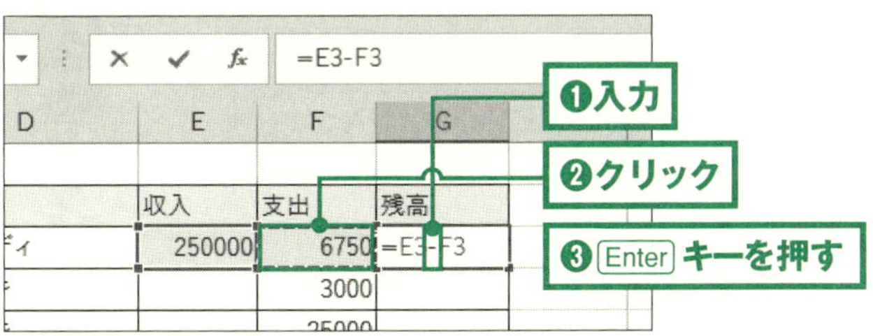

2 算術演算子「－」を入力する❶。数値の入ったセルをクリックする❷。他に計算したい数値があれば、この操作を繰り返す。最後にEnterキーを押す❸。

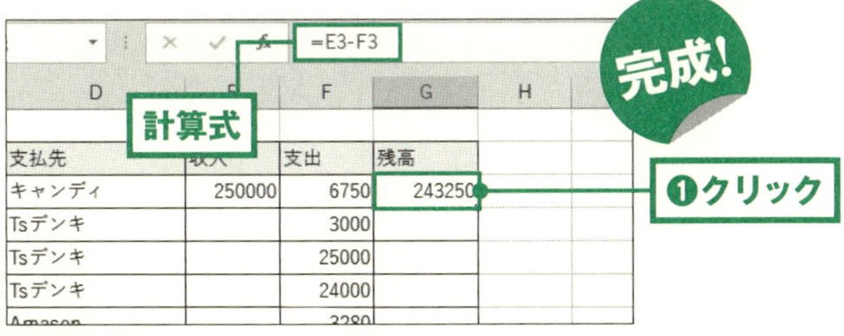

3 入力した式の答えが表示された。計算式を入力したセルをクリックし❶、数式バーを確認すると、計算式が入っていることがわかる。

基本

041

合計をすばやく計算する

[初級]

ここがポイント! 「オートSUM」をクリックする

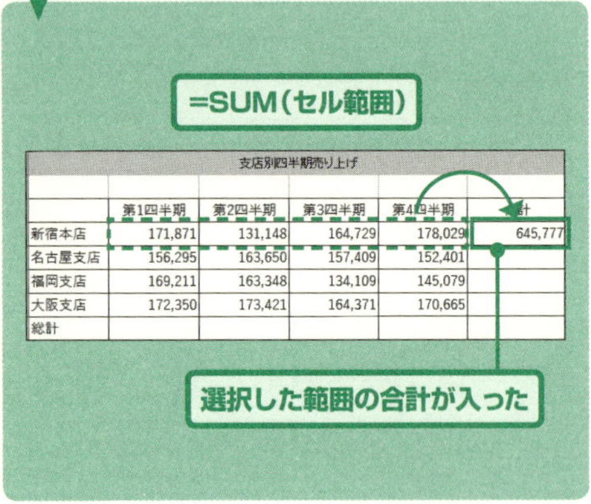

=SUM(セル範囲)

支店別四半期売り上げ					
	第1四半期	第2四半期	第3四半期	第4四半期	計
新宿本店	171,871	131,148	164,729	178,029	645,777
名古屋支店	156,295	163,650	157,409	152,401	
福岡支店	169,211	163,348	134,109	145,079	
大阪支店	172,350	173,421	164,371	170,665	
総計					

選択した範囲の合計が入った

前のセクションの方法で四則演算はできるが、足し算の場合は、わざわざ式を入力する必要はない。「**SUM**」という関数を使えばよいのだ。数式と同じく、関数も最初は「=」で始まり、次に関数名(合計の場合はSUM)が来る。そして()の間に、計算に使うセル番地が入る。例えばB5セル~B12セルまでを合計したい場合、B5:B12となる。「:」は「~」と考えよう。ボタン1つで計算式を入力できてしまう。

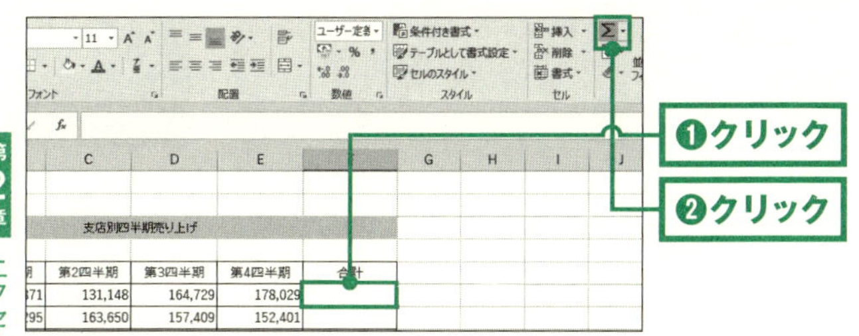

1 計算結果を表示したいセルをクリックし❶、「オートSUM」をクリックする❷。

1						
2						
3	支店別四半期売り上げ					
4						
5		第1四半期	第2四半期	第3四半期	第4四半期	合計
6	新宿本店	171,871	131,148	164,729	178,029	=SUM(B6:E6)
7	名古屋支店	156,295	163,650	157,409	152,401	SUM(数値1, [数値2],
8	福岡支店	169,211	163,348	134,109	145,079	
9	大阪支店	172,350	173,421	164,371	170,665	
10	総計					
11						
12						
13						

❶ドラッグ
❷Enterキーを押す

2 合計する範囲が自動的に選択される。範囲がまちがっていたら、合計したい範囲をドラッグして選択し直す❶。Enterキーを押す❷。

完成！

1						
2						
3	支店別四半期売り上げ					
4						
5		第1四半期	第2四半期	第3四半期	第4四半期	合計
6	新宿本店	171,871	131,148	164,729	178,029	645,777
7	名古屋支店	156,295	163,650	157,409	152,401	
8	福岡支店	169,211	163,348	134,109	145,079	
9	大阪支店	172,350	173,421	164,371	170,665	
10	総計					
11						
12						
13						

3 合計が計算された。

基本

042

縦横の合計を一度に計算する

［極上］

ここがポイント！

合計を含む範囲を選択し「オートSUM」を押す

	第1四半期	第2四半期	第3四半期	第4四半期	合計
	171,871	131,148	164,729	178,029	645,777
店	156,295	163,650	157,409	152,401	629,754
	169,211	163,348	134,109	145,079	611,747
	172,350	173,421	164,371	170,665	680,807
	669,727	631,567	620,617	646,174	2,568,085

縦横の合計を一度に計算できる

1つ1つのセルに合計を出すだけでなく、複数のセルに、**一度に合計を表示**することも可能だ。例えば上図のように、行列それぞれの合計を出したいという場合、計算結果を表示するセルを含めた**範囲を選択**し、「オートSUM」ボタンをクリックする。すると、縦横の合計を一度に計算することができる。「オートSUM」の「▼」をクリックすれば、同様の方法で「平均」や「最大値」なども一度に入力できる。

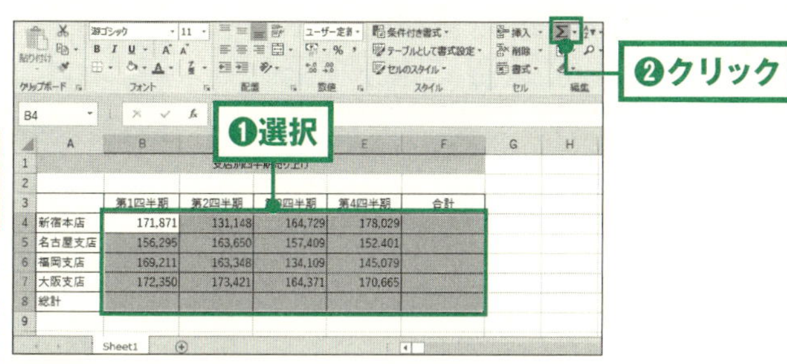

1 縦横の合計を出したいセル範囲を選択する❶。この時、計算結果を表示するセルも選択しておく。「オートSUM」をクリックする❷。

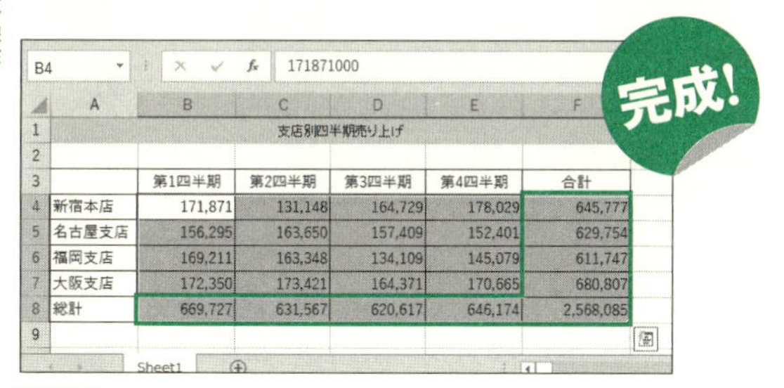

2 縦横の合計が表示される。

★One Point !★

同じようにセル範囲を選択した状態で、「オートSUM」の「▼」をクリックし、「平均(A)」をクリックすれば、縦横の平均を一度に出すこともできる。

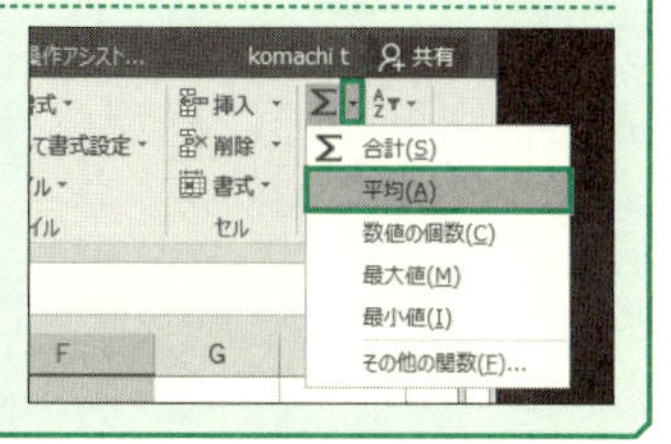

基本

043

離れたセルに計算結果を表示する

［中級］

ここがポイント！ 計算結果を表示したいセルを最初に選択する

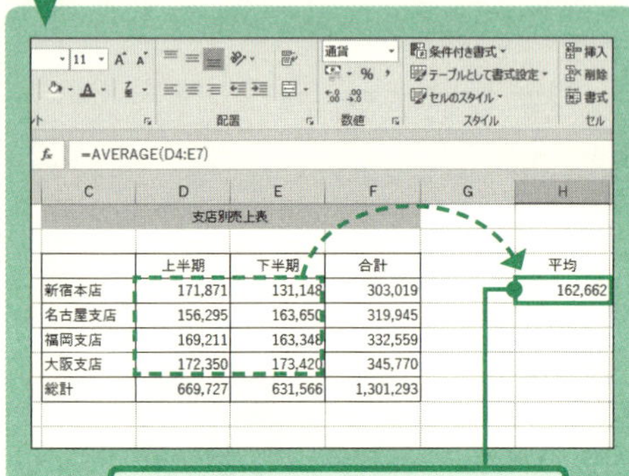

合計や平均などの計算結果を、元のデータが入力された場所とは**離れたセル**に表示したい場合がある。その時は、計算結果を表示したいセルをあらかじめ選択してから、「オートSUM」ボタンの「▼」から利用したい関数をクリックする。「平均」のほか、「数値の個数」や「最大値」なども選択できる。次に、計算に使う**範囲をドラッグ**し、最後に［Enter］キーを押せば、最初に選択したセルに計算結果が表示される。

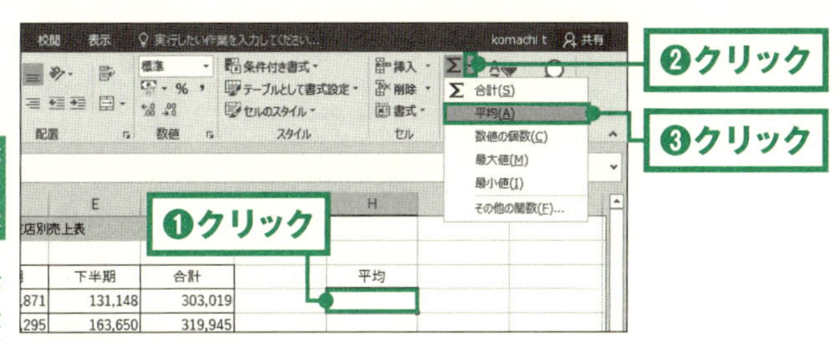

1 計算結果を表示したいセルをクリックする❶。「オートSUM」ボタンの「▼」をクリックし❷、「平均(A)」をクリックする❸。

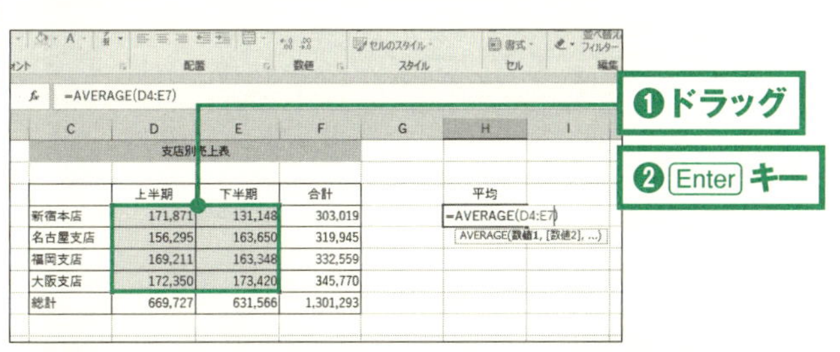

2 セル範囲が自動で選択されるが、離れているため正しく選択されない。そこで、計算に使いたいセル範囲をドラッグし❶、Enterキーを押す❷。

完成!

F	G	H	I
合計		平均	
303,019		162,662	
319,945			
332,559			
345,770			
1,301,293			

3 ドラッグした範囲の平均を、最初に選択したセルに表示することができた。

基本

044

計算式の内容をすばやく確認する

[中級]

計算式の入ったセルには、計算結果が表示され、計算式そのものは表示されない。そのため、人から渡されたブックでは、どこに計算式が入っているかがひと目でわからず、かといって1つ1つセルをクリックして確認するのは効率的とはいえない。そんな時に便利なのが、「**数式の表示**」だ。セルに入力された計算式を、一時的に表示させることができる。表の全体をひと目で把握できる、便利な機能だ。

ここがポイント！ 「数式の表示」をクリックする

1	支店別四半期売り上げ				
2					
3		第1四半期	第2四半期	第3四半期	第4四半期
4	新宿本店	171871000	131148000	164728690	178029300
5	名古屋支店	156295000	163650000	157408600	152400700
6	福岡支店	169211000	163348490	134108500	145078900
7	大阪支店	172350400	173420600	164371000	170665200
8	総計	=SUM(B4:B7)	=SUM(C4:C7)	=SUM(D4:D7)	=SUM(E4:E7)
9					

セルに計算式が表示された

	A	B	C	D	E	F
1	支店別四半期売り上げ					
2						
3		第1四半期	第2四半期	第3四半期	第4四半期	合計
4	新宿本店	171,871	131,148	164,729	178,029	645,777
5	名古屋支店	156,295	163,650	157,409	152,401	629,754
6	福岡支店	169,211	163,348	134,109	145,079	611,747
7	大阪支店	172,350	173,421	164,371	170,665	680,807
8	総計	669,727	631,567	620,617	646,174	2,568,085
9						
10						
11						

1 表には計算結果が表示されている。

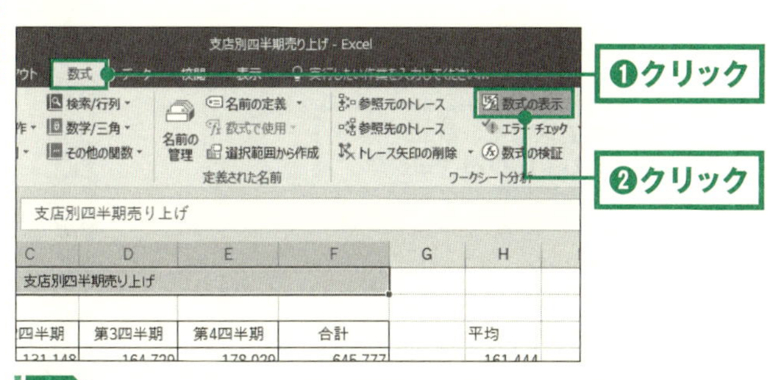

2 「数式」タブをクリックし❶、「数式の表示」をクリックする❷。

完成!

	A	B	C	D	E	F
1	支店別四半期売り上げ					
2						
3		第1四半期	第2四半期	第3四半期	第4四半期	合計
4	新宿本店	171871000	131148000	164728690	178029300	=SUM(B4:E4
5	名古屋支店	156295000	163650000	157408600	152400700	=SUM(B5:E5)
6	福岡支店	169211000	163348490	134108500	145078900	=SUM(B6:E6)
7	大阪支店	172350400	173420600	164371000	170665200	=SUM(B7:E7)
8	総計	=SUM(B4:B7)	=SUM(C4:C7)	=SUM(D4:D7)	=SUM(E4:E7)	=SUM(B8:E8)
9						
10						
11						

3 セルに入力されている計算式が表示された。表示を元に戻すには、もう一度「数式の表示」をクリックする。

基本

045

計算結果の値だけをコピーする

ここがポイント！ 貼り付け時に「値」を選ぶ

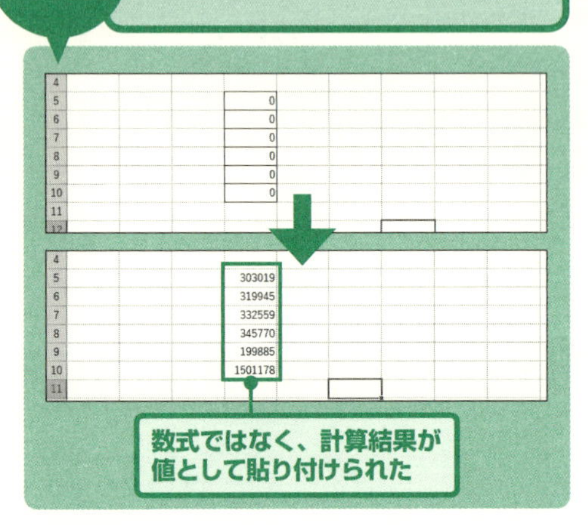

計算結果の値を、別のセルや表で利用したいことがある。この時、計算式の入ったセルをコピー&貼り付けすると、計算式そのものが貼り付けられてしまう。これでは、計算に使ったセルが認識されず、エラーになってしまう。**計算結果の値**だけを利用したい場合は、貼り付けを行うと表示される「**貼り付けのオプション**」で、「**値**」を選択すればよい。これで、計算結果の値だけを貼り付けることができ、計算等に再利用できる。

［中級］

	A	B	C	D
2				
3		上半期	下半期	合計
4	新宿本店	171,871	131,148	303,019
5	名古屋支店	156,295	163,650	319,945
6	福岡支店	169,211	163,348	332,559
7	大阪支店	172,350	173,420	345,770
8	タイ支店	89,430	110,455	199,885
9	総計	759,157	742,021	1,501,178
10				

❶選択

❷ Ctrl + C キーを押す

1 数式の入ったセルを選択し❶、Ctrl+Cキーを押す❷。

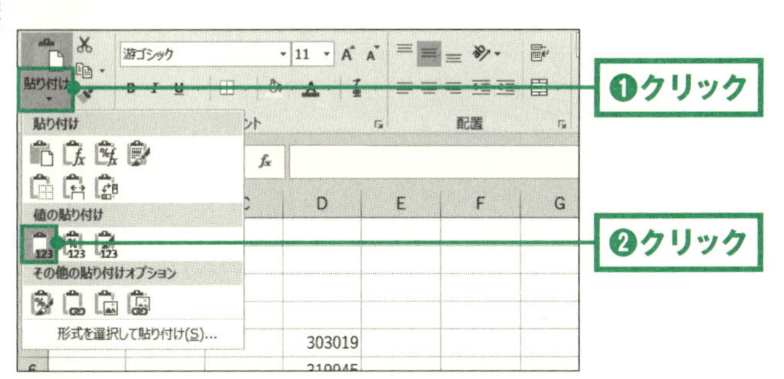

2 貼り付け先のセルをクリックし、「貼り付け」の「▼」をクリックする❶。「値(V)」をクリックする❷。

4	
5	303019
6	319945
7	332559
8	345770
9	199885
10	1501178
11	

完成!

3 計算結果の値が貼り付けられた。

基本

046

計算結果をすばやく確認する

［中級］

ここがポイント！ ステータスバーで確認する

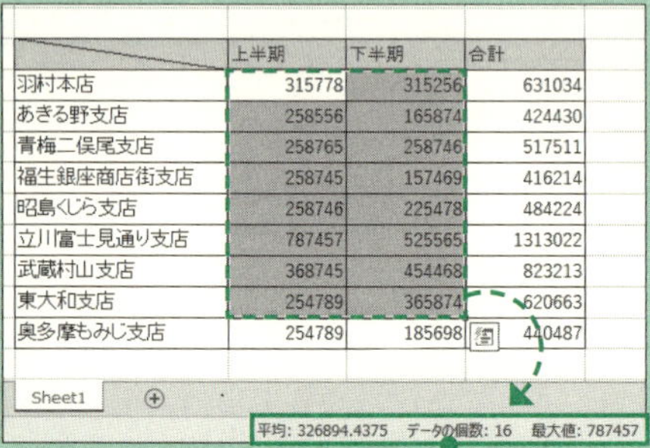

	上半期	下半期	合計
羽村本店	315778	315256	631034
あきる野支店	258556	165874	424430
青梅二俣尾支店	258765	258746	517511
福生銀座商店街支店	258745	157469	416214
昭島くじら支店	258746	225478	484224
立川富士見通り支店	787457	525565	1313022
武蔵村山支店	368745	454468	823213
東大和支店	254789	365874	620663
奥多摩もみじ支店	254789	185698	440487

Sheet1

平均: 326894.4375　データの個数: 16　最大値: 787457

選択範囲の計算結果を確認できる

エクセルには、面倒な計算式や関数を使わず、もっと手軽に計算結果を確認する方法がある。**ステータスバー**を右クリックすると、メニューが表示される。この中の「合計」や「平均」「データの個数」「最小値」「最大値」などにチェックが入っていると、セル範囲を選択した時に、それらの計算結果がステータスバーに表示されるのだ。計算結果をセルに残しておく必要のない場合に利用したいテクニックだ。

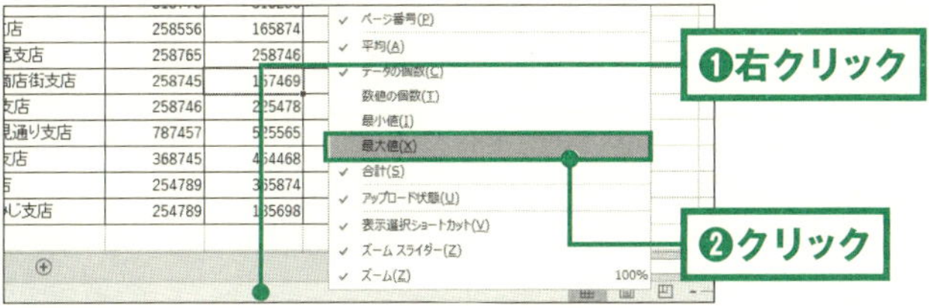

店	258556	165874
尾支店	258765	258746
商店街支店	258745	157469
支店	258746	225478
見通り支店	787457	525565
支店	368745	454468
店	254789	365874
みじ支店	254789	185698

ページ番号(P)
平均(A)
データの個数(C)
数値の個数(T)
最小値(I)
最大値(X)
合計(S)
アップロード状態(U)
表示選択ショートカット(V)
ズーム スライダー(Z)
ズーム(Z) 100%

❶右クリック

❷クリック

1 ステータスバーで右クリックし❶、「最大値(X)」をクリックしてチェックを入れる❷。

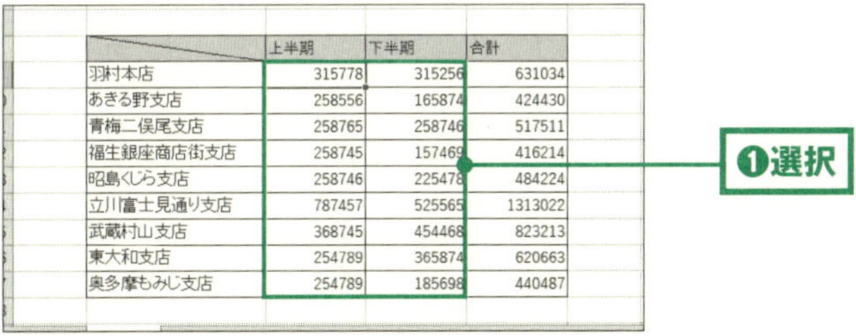

	上半期	下半期	合計
羽村本店	315778	315256	631034
あきる野支店	258556	165874	424430
青梅二俣尾支店	258765	258746	517511
福生銀座商店街支店	258745	157469	416214
昭島くじら支店	258746	225478	484224
立川富士見通り支店	787457	525565	1313022
武蔵村山支店	368745	454468	823213
東大和支店	254789	365874	620663
奥多摩もみじ支店	254789	185698	440487

❶選択

2 最大値を求めたいセル範囲を選択する❶。

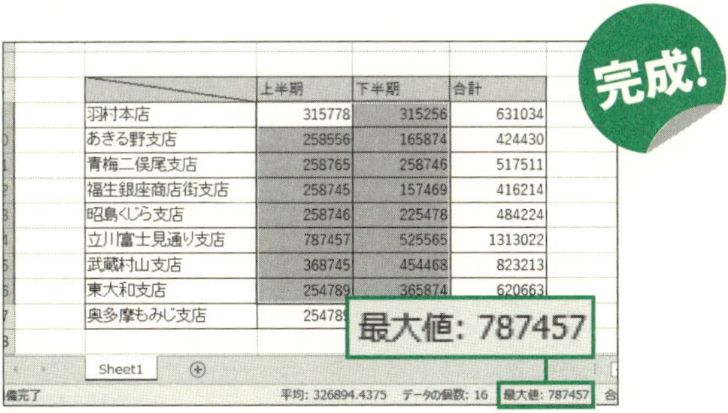

完成!

	上半期	下半期	合計
羽村本店	315778	315256	631034
あきる野支店	258556	165874	424430
青梅二俣尾支店	258765	258746	517511
福生銀座商店街支店	258745	157469	416214
昭島くじら支店	258746	225478	484224
立川富士見通り支店	787457	525565	1313022
武蔵村山支店	368745	454468	823213
東大和支店	254789	365874	620663
奥多摩もみじ支店	25478		

最大値: 787457

Sheet1

準備完了　平均: 326894.4375　データの個数: 16　最大値: 787457

3 選択したセル範囲の最大値が、ステータスバーに表示される。

基本

047

数式でよく使う「=」をすばやく入れる

ここがポイント!

「=」をクイックアクセスツールバーに登録する

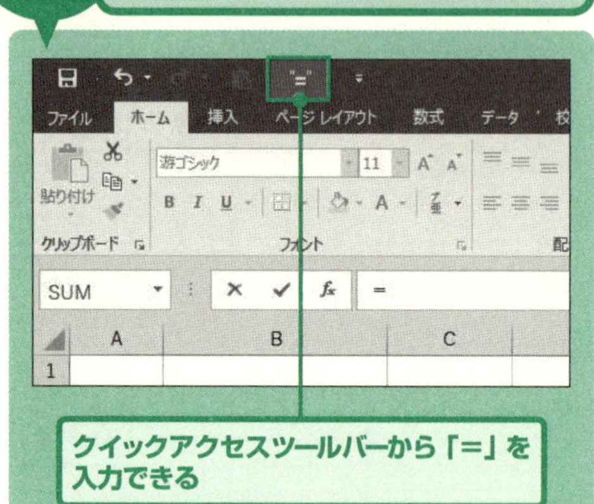

クイックアクセスツールバーから「=」を入力できる

足し算や引き算では、「=」や「-」、「*」「/」などを繰り返し入力する。これは、テンキーのないパソコンではキーボードからの入力が煩わしい操作になる。そこで、クイックアクセスツールバーに「=」や「*」「/」といった**計算に使う算術演算子をボタンとして追加しておく**。これによってボタンのクリックで計算に使う記号を入力でき、キーボード操作を省くことができる。入力が苦手な場合に特におすすめの設定だ。

［中級］

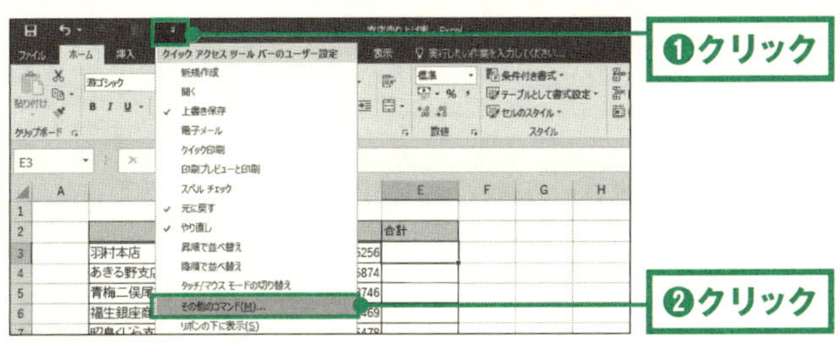

1 クイックアクセスツールバーの「▼」をクリックし❶、「その他のコマンド(M)」をクリックする❷。

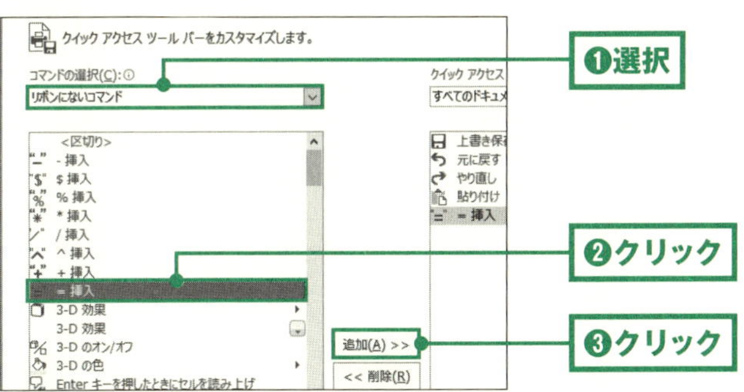

2 「コマンドの選択(C)」の▼をクリックし、「リボンにないコマンド」を選択する❶。「=挿入」をクリックし❷、「追加(A)」をクリックする❸。「OK」をクリックする。

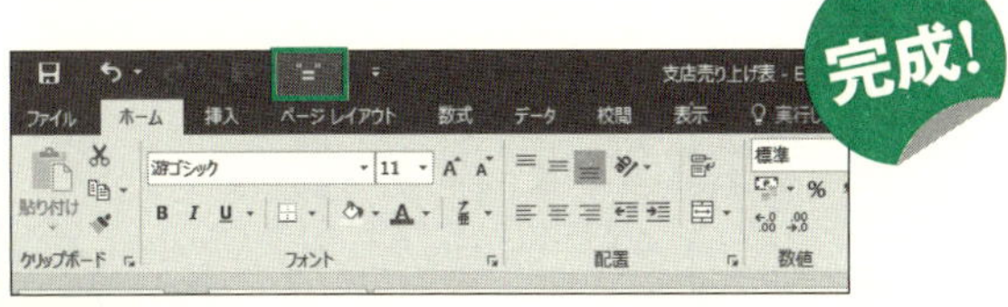

3 クイックアクセスツールバーに「=」が追加された。このボタンをクリックすれば、「=」が入力できる。

基本

048

関数をすばやく入力する

［中級］

「合計」や「平均」といった関数は、「オートSUM」ボタンからかんたんに利用できる。しかし、「オートSUM」に用意されていない関数は、どのように入力すればよいのだろうか？　いろいろな方法があるが、**関数名がわかっているので**あれば、「=」のあとに関数名の先頭数文字を入力し、「関数の引数」画面を表示するのがもっとも速く効率的だ。よく使う関数は名前を覚えておき、この方法で入力しよう。

ここがポイント！

「関数の引数」画面を表示する

=LEFT(セル番地, 文字数)

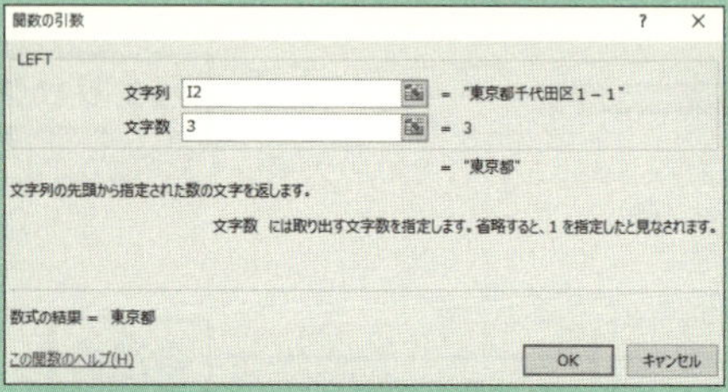

関数の引数 ? ×

LEFT

文字列 I2 = "東京都千代田区１－１"

文字数 3 = 3

= "東京都"

文字列の先頭から指定された数の文字を返します。

文字数 には取り出す文字数を指定します。省略すると、1 を指定したと見なされます。

数式の結果 = 東京都

この関数のヘルプ(H) OK キャンセル

「関数の引数」画面で引数を入力できる

①入力
②ダブルクリック

1 関数を入力したいセルをクリックし、「=」を入力する。続けて関数名の先頭数文字を入力する❶。あてはまる関数が一覧表示されるので、利用したい関数をダブルクリックする❷。

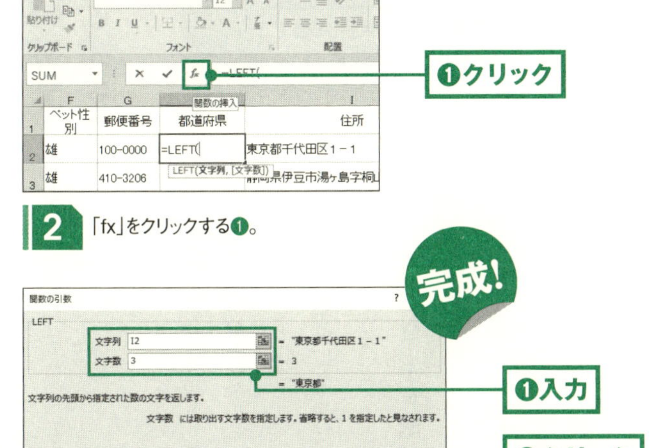

2 「fx」をクリックする❶。

3 「関数の引数」ダイアログが表示される。関数によって異なる引数が表示されるので、必要に応じて入力し❶、「OK」をクリックする❷。

基本

049

条件に当てはまるデータの数を数える

［初級］

ここがポイント！ **COUNTIF関数で条件に合ったセルを数える**

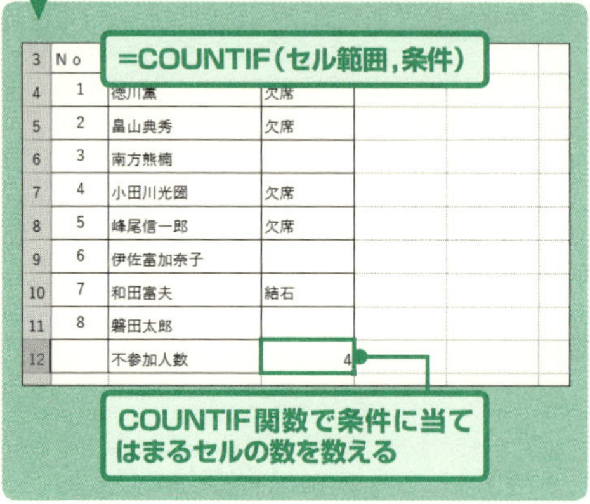

=COUNTIF(セル範囲,条件)

3	No			
4	1	徳川薫	欠席	
5	2	畠山典秀	欠席	
6	3	南方熊楠		
7	4	小田川光圀	欠席	
8	5	峰尾信一郎	欠席	
9	6	伊佐富加奈子		
10	7	和田富夫	結石	
11	8	磐田太郎		
12		不参加人数	4	

COUNTIF関数で条件に当てはまるセルの数を数える

セルの数を数える関数としては、数値の入ったセルの数を数えるCOUNT関数が代表的だ。しかし、空欄や「欠席」「女性」など、**条件に合ったセルの数**を数えたい場合もある。そんな時に利用するのが、**COUNTIF関数**だ。COUNTIF関数では、数を数えたいセルの範囲と、数を数える条件（例えば「欠席」など）を指定する。空欄のセルは、“”（ダブルクォーテーション）を半角で2つ入力すれば計算できる。

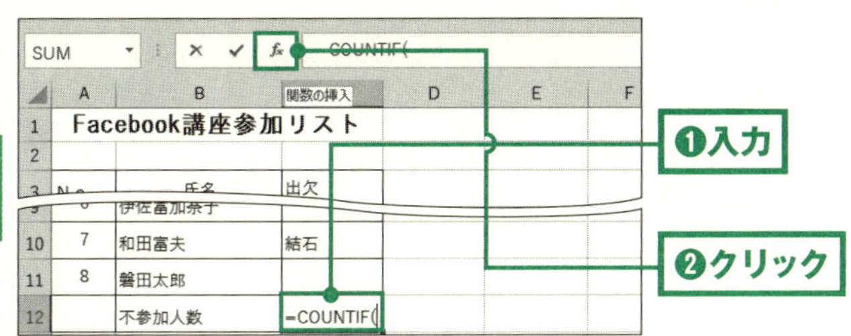

1 「=COUNTIF(」と入力し❶、「fx」をクリックする❷。

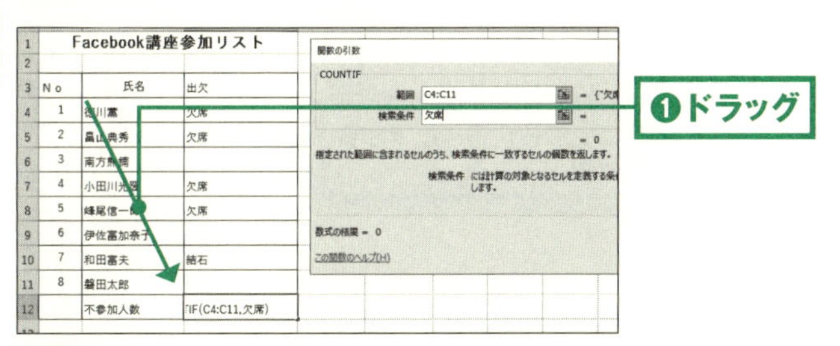

2 計算したいセル範囲をドラッグし、選択する❶。

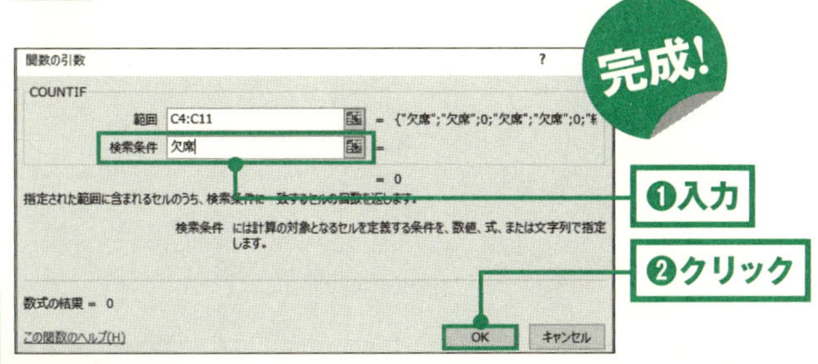

3 「検索条件」に、「欠席」と入力する❶。「OK」をクリックする❷。欠席者の人数が数えられる。漢字がちがっているものは数えられていない。

基本

050

点数に応じて「合格」「不合格」を表示する

ここがポイント！

IF関数で条件を指定する

=IF(論理式,"当てはまった場合","そうでない場合")

2				
3	No	氏名	国語	合否
4	1	徳川薫	80	合格
5	2	畠山典秀	91	合格
6	3	南方熊楠	55	不合格
7	4	小田川光圀	欠席	合格
8	5	峰尾信一郎	45	不合格

80点以上なら合格、以下なら不合格と表示させる

［中級］

エクセルでは、**条件に応じて異なる処理**を行いたい場合がよくある。例えば、点数に応じて「合格」や「不合格」を表示させたり、購入金額に応じて「VIP」や「見込み客」などを表示させたりといった処理だ。このような時は、IF関数を使う。**IF関数**を使いこなせるようになると、複数の条件を指定して、結果を自由に表示させることができるようになる。少し難しいが、ぜひともマスターしたい関数だ。

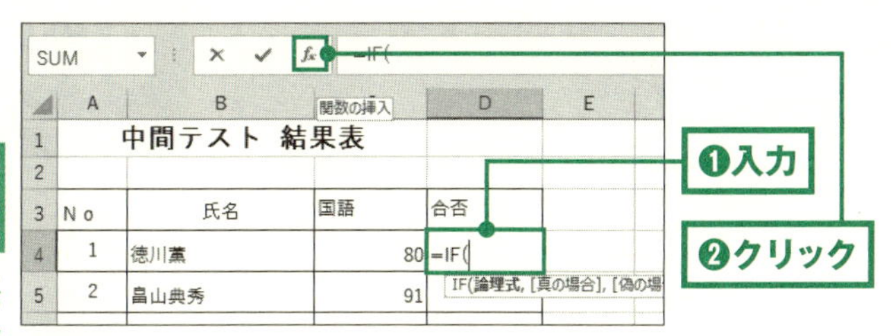

1 「=IF(」と入力し❶、「fx」をクリックする❷。

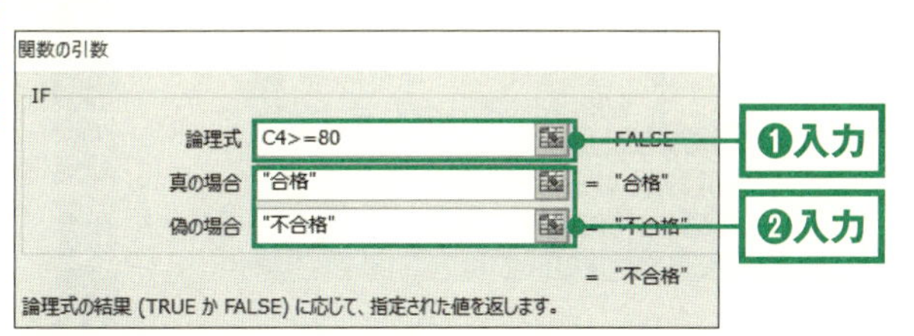

2 「論理式」に、「C4>=80」と入力する❶。これは、「C4セルの値が80以上の場合」という意味になる。「真の場合」に、80以上の場合の表示内容「合格」を、「偽の場合」に、80より少なかった場合の表示内容「不合格」を入力し❷、「OK」をクリックする。

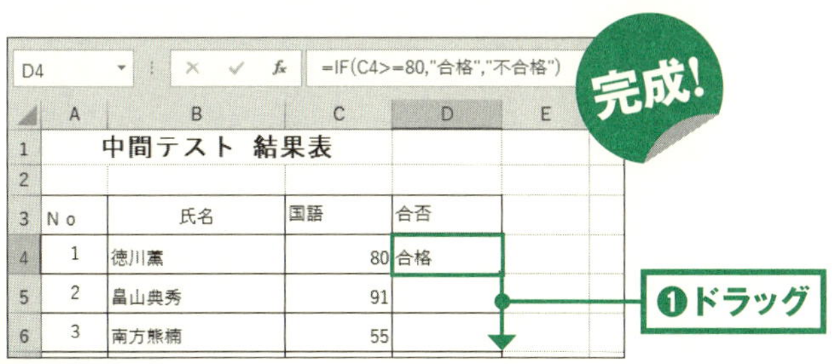

3 条件に当てはまっているので、「合格」と表示された。オートフィルでドラッグしコピーすると❶、他のセルにも同じ関数を適用できる。

基本

051

住所から都道府県名を取り出す

［荒業］

関数を使えば、**住所から都道府県名だけを取り出す**ことができる。都道府県はそのほとんどが3文字で、4文字あるのは「神奈川県」「和歌山県」「鹿児島県」だけだ。そこで、住所の4文字目が「県」の場合は、左側の4文字を。それ以外は3文字分を取り出すようにすれば、住所から都道府県のみを取り出すことができる。「県」のある位置は**MID関数**で探し、文字は**LEFT関数**で取り出す。定番の組み合わせワザだ。

ここがポイント！

「県」を基準に文字を取り出す

=MID(セル番地,文字開始位置,文字数)

G	H	I
郵便番号	都道府県	住所
100-0000	東京都	東京都千代田区１－１
410-3206	静岡県	静岡県伊豆市湯ヶ島字桐山
619-0200	京都府	京都府木津川市山城町
103-0028	東京都	東京都千代田区八重洲1丁目
060-0031	北海道	北海道札幌市中央区北一条

４文字目が「県」なら４文字分、それ以外は３文字分だけ表示させる

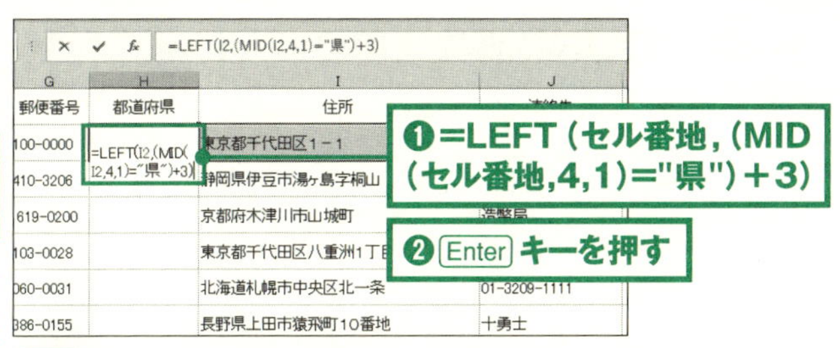

1 住所から都道府県名を取り出して表示させたいセルをクリックし、数式を入力する❶。Enterキーを押す❷。数式の「セル番地」には、元の住所が入力されたセルを指定する。

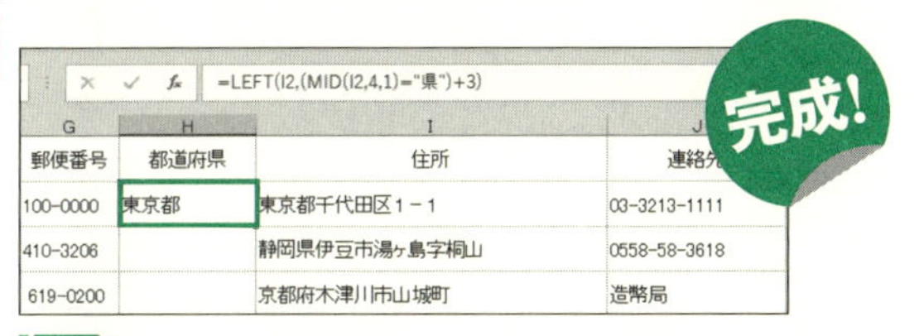

2 住所から都道府県名が取り出され、表示された。

★One Point !★

「=LEFT（セル番地,文字数）」は左から文字数を指定して取り出す。この文字数の決定に、MID関数を利用する。MID関数は指定した条件（="県"）に当てはまる場合は1、当てはまらない場合は0を返す関数だ。この値に3を足すことで、4文字目が県なら1+3で4文字、4文字目が県でないなら0+3で3文字取り出す式を作成した。

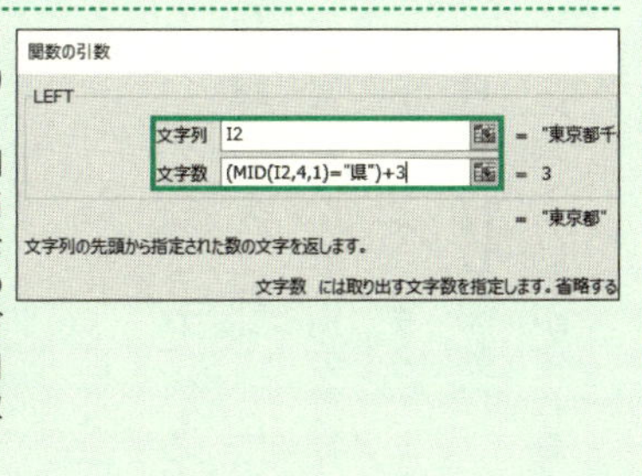

基本

052

小数点以下を四捨五入する

［中級］

ここがポイント！ ROUND関数を使う

=ROUND（数値や式，桁数）

	A	B	C	D
1	●価格表			
2	支店名	税抜き価格	消費税額	
3	封筒	106	11	
4	はさみ	99	10	
5	便箋	121	12	
6	A4用紙	329	33	
7	LANケーブル	425	43	
8	ノリ	68	7	
9	テープ	121	12	
10	ネームシール	221	22	
11				

ROUND関数で、小数点以下を四捨五入できた

エクセルでは、計算結果に小数点以下の端数が出ることも多い。桁数を揃えるには、表示形式を「桁切りスタイル」にするのがもっともかんたんだ。しかし、この方法では見た目が変更されているだけで、実際の値は**四捨五入**されていない。そのため、この値を合計など別の計算に利用すると、差異が生じてしまう。そこで利用するのが**ROUND関数**だ。丸める桁数によって指定する値が変わるので、注意したい。

SUM | =ROUND(B3*0.1 | ROUND(数値, 桁数)

	A	B	C	D
1	●価格表			
2	支店名	税抜き価格	消費税額	
3	封筒	106	=ROUND(B3*0	
4	はさみ	99	9.9	
5	便箋	121	12.1	
6	A4用紙	329	32.9	
7	LANケーブル	425	42.5	
8	ノリ	68	6.8	

❶入力
❷クリック

1 四捨五入したい数式（ここでは「B3*0.1」）の入ったセルをクリックし、＝と数式の間に「ROUND(」と入力する❶。「fx」をクリックする❷。

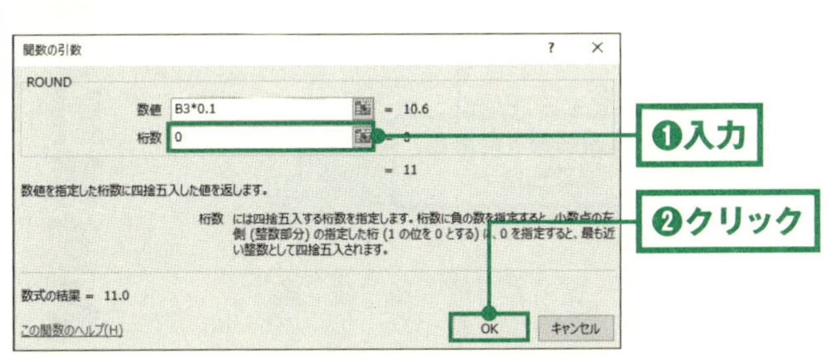

2 桁数に「0」と入力する❶。0を入れると、小数点以下1桁目を四捨五入する。1は小数点以下2桁目、-1は1桁目を四捨五入する。「OK」をクリックする❷。

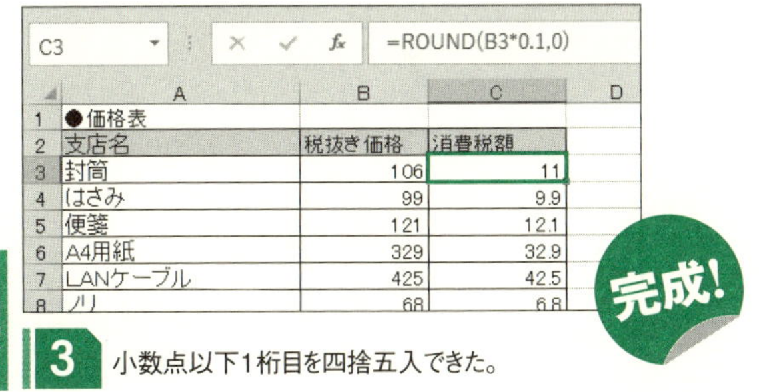

C3 | =ROUND(B3*0.1,0)

	A	B	C	D
1	●価格表			
2	支店名	税抜き価格	消費税額	
3	封筒	106	11	
4	はさみ	99	9.9	
5	便箋	121	12.1	
6	A4用紙	329	32.9	
7	LANケーブル	425	42.5	
8	ノリ	68	6.8	

3 小数点以下1桁目を四捨五入できた。

基本

053

勤続年数を計算する

[中級]

ここがポイント!

DATEDIF関数を使う

=DATEDIF(開始日,修了日,"単位")

1	勤続年数計算表			
2				
3	氏名	入社日	勤続年数	
4	徳川薫	2006/4/1	9	
5	畠山典秀	1999/4/1	16	
6	南方熊楠	2010/4/1	5	
7	小田川光圀	2001/4/1	14	
8	峰尾信一郎	2009/4/1	6	
9	伊佐富加奈子	2004/4/1	11	

今日までの経過年数を計算し、勤続年数が計算できた

生年月日から今日までの経過日数（年齢）や、入社日から今日までの**経過日数**（勤続年数）を計算する場合に利用するのが**DATEDIF関数**だ。DATEDIF関数を利用すると、年数だけでなく、日数や月数も計算できる。この関数の引数によく使われるのが、今日の日付を取り出すTODAY関数だ。なお、DATEDIF関数は「関数の引数」ダイアログが利用できないため、セルに計算式を直接入力する必要がある。

=DATEDIF(B4,TODAY(),"Y")　❶入力

	A	B	C	D	E
1	勤続年数計算表				
2					
3	氏名	入社日	勤続年数		
4	徳川薫	2006/4/1	=DATEDIF(B4,TODAY(),"Y")		
5	畠山典秀	1999/4/1			
6	南方熊楠	2010/4/1			

1 勤続年数を表示したいセルに、「=DATEDIF (B4,TODAY () ,"Y")」と入力する❶。これで、B4セルに入力された入社日から今日（TODAY()）までの年数（Y）を表示できる。

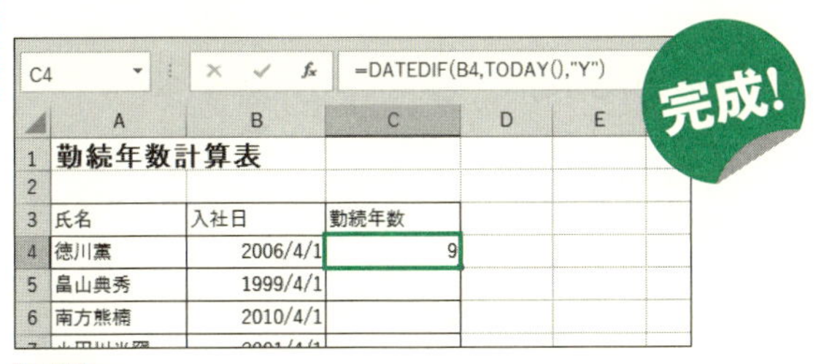

2 入社日から今日までの勤続年数が表示された。

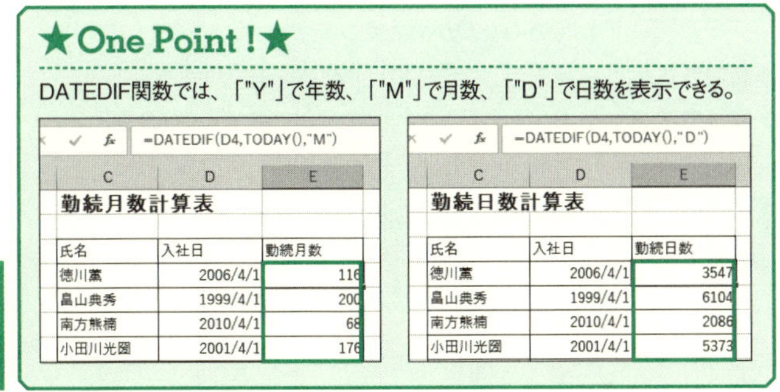

COLUMN

エクセルの定番入力トラブル TOP5

エクセルで入力をしていると、さまざまなトラブルに遭遇する。ここでは、エクセルでの入力中によく出くわすトラブルを紹介する。

トラブル1 ########と表示される

トラブル2 途中で文章が切れ、見えなくなってしまう

▶**解決方法：** 列幅が狭いので、セルの幅を広くする(P.80参照)

	A	B	C	D
1				
2		平成27年度	銀座商店会決算書	
3				

トラブル3 09012345678など、0から始まる文字列が数字として認識され、0が消えてしまう

▶**解決方法 1：** 「'」を入力してから090123456678と入力する

▶**解決方法 2：** セルの書式設定で、「文字列」を指定する(P.62参照)

トラブル4 数字を入れても、日付に変わってしまう

▶**解決方法：** セルに日付の書式が設定されているので、「セルの書式設定」の「表示形式」タブで「標準」にする

第3章

エクセル
便利な応用操作

応用

054

分析しやすい表にする

［初級］

ここがポイント!

「テーブル」に変換する

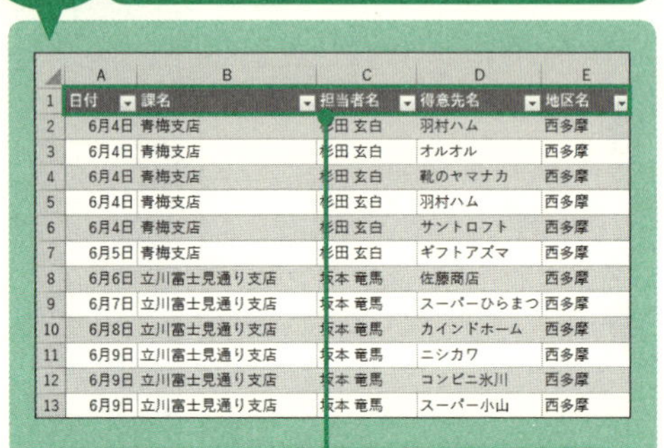

	A	B	C	D	E
1	日付	課名	担当者名	得意先名	地区名
2	6月4日	青梅支店	杉田 玄白	羽村ハム	西多摩
3	6月4日	青梅支店	杉田 玄白	オルオル	西多摩
4	6月4日	青梅支店	杉田 玄白	靴のヤマナカ	西多摩
5	6月4日	青梅支店	杉田 玄白	羽村ハム	西多摩
6	6月4日	青梅支店	杉田 玄白	サントロフト	西多摩
7	6月5日	青梅支店	杉田 玄白	ギフトアズマ	西多摩
8	6月6日	立川富士見通り支店	坂本 竜馬	佐藤商店	西多摩
9	6月7日	立川富士見通り支店	坂本 竜馬	スーパーひらまつ	西多摩
10	6月8日	立川富士見通り支店	坂本 竜馬	カインドホーム	西多摩
11	6月9日	立川富士見通り支店	坂本 竜馬	ニシカワ	西多摩
12	6月9日	立川富士見通り支店	坂本 竜馬	コンビニ氷川	西多摩
13	6月9日	立川富士見通り支店	坂本 竜馬	スーパー小山	西多摩

テーブルに変換すると、書式が設定され、並び替えや抽出などがしやすくなる

エクセルが便利なのは、表の作成や計算だけではない。**データ分析**ができるのも大きな特徴だ。データ分析の方法には、並べ替えや検索、抽出などがある。そんなデータ分析をしやすい表に一発で変換するのが「**テーブル**」機能だ。書式が設定され、見やすい表になる上、項目名に検索、抽出、並び替えの機能が追加される。「ホーム」タブの「テーブルとして書式設定」から、好みのスタイルを選択すればよい。

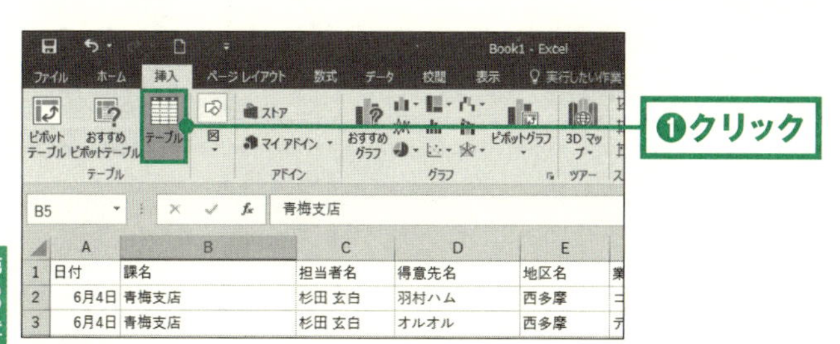

1 表の中のセルが選択された状態で、「挿入」タブの「テーブル」をクリックする❶。

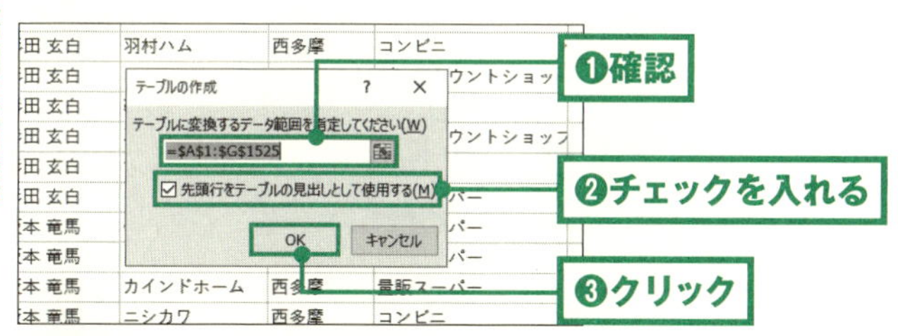

2 変換する範囲を確認し❶、「先頭行をテーブルの見出しとして使用する」にチェックを入れる❷。「OK」をクリックする❸。

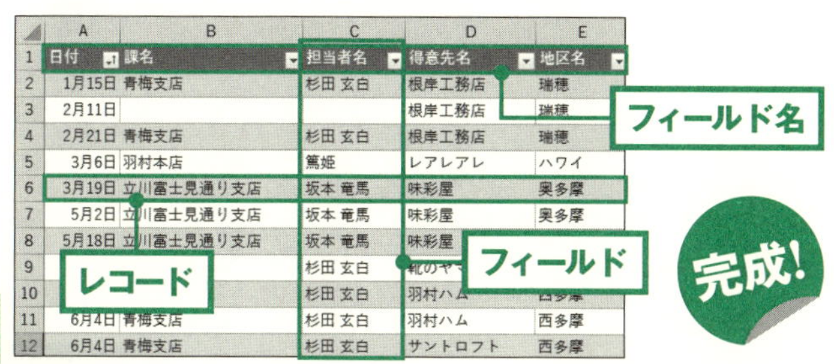

3 表がテーブルに変換された。このようにデータ分析に適した表を、「リスト形式の表」と呼ぶ。

応用

055

数字の大きい順に並べ替える

【初級】

ここがポイント！ 「並べ替えとフィルター」を利用する

得意先名	地区名	業種名	売上額
東友南多摩店	南多摩	量販スーパー	5397686
東友立川通り店	東多摩	量販スーパー	5318466
東友立川通り店	東多摩	量販スーパー	5269870
イチョーヨージョ	北多摩	量販スーパー	5063610
東友南多摩店	南多摩	量販スーパー	4910359
東友立川通り店	東多摩	量販スーパー	4909205
カインドホーム	西多摩	量販スーパー	4815425
東友立川通り店	東多摩	量販スーパー	4799909
東友南多摩店	南多摩	量販スーパー	4601516
ホームセンターDC	東多摩	ホームセンター	4519219
カインドホーム	西多摩	量販スーパー	4454016

数字が大きい順（降順）に、データが並べ替えられた

数値を大きい順に**並べ替え**たり、名前をあいうえお順に並べ替えたりしたいことがある。そんな時に利用するのが「並べ替え」機能だ。並べ替えたい列を選択し、「**並べ替えとフィルター**」で「降順」または「昇順」をクリックする。これだけで、データの並べ替えを実行してくれる。ただし、並べ替えた表を元に戻す機能は、エクセルにはない。元の表に戻したければ、あらかじめ通し番号を入れておく必要がある。

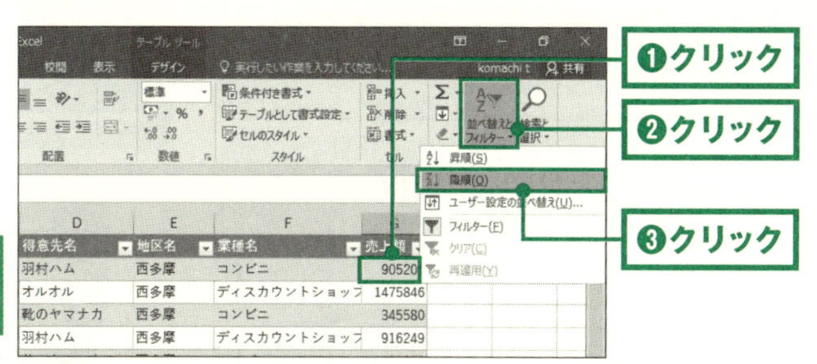

1 並べ替えたい列をクリックし❶、「ホーム」タブの「並べ替えとフィルター」❷→「降順(O)」❸の順にクリックする。

得意先名	地区名	業種名	売上額
東友南多摩店	南多摩	量販スーパー	5397686
東友立川通り店	東多摩	量販スーパー	5318466
東友立川通り店	東多摩	量販スーパー	5269870
イチョーヨージョ	北多摩	量販スーパー	5063610
東友南多摩店	南多摩	量販スーパー	4910359
東友立川通り店	東多摩	量販スーパー	4909205
カインドホーム	西多摩	量販スーパー	4815425

2 他の列も含めて、数字が大きい順に並び変わった。降順は大きい順(五十音は「ん」から)、昇順は小さい順(五十音は「あ」から)に並べ替えられる。

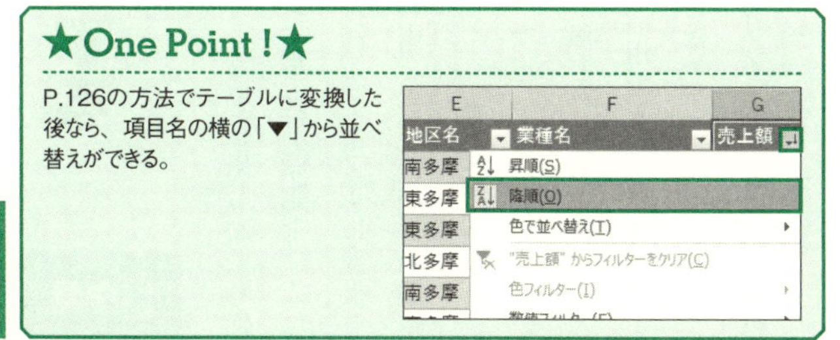

★One Point !★

P.126の方法でテーブルに変換した後なら、項目名の横の「▼」から並べ替えができる。

応用

056

条件を満たすデータを抽出する

［中級］

ここがポイント！

「数値フィルター」を実行する

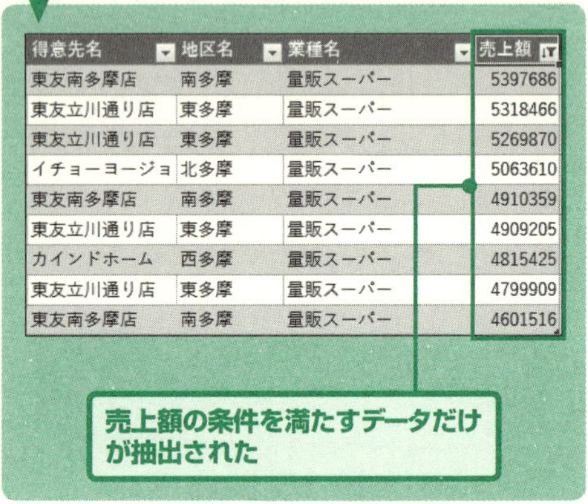

得意先名	地区名	業種名	売上額
東友南多摩店	南多摩	量販スーパー	5397686
東友立川通り店	東多摩	量販スーパー	5318466
東友立川通り店	東多摩	量販スーパー	5269870
イチョーヨージョ	北多摩	量販スーパー	5063610
東友南多摩店	南多摩	量販スーパー	4910359
東友立川通り店	東多摩	量販スーパー	4909205
カインドホーム	西多摩	量販スーパー	4815425
東友立川通り店	東多摩	量販スーパー	4799909
東友南多摩店	南多摩	量販スーパー	4601516

売上額の条件を満たすデータだけが抽出された

特定の条件でデータを抽出したい時に利用するのが、**フィルター機能**だ。これは、P.126の方法でテーブルに変換した表ならすぐに利用できる。項目名の横の「▼」をクリックし、「**数値フィルター**」をクリックする。指定した値より大きいデータや、特定の値と等しいデータなどを指定し、分析に活用できる。フィルターを解除したい場合は「▼」をクリックし、「フィルターをクリア」をクリックすれば元に戻すことができる。

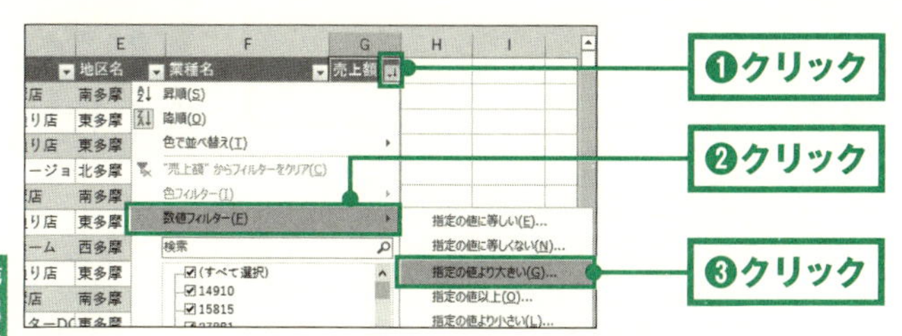

1 テーブルに変換した表で、条件を設定したい項目名横の「▼」をクリックする❶。「数値フィルター(F)」をクリックし❷、「指定の値より大きい(G)」をクリックする❸。

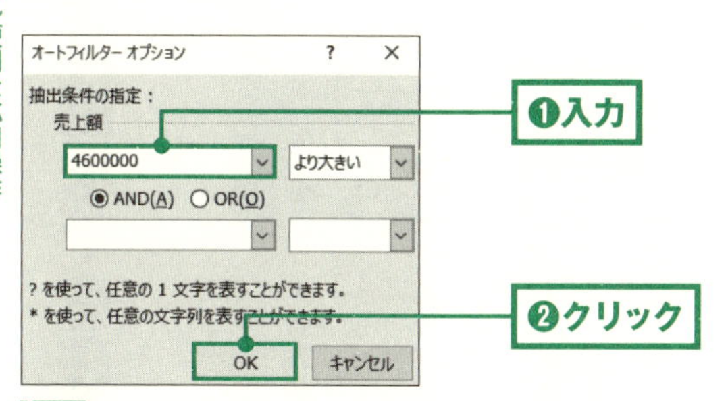

2 ここでは「4600000」と入力し❶、「OK」をクリックする❷。

得意先名	地区名	業種名	売上額
東友南多摩店	南多摩	量販スーパー	5397686
東友立川通り店	東多摩	量販スーパー	5318466
東友立川通り店	東多摩	量販スーパー	5269870
イチョーヨージョ	北多摩	量販スーパー	5063610
東友南多摩店	南多摩	量販スーパー	4910359
東友立川通り店	東多摩	量販スーパー	4909205

3 売上額が「4600000」より大きいデータが抽出され、表示された。

応用

057

売上上位5位までを表示する

［中級］

ここがポイント！ 「トップテンオートフィルター」で指定する

得意先名	地区名	業種名	売上額
東友南多摩店	南多摩	量販スーパー	5397686
東友立川通り店	東多摩	量販スーパー	5318466
東友立川通り店	東多摩	量販スーパー	5269870
イチョーヨージョ	北多摩	量販スーパー	5063610
東友南多摩店	南多摩	量販スーパー	4910359

売上額の大きい、上位5位までのデータが表示された

フィルター機能では、平均より上や、**トップ10**のデータを表示させることもできる。トップテンオートフィルターは、上位○項目や上位○%、下位○項目などを表示させる機能だ。テーブルに変換された表なら、項目名の横の「▼」から利用できる。他にも、指定の数値に等しくないものなど、さまざまな指定ができる。この機能をうまく利用すれば、売上を伸ばしている要因や、反対に低迷の原因追及のヒントを見つけ出すことができる。

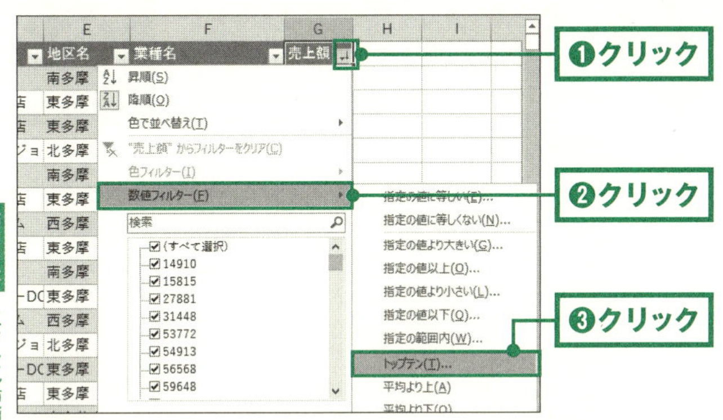

1 条件を設定したい項目名横の「▼」をクリックし❶、「数値フィルター(F)」をクリックする❷。続けて「トップテン(T)」をクリックする❸。

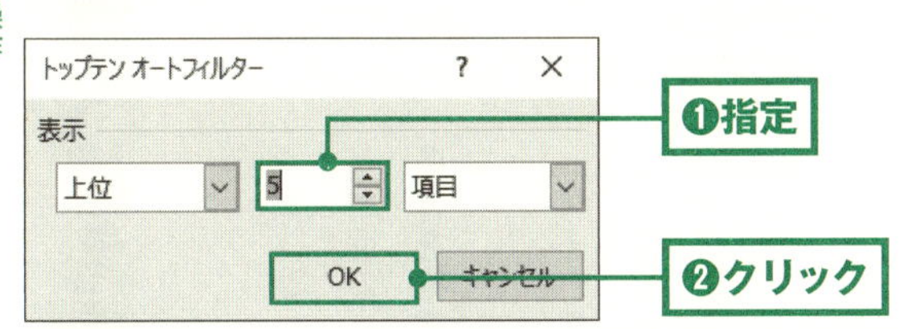

2 「上位」になっていることを確認し、「5」を指定する❶。「OK」をクリックする❷。

得意先名	地区名	業種名	売上額
東友南多摩店	南多摩	量販スーパー	5397686
東友立川通り店	東多摩	量販スーパー	5318466
東友立川通り店	東多摩	量販スーパー	5269870
イチョーヨージョ	北多摩	量販スーパー	5063610
東友南多摩店	南多摩	量販スーパー	4910359

3 売上額上位5位までのデータが表示された。

応用

058

複数の条件で並べ替える

[中級]

ここがポイント!

「並べ替え」で複数の条件を指定する

担当者名	得意先名	地区名	業種名	売上額
篤姫	レアレアレ	ハワイ	ミニスーパー	1345121
篤姫	レアレアレ	ハワイ	ミニスーパー	1239121
篤姫	レアレアレ	ハワイ	ミニスーパー	1223405
篤姫	レアレアレ	ハワイ	ミニスーパー	939915
篤姫	レアレアレ	ハワイ	ミニスーパー	891647
篤姫	レアレアレ	ハワイ	ミニスーパー	834749
	根岸工務店	瑞穂	ホームセンター	3041203
杉田 玄白	根岸工務店	瑞穂	ホームセンター	2759013
杉田 玄白	根岸工務店	瑞穂	ホームセンター	2284000
杉田 玄白	根岸工務店	瑞穂	ホームセンター	1992416
杉田 玄白	根岸工務店	瑞穂	ホームセンター	1821607
杉田 玄白	根岸工務店	瑞穂	ホームセンター	1680851

複数の条件を指定して並べ替えた

エクセルを使ったデータ分析では、より精度の高い分析を行うために、**複数の条件を指定**したい場合もある。そんな時に利用するのが、「データ」タブの「並べ替えとフィルター」だ。ボタンをクリックすると表示される画面で「レベルの追加」をクリックすれば、複数の条件を追加できる。トップテンなどのフィルター機能を組み合わせて利用すれば、さらに細かい抽出が行える。大量のデータを分析する場合に便利な技だ。

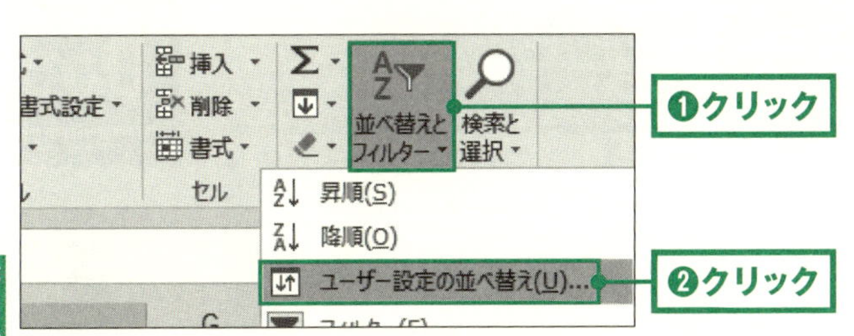

1 表内をクリックし、「ホーム」タブの「並べ替えとフィルター」❶→「ユーザー設定の並べ替え(U)」❷をクリックする。

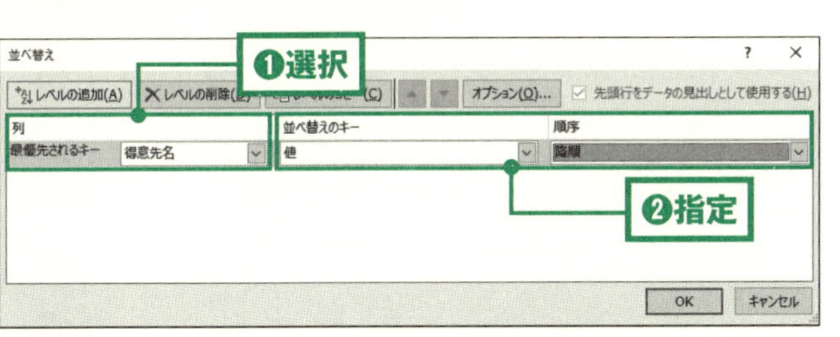

2 「列」で、優先される項目を選択する❶。「並べ替えのキー」(値・セルの色など)と「順序」(昇順・降順)を指定する❷。

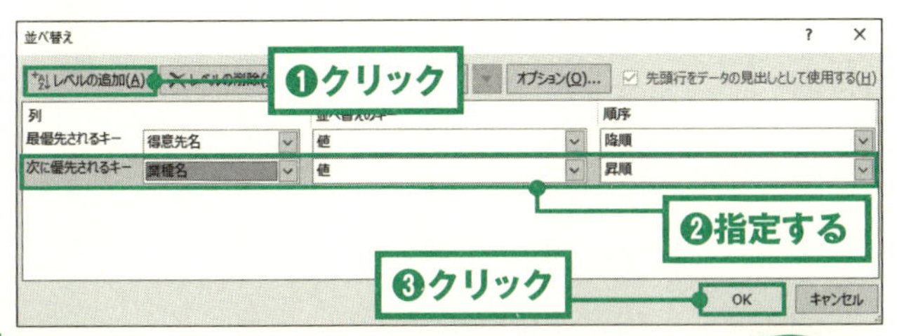

3 「レベルの追加」をクリックすると❶、条件を追加して指定できる❷。最後に「OK」をクリックする❸。これで、複数の条件で並べ替えができる。条件が複数ある場合は、最初の条件の方が優先される。

応用

059

条件に合ったセルに色をつける

［中級］

ここがポイント！ 「条件付き書式」で色をつける

得意先名	地区名	業種名	売上額
レアレアレ	ハワイ	ミニスーパー	1345121
レアレアレ	ハワイ	ミニスーパー	1239121
レアレアレ	ハワイ	ミニスーパー	1223405
レアレアレ	ハワイ	ミニスーパー	939915
レアレアレ	ハワイ	ミニスーパー	891647
レアレアレ	ハワイ	ミニスーパー	834749
根岸工務店	瑞穂	ホームセンター	3041203
根岸工務店	瑞穂	ホームセンター	2759013
根岸工務店	瑞穂	ホームセンター	2284000
根岸工務店	瑞穂	ホームセンター	1992416

「スーパー」を含むセルに色がついた

たくさんある値の中から、特定の数値を探す場合や比較する場合に、セルに色をつけることで見やすくする方法がある。それが「**条件付き書式**」だ。例えば「欠席」「男性」など、ある特定のデータが入ったセルに色をつける、「10000」以上など条件を満たすセルに色をつける、といった具合だ。よく利用しそうな条件はあらかじめ用意されているので、比較的かんたんに設定でき、自動で色が変更される便利な機能だ。

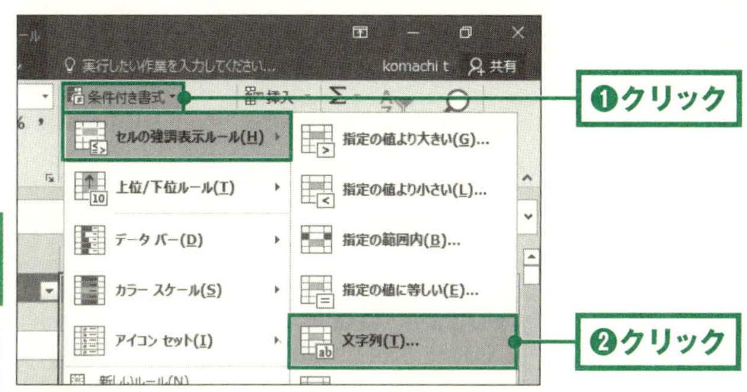

1 条件付き書式を設定したいセル範囲を選択し、「ホーム」タブの「条件付き書式」をクリックする❶。「セルの強調表示ルール(H)」→「文字列(T)」をクリックする❷。

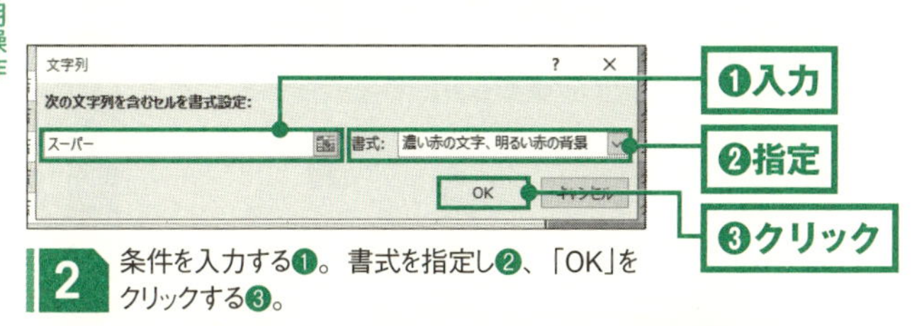

2 条件を入力する❶。書式を指定し❷、「OK」を クリックする❸。

D	E	F	
得意先名	地区名	業種名	売
レアレアレ	ハワイ	ミニスーパー	13
レアレアレ	ハワイ	ミニスーパー	12391
レアレアレ	ハワイ	ミニスーパー	1223405
レアレアレ	ハワイ	ミニスーパー	9399
レアレアレ	ハワイ	ミニスーパー	8916
レアレアレ	ハワイ	ミニスーパー	8347
根岸工務店	瑞穂	ホームセンター	3041203

完成!

「スーパー」が含まれるセル

3 条件に当てはまるセルの書式が、自動的に変更される。

応用

060

重複したデータを自動で削除する

［ 中級 ］

ここがポイント!

「重複の削除」で削除する

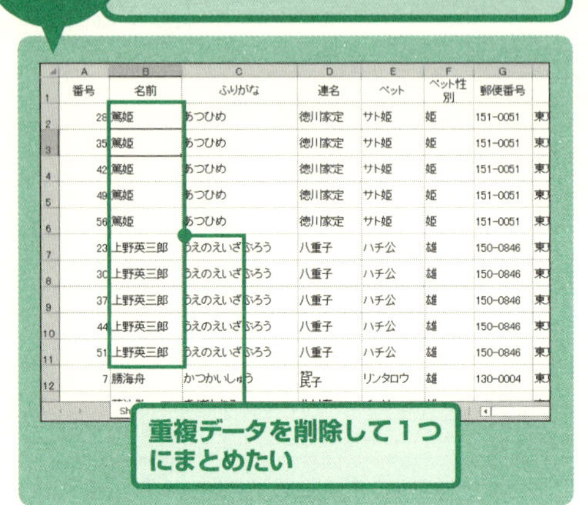

複数の住所録を統合した結果、同じ人物が複数入ってしまった場合など、大量のデータの中から重複したものを探していくのは大変な作業だ。一人一人チェックしていくのは現実的ではない。そんな時に利用するのが、「**重複の削除**」だ。重複している項目を選択し、1つにまとめることができる。氏名と住所の両方が重複していた場合のみに削除するなど、条件を設定することで、誤って削除するといった事態を未然に防ぐこともできる。

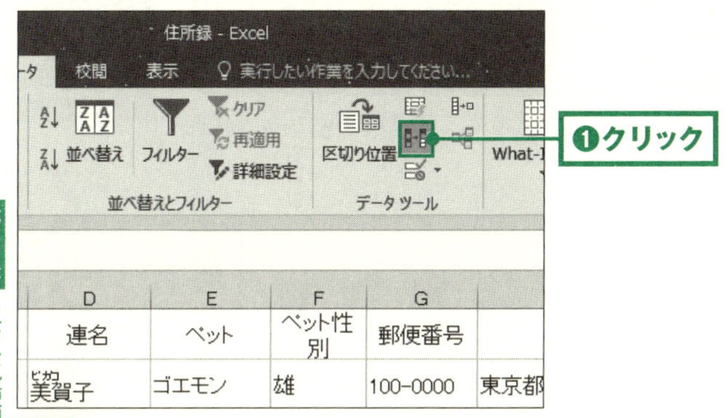

1 表内をクリックし、「データ」タブの「重複の削除」をクリックする❶。

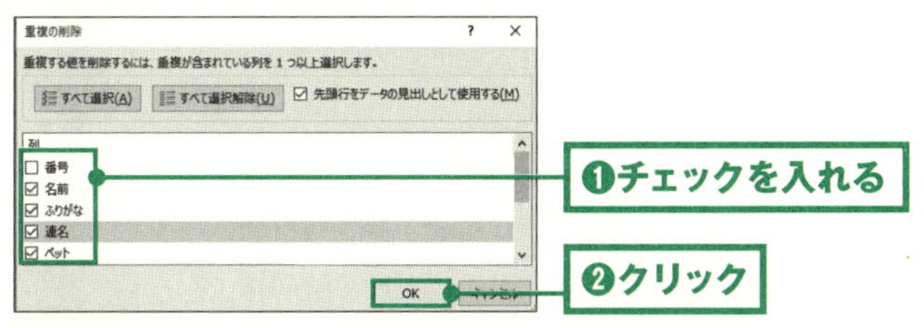

2 重複データを探す項目にチェックを入れ❶、「OK」をクリックする❷。

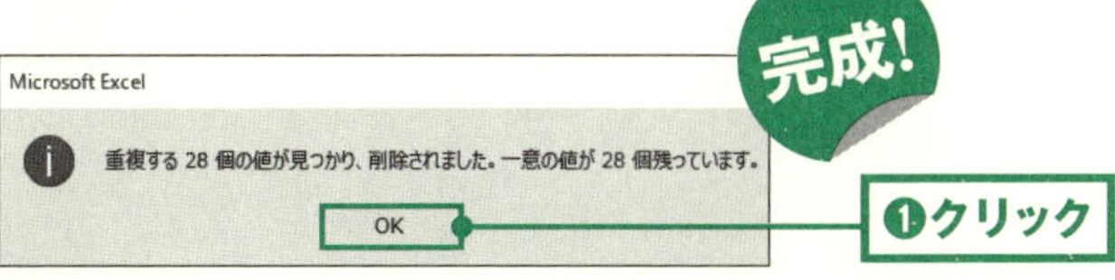

3 確認ダイアログが表示されるので、「OK」をクリックする❶。重複したデータのうち、一番上のデータを残して、それ以外のデータがすべて削除される。

応用

061

グラフを作成する

[初級]

ここがポイント!

範囲を選択してグラフの種類を選ぶ

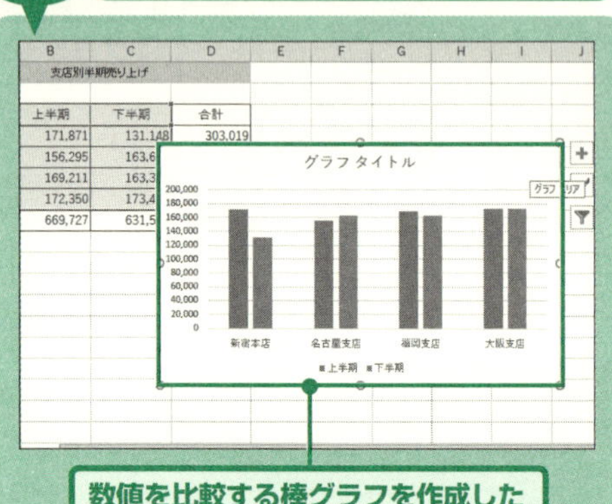

数値を比較する棒グラフを作成した

グラフを利用すると、データの意味を視覚的に伝えることができる。ポイントは、データを伝える**目的を明確**にして、それに**適したグラフを選択**することだ。例えば折れ線グラフは、数値の変化を伝えるのに最適だ。棒グラフは比較をする場合、円グラフは割合を伝えたい場合に最適といえる。グラフの作成は、範囲を選択し、グラフの種類を選択するだけとかんたんだ。目的がしっかりと伝わるように、加工、編集にも力を入れよう。

	A	B	C	D
1	支店別半期売り上げ			
2				
3		上半期	下半期	合計
4	新宿本店	171,871	131,148	303,019
5	名古屋支店	156,295	163,650	319,945
6	福岡支店	169,211	163,348	332,559
7	大阪支店	172,350	173,420	345,770
8	総計	669,727	631,566	1,301,293

❶選択

1 表の中でグラフにしたい範囲を選択する❶。総計や合計は含めないように注意する。

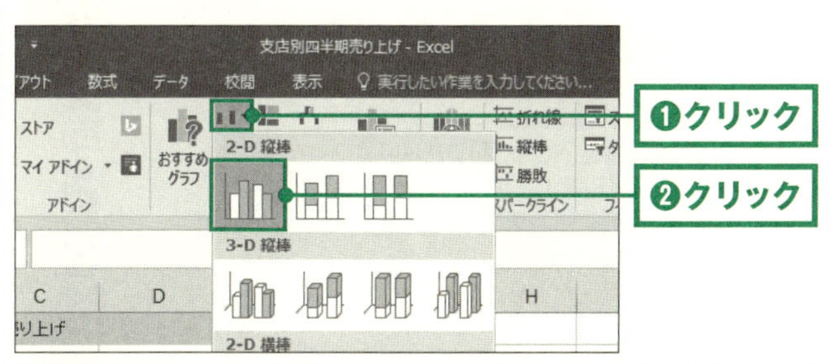

2 「挿入」タブで、作成したいグラフの種類（ここでは「縦棒」）をクリックする❶。作成したいグラフをクリックする❷。

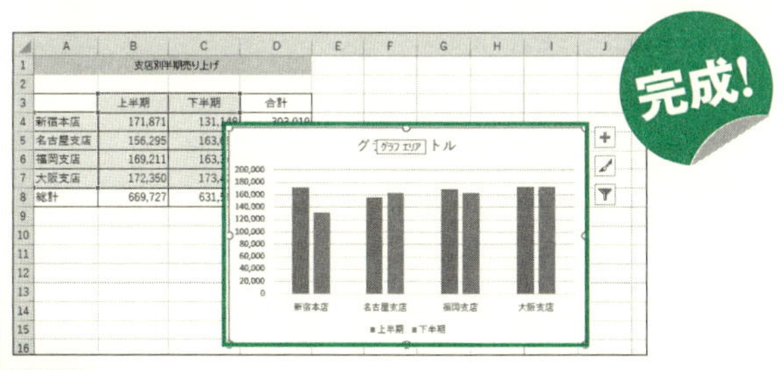

3 グラフが挿入された。

応用

062

グラフの大きさを変更する

［初級］

ここがポイント！ グラフの四隅をドラッグする

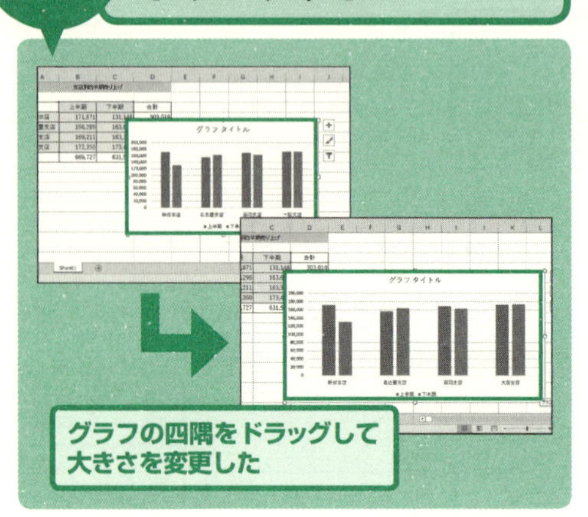

グラフの四隅をドラッグして大きさを変更した

作成したグラフの大きさを変更する場合は、グラフの**四隅をドラッグ**すればよい。グラフを選択すると四角い枠が表示されるので、その四隅にマウスポインターを移動する。マウスポインターの形が**2方向の斜めの矢印**になったら、大きくしたい方向にドラッグしよう。グラフの余白部分をドラッグすれば、グラフを移動できる。グラフ本体やグラフタイトル、凡例なども、同様の方法で移動や大きさの変更が可能だ。

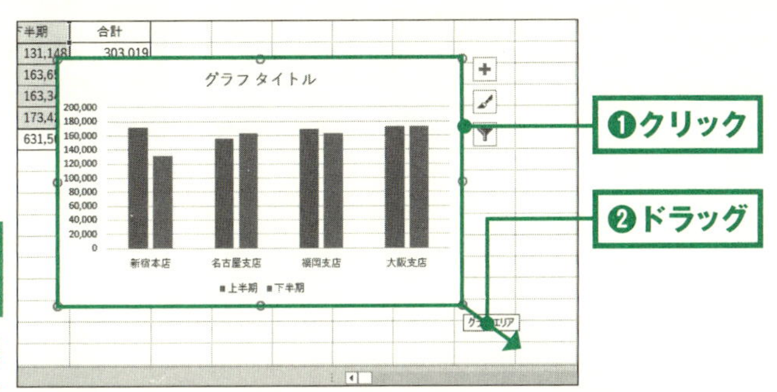

1 グラフをクリックして選択する❶。四隅のいずれかにマウスポインターを移動して、大きさを変えたい方向にドラッグする❷。

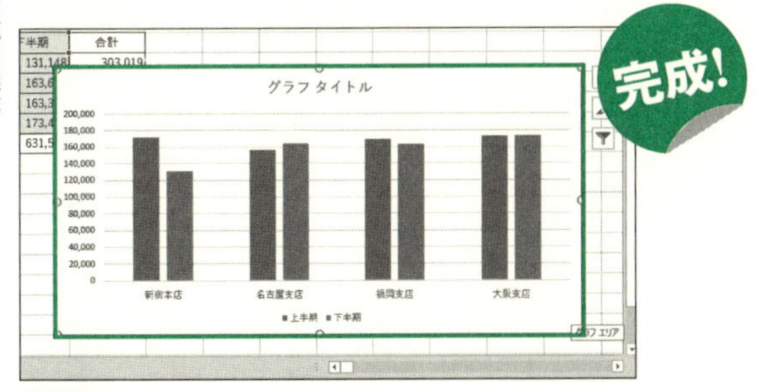

2 グラフの大きさが変わった。

★One Point !★

グラフツールの「書式」タブにある「サイズ」の数値を変更しても、グラフの大きさを変更できる。

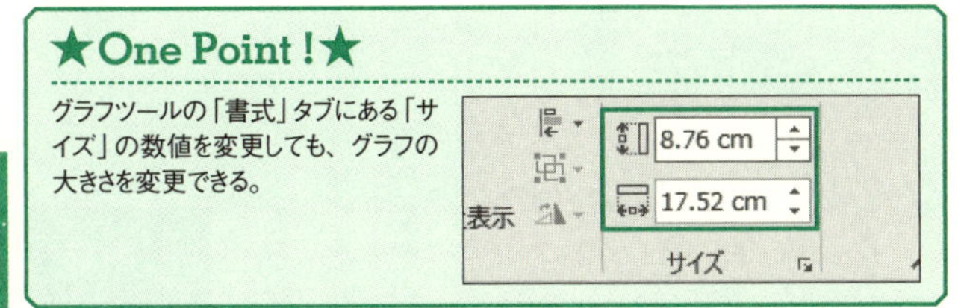

応用

063

グラフにデータを追加する

［中級］

ここがポイント！　「データの選択」でセル範囲をドラッグする

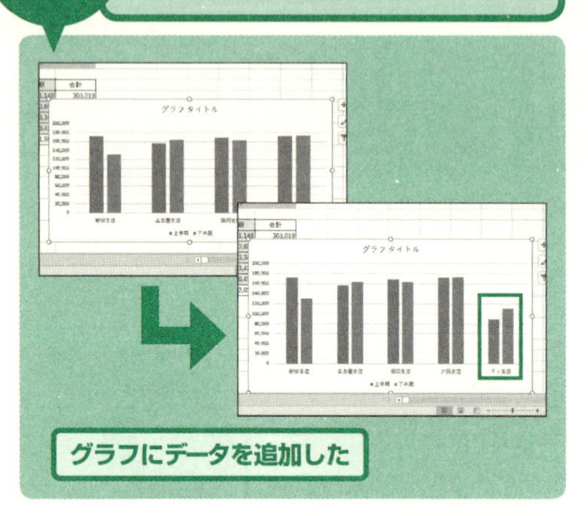

グラフにデータを追加した

一度作成してしまったグラフに、あとから**データを追加**したり削除したりしたい場合がある。グラフを新たに作り直すのではなく、かんたんにデータを追加する方法がある。グラフツールの「デザイン」タブで「**データの選択**」をクリックし、グラフに追加したいセル範囲を含めて再度ドラッグする。［Ｃｔｒｌ］キーを押しながらセルを選択すれば、離れた場所のデータも追加できる。これでグラフを作り直さずに、データの追加ができる。

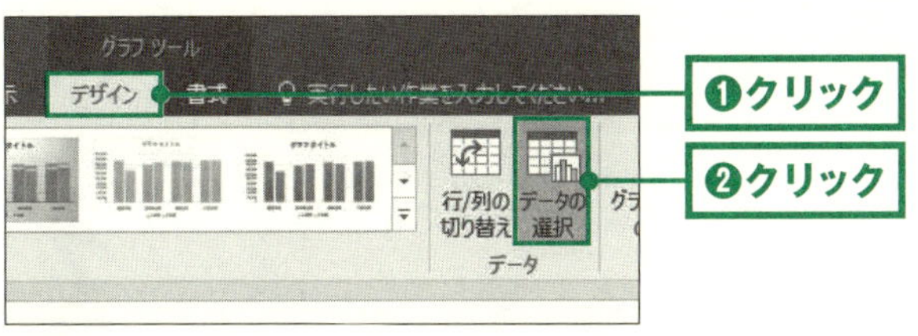

1

グラフを選択し、グラフツールの「デザイン」タブをクリックする❶。「データの選択」をクリックする❷。

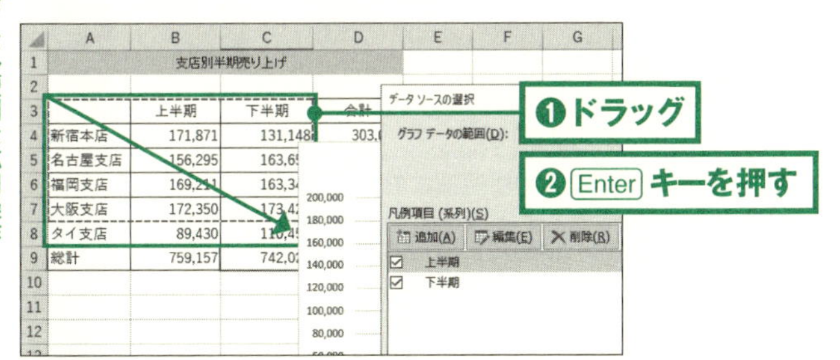

2

追加したい範囲を含む、グラフにしたいすべてのセル範囲をドラッグする❶。離れているセルなら、Ctrlキーを押しながらドラッグする。Enterキーを押す❷。

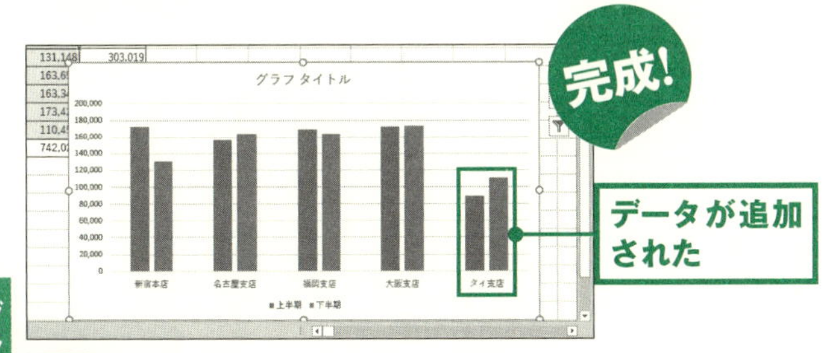

3

選択した範囲のデータが、グラフに追加された。

応用

064

グラフに数値を表示する

［中級］

ここがポイント！

「データラベル」を追加する

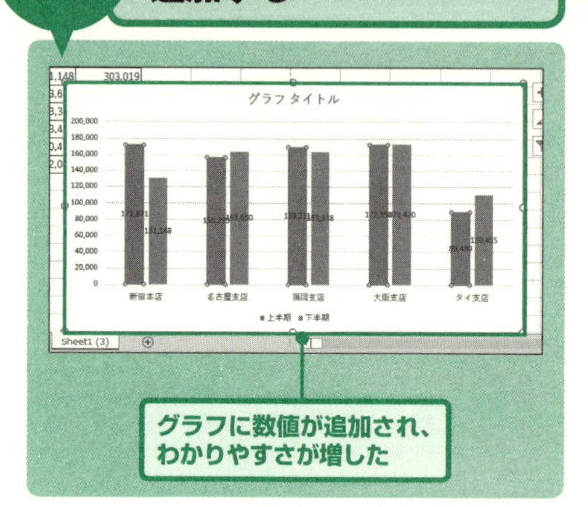

グラフを作成すると、数値の変化や比較が視覚的に理解しやすくなる。しかし実際の値が入っていないと、かえって表よりわかりにくくなることもある。数値のないグラフは現実感が薄く、信頼度の低い印象を与えてしまう。そんな時は**データラベル**として**数値**を表示すればよい。データラベルとはグラフ内の値のことだ。追加することで実際の数値を確認でき、さらにわかりやすいグラフとなる。追加したデータラベルは、ドラッグで配置を調整できる。

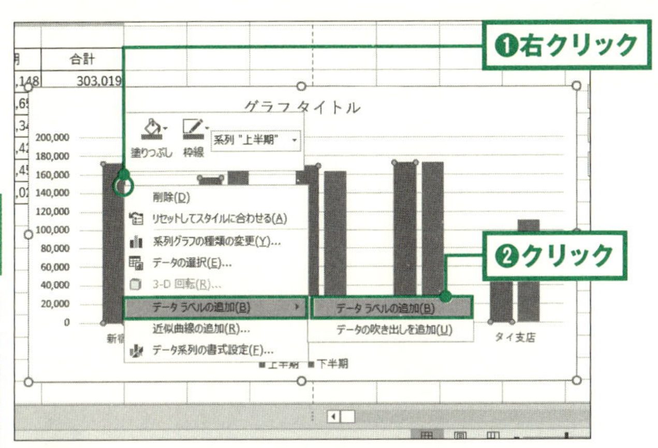

1 データラベルを追加したい要素を右クリックする❶。「データラベルの追加(B)」→「データラベルの追加(B)」の順にクリックする❷。

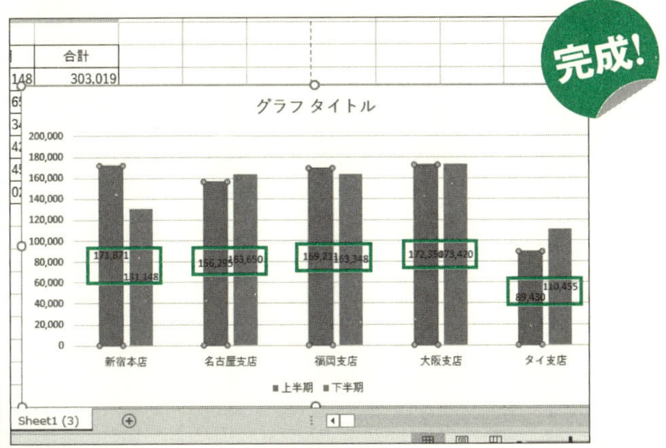

2 グラフにデータラベルが追加された。データラベルは、もう一方のグラフ要素にも同様の方法で追加できる。

応用

065

グラフの行と列を入れ替える

［初級］

ここがポイント！

「行/列の切り替え」をクリックする

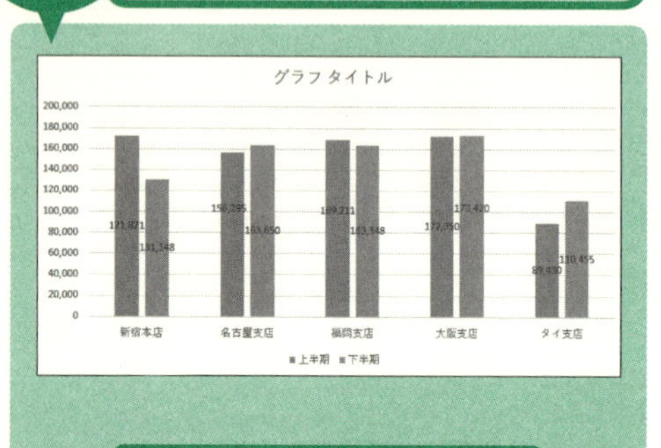

支店ごとの比較から半期ごとを比較するグラフに変更したい

作成したグラフの行と列を入れ替え、**別の表現に変更**したい場合がある。前のセクションのように支店ごとのグラフを自動で作成したが、これを半期ごとの数字を比較するグラフに変更したい場合などだ。表を作り直して、そこからグラフを作成し直すのでは手間がかかる。そんな時は、「デザイン」タブの「行／列の切り替え」をクリックする。これならボタン1つで、別の角度からの分析を実現できる。

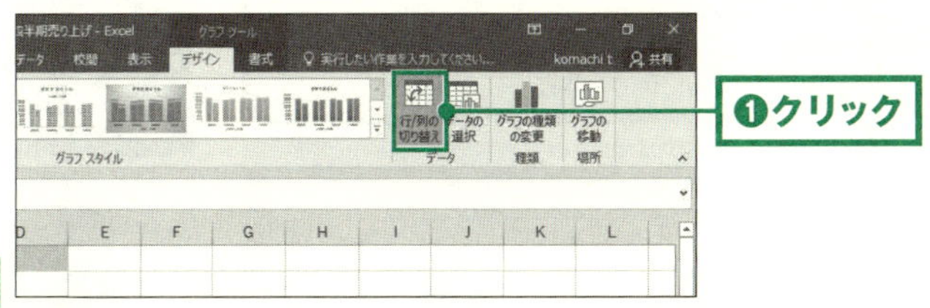

1 グラフ全体を選択する。グラフツールの「デザイン」タブで、「行/列の切り替え」をクリックする❶。

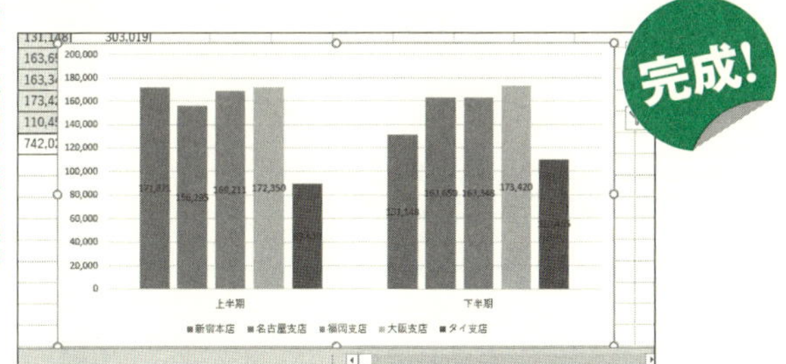

2 行と列が入れ替わり、支店ごとの比較から半期ごとの数字を比較するグラフに変更された。

★One Point !★

グラフを構成する要素には、次のようなものがある。いずれもグラフツールの「デザイン」タブの「グラフ要素を追加」で追加することができる。

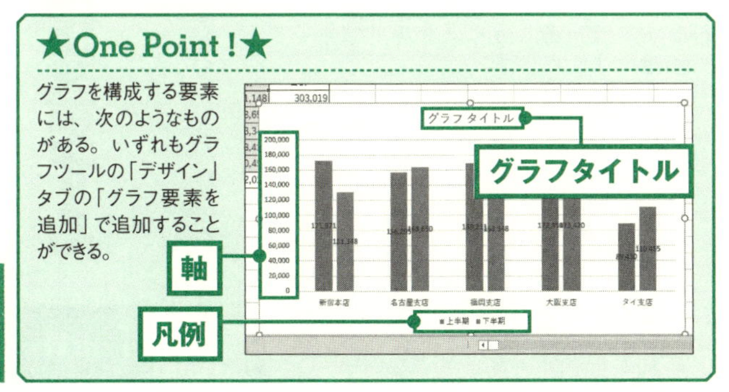

応用

066

目盛りを「千円」単位に変更する

［上級］

ここがポイント！ 軸の表示単位を「千」にする

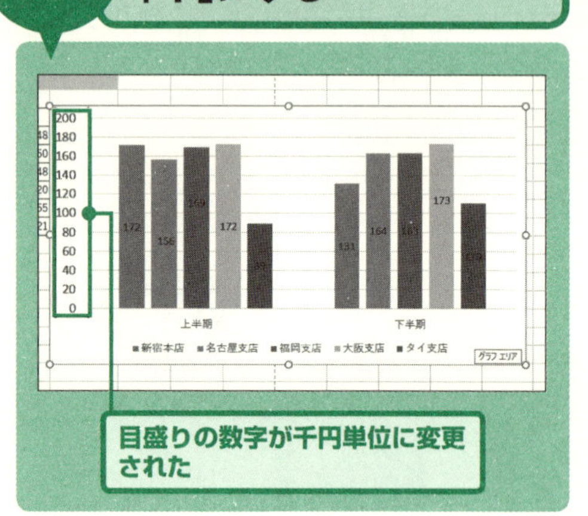

目盛りの数字が千円単位に変更された

グラフなどで大きな数字を扱う場合、0の数が多くわかりづらいため、**千円単位**にしたいことがある。セルの数値はP.70の方法で千単位に変更したが、グラフでも単位を「千」や「万」に変更することができる。設定方法は、「軸」をダブルクリックし、「**軸の書式設定**」を表示させる。そこで表示単位を「千」や「万」に設定すればよい。単位も自動で表示してくれる。大きい数値の場合は、ぜひ利用したい機能だ。

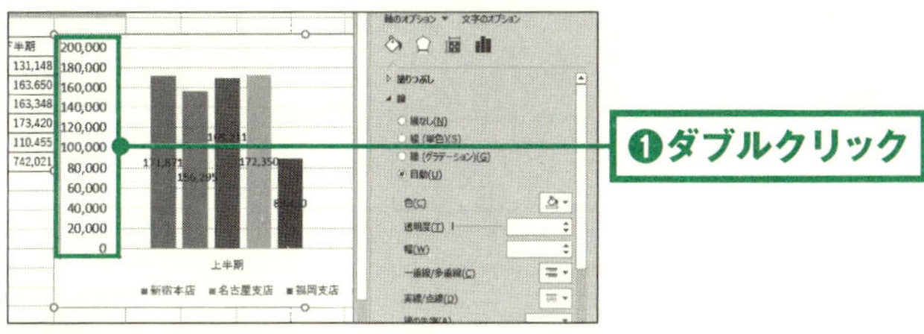

1 グラフの縦軸をダブルクリックする❶。画面右側に、「軸の書式設定」が表示される。

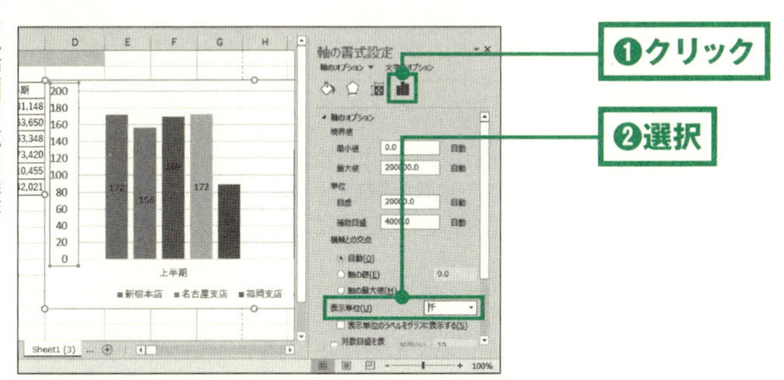

2 「軸のオプション」をクリックする❶。「表示単位（U）」で、単位（例は「千」）を選択する❷。

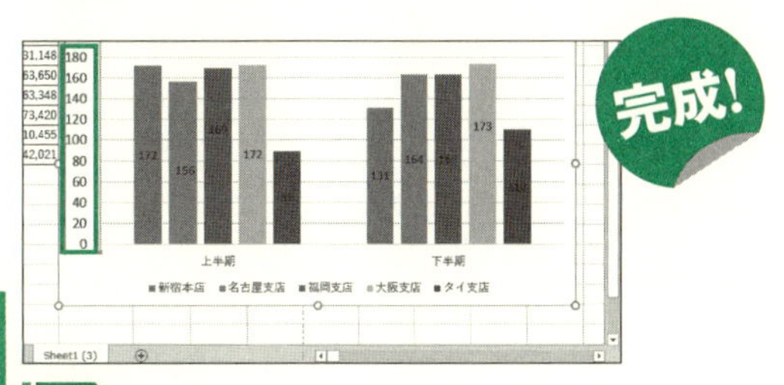

3 グラフの表示が千円単位になった。

応用

067

折れ線グラフと棒グラフを混在させる

［中級］

ここがポイント!

「グラフの種類の変更」をクリックする

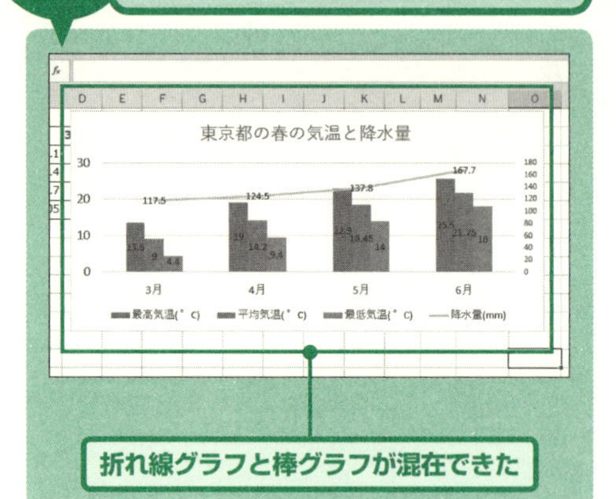

折れ線グラフと棒グラフが混在できた

グラフは、目的に応じていろいろな種類が用意されている。表現したい内容によっては、**2種類のグラフを混在**させることもできる。中でもよく使うのが、**縦棒グラフに折れ線グラフを組み合わせる**方法だ。数値の変化を伝えたいデータを折れ線グラフで、比較したいデータを棒グラフでと、異なる目的のグラフを1つにまとめて見せることができる。グラフの要素を選択し、「グラフの種類の変更」から「折れ線」を選べばよい。

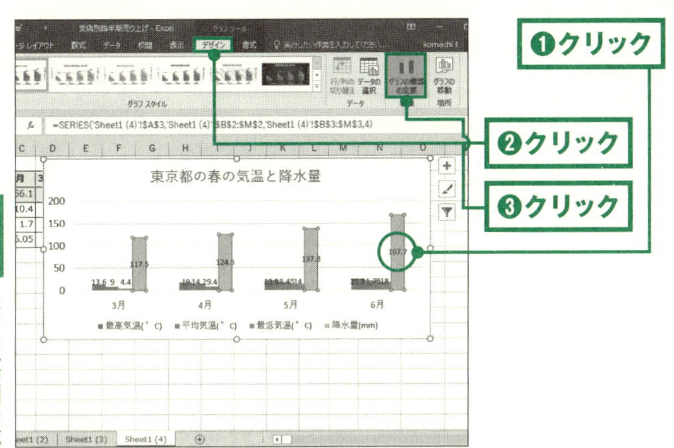

1 折れ線グラフにしたい要素をクリックする❶。グラフツールの「デザイン」タブをクリックし❷、「グラフの種類の変更」をクリックする❸。

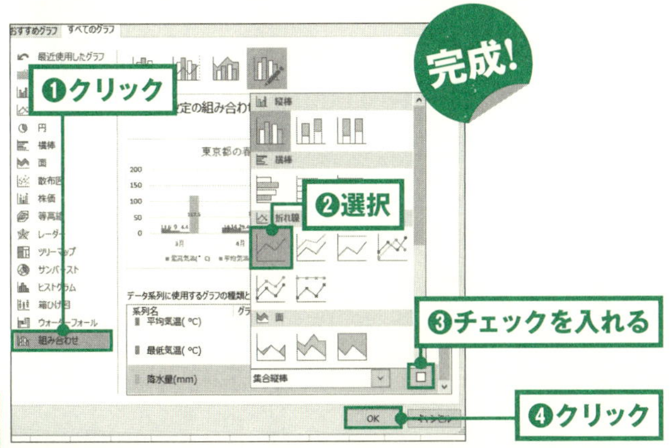

2 「組み合わせ」をクリックし❶、「グラフの種類」から「折れ線」を選択する❷。第2軸の□にチェックを入れる❸。「OK」をクリックする❹。

応用

068

グラフの一部を強調する

[中級]

ここがポイント!

色を変える、切り離す、軸の数値を変える

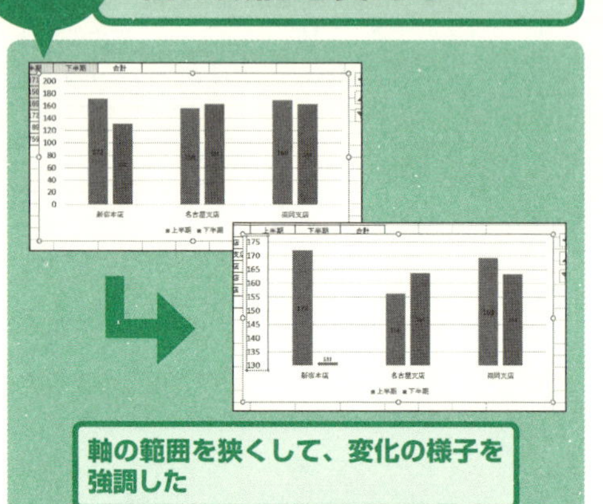

軸の範囲を狭くして、変化の様子を強調した

グラフは、数値を視覚的にわかりやすく表現するためのものだ。その中でも、特に伝えたい一部のデータを**より強調**させることもできる。例えば、グラフの一部を目立つ色にしたり、円グラフの場合に強調したい要素を切り離したり、**軸の最大値と最小値を変更**することで変化の見え方をコントロールする、といった方法だ。ただしやりすぎると正確な理解が拒まれることになるので、度をすぎないように注意したい。

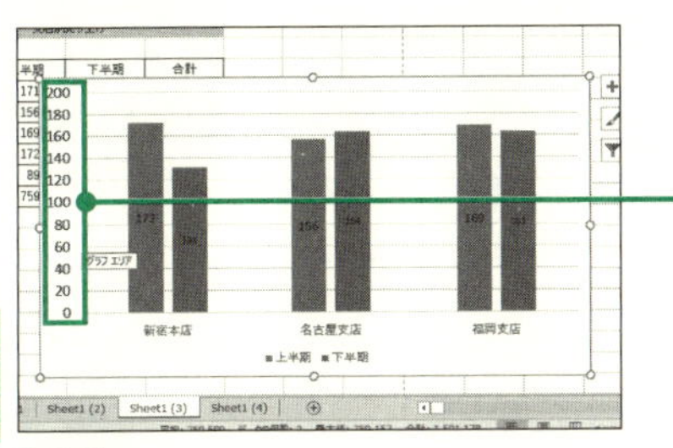

1 軸をダブルクリックする❶。

❶クリック
❷入力
完成!

2 「軸のオプション」をクリックする❶。境界値の「最小値」、「最大値」をそれぞれ入力する❷。

★One Point !★

円グラフの場合は、強調したい要素をクリックし❶、外側にドラッグする❷。

❶クリック
❷ドラッグ

応用

069

セル内にグラフを表示させる

[中級]

ここがポイント!

「スパークライン」を挿入する

第2四半期	第3四半期	第4四半期	合計	
766567	1074229	181891	1225472	
315256	314734	314212	631034	
165874	173192	339490	424430	
258746	258727	258708	517511	
157469	156193	345083	416214	
225478	192210	118942	484224	
525565	263673	111781	1313022	
454468	540191	425914	823213	
365874	476959	388044	620663	
185698	116607	247516	440487	
[illegible]	[illegible]	[illegible]	[illegible]	

セル内に折れ線グラフが挿入された

数値の大きさや変化を表現するにはグラフが最適だが、グラフを入れるスペースがない場合もある。また、配置に工夫が必要なことがあり、センスが必要になるのもグラフの難点だ。そんな時に利用するのが、簡易グラフともいえる「**スパークライン**」だ。スパークラインを使うと、セルの中に、小さな折れ線グラフや縦棒グラフを入れることができる。場所をとることなく数値の変化を表現することができ、見た目もシンプルで便利な機能だ。

1

スパークラインを表示させたいセルをクリックする❶。「挿入」タブの「スパークライン」グループで、「折れ線」をクリックする❷。

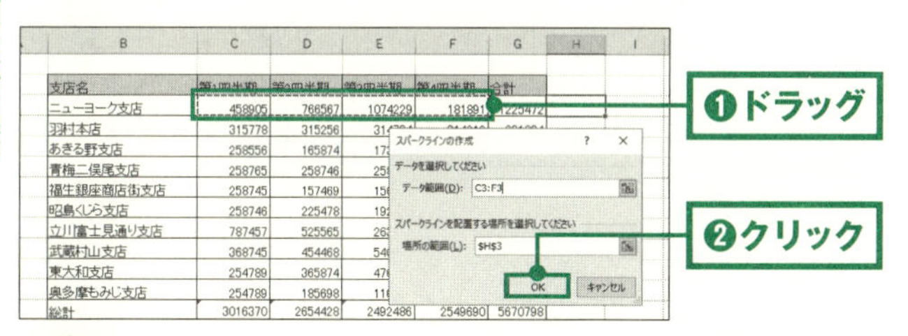

2

スパークラインにしたいセル範囲をドラッグし❶。「OK」をクリックする❷。

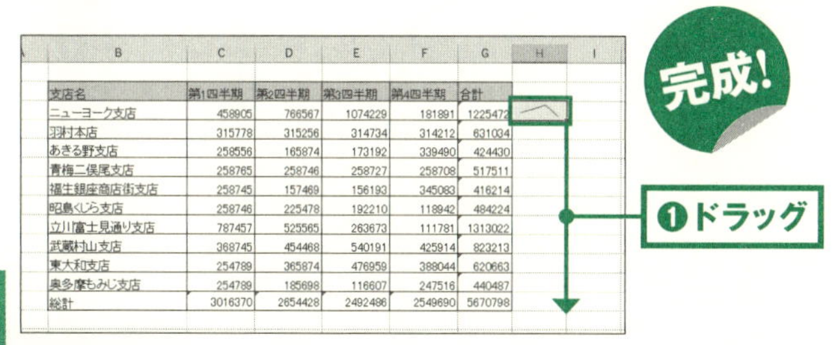

支店名	第1四半期	第2四半期	第3四半期	第4四半期	合計
ニューヨーク支店	458905	766567	1074229	181891	1225472
羽村本店	315778	315256	314734	314212	631034
あきる野支店	258556	165874	173192	339490	424430
青梅二俣尾支店	258765	258746	258727	258708	517511
福生銀座商店街支店	258745	157469	156193	345083	416214
昭島くじら支店	258746	225478	192210	118942	484224
立川富士見通り支店	787457	525565	263673	111781	1313022
武蔵村山支店	368745	454468	540191	425914	823213
東大和支店	254789	365874	476959	388044	620663
奥多摩もみじ支店	254789	185698	116607	247516	440487
総計	3016370	2654428	2492486	2549690	5670798

3

スパークラインが挿入できた。オートフィルでドラッグし、コピーすることもできる❶。

応用

070

大きい表を1枚に収めて印刷する

［初級］

ここがポイント!

自動縮小で1枚に収める

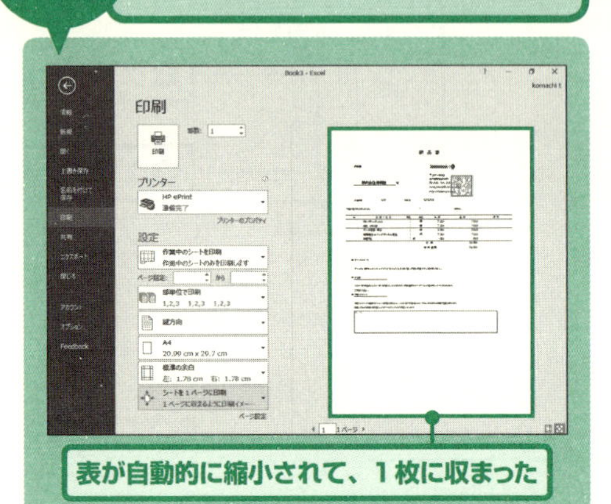

表が自動的に縮小されて、1枚に収まった

エクセルはワードと異なり、用紙サイズが決まっていない。作成した表を印刷してみると、大きすぎて2枚にまたがってしまうこともよくある。最初に「ページレイアウト」タブで設定しておけばよいが、後から変更したい場合もある。このような場合、1枚の用紙にぴったりと収まるよう、わざわざ表の大きさを変更する必要はない。「**シートを1ページに印刷**」に設定すれば、表全体が縮小され、ぴったり1枚に収まるようになる。

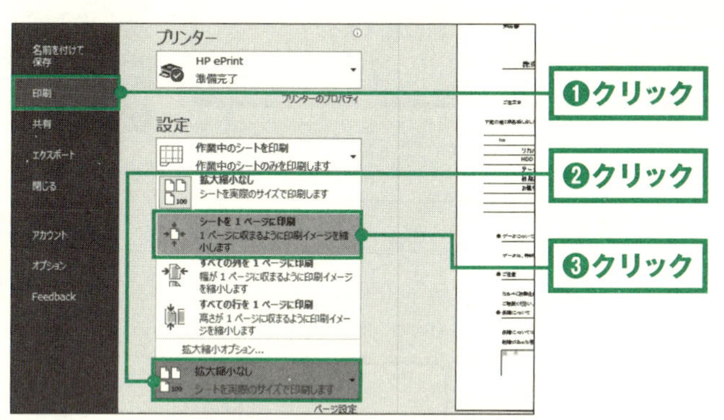

1 「ファイル」タブをクリックし、「印刷」をクリックする❶。「拡大縮小なし」をクリックし❷、「シートを1ページに印刷」をクリックする❸。ここで余白なども変更できる。

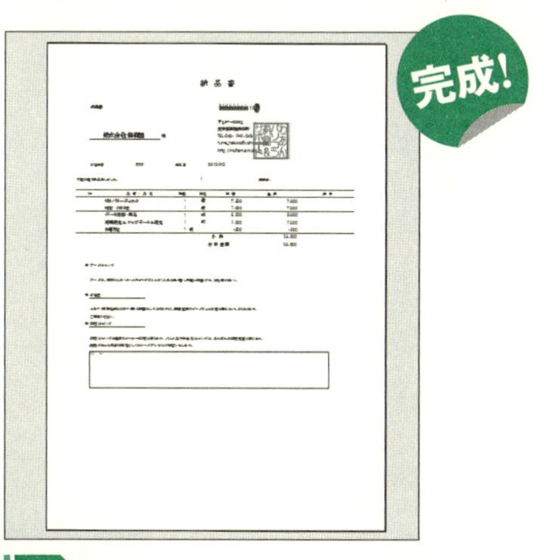

2 印刷イメージを見ると、1枚に収まっていることがわかる。

応用 071

小さい表を拡大して印刷する

［初級］

ここがポイント！ 拡大率を設定して印刷する

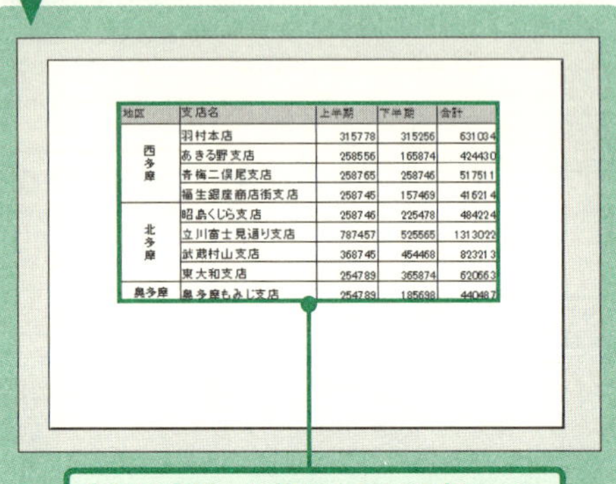

地区	支店名	上半期	下半期	合計
西多摩	羽村本店	315778	315256	631034
	あきる野支店	258556	165874	424430
	青梅二俣尾支店	258765	258746	517511
	福生銀座商店街支店	258745	157469	416214
北多摩	昭島くじら支店	258746	225478	484224
	立川富士見通り支店	787457	525565	1313022
	武蔵村山支店	368745	454468	823213
	東大和支店	254789	365874	620663
奥多摩	奥多摩もみじ支店	254789	185698	440487

小さい表が、1枚にきれいに収まった

大きい表を1枚の用紙に収める方法は、前のセクションで解説した。これは、大きい表を縮小して1枚の用紙に収める方法だった。反対に、表が小さすぎて用紙が余ってしまう場合は、「**拡大縮小オプション**」に拡大率を入れればよい。適切な拡大率に設定することで、1枚の用紙にうまく収めることができる。拡大率を110％や120％と少しずつ拡大しながら、1枚の用紙にぴったり収まる大きさを見つけよう。

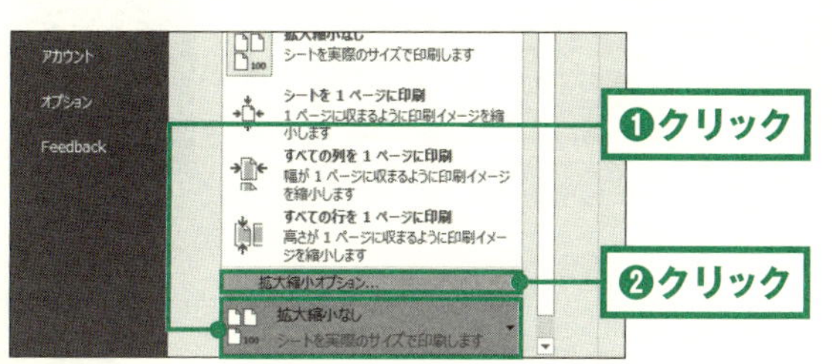

1 「ファイル」タブをクリックし、「印刷」をクリックする。「シートを1ページに印刷」または「拡大縮小なし」をクリックし❶、「拡大縮小オプション」をクリックする❷。

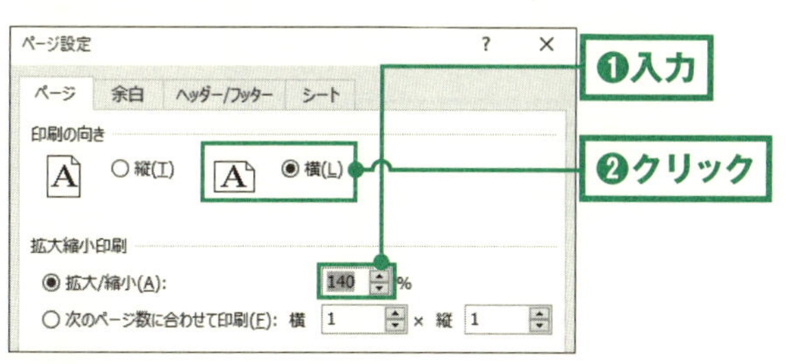

2 「拡大/縮小(A)」に拡大率(例では「140」)を入力する❶。必要に応じて、印刷の向きを変更し❷、「OK」をクリックする。

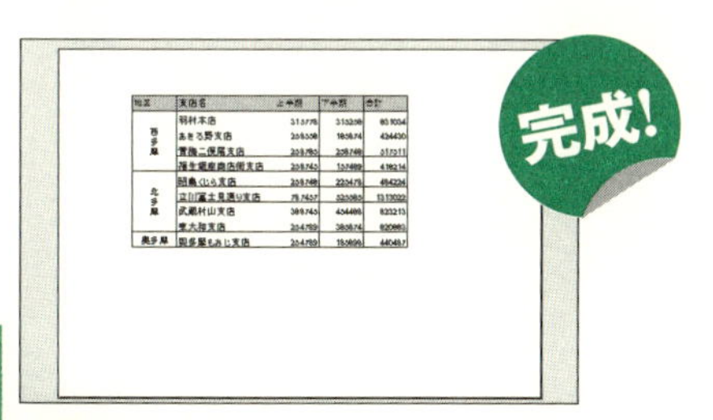

3 小さい表が、大きくなった。まだ小さい場合や、反対に大きくしすぎてはみ出た場合は、拡大率を調整する。

応用

072

余白をドラッグで調整する

［初級］

ここがポイント！

印刷プレビューで余白を表示する

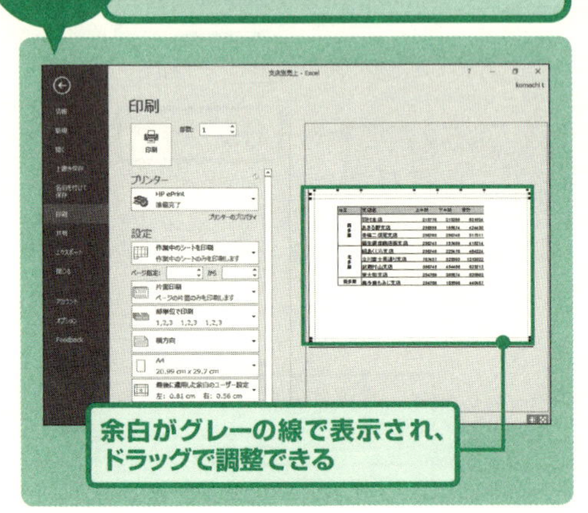

余白の設定は、「ページレイアウト」タブの「余白」から設定できる。この方法は、「狭い」や「広い」から選択することができて便利なのだが、細かい設定ができない。そこで利用したいのが、印刷プレビューの「**余白の表示**」だ。画面右下の「余白の表示」をクリックすると、余白の位置がグレーの線で表示され、これをドラッグすることで調整できる。どれだけ調整すればよいかを目で見て確認できる、便利な方法だ。

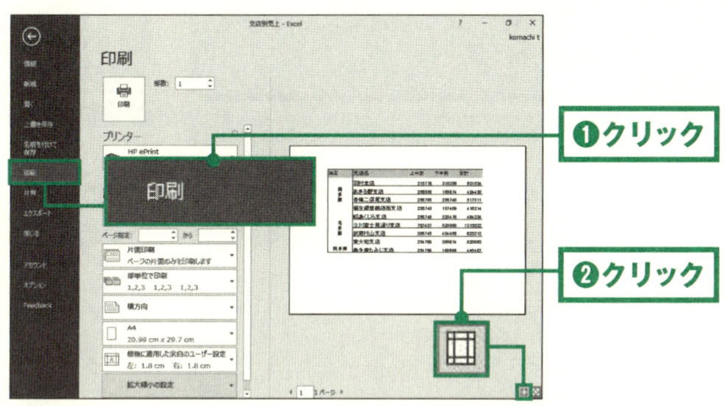

1 「ファイル」タブをクリックし、「印刷」をクリックする❶。「余白の表示」をクリックする❷。

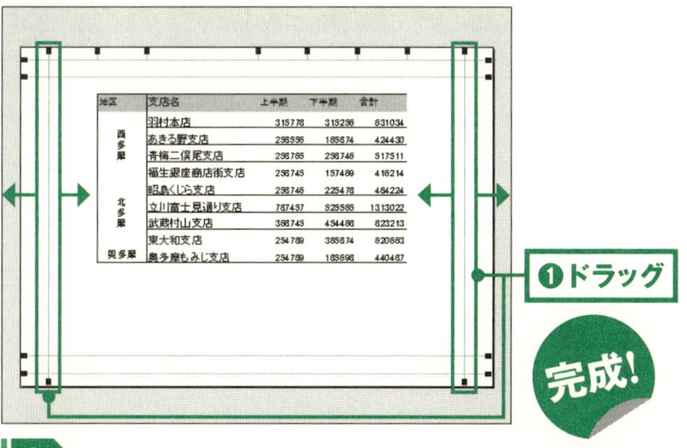

地区	支店名	上半期	下半期	合計
西多摩	羽村本店	315778	315256	631034
	あきる野支店	258556	165874	424430
	青梅二俣尾支店	258765	258746	517511
北多摩	福生銀座商店街支店	258745	157469	416214
	昭島くじら支店	258746	225478	484224
	立川富士見通り支店	787457	525565	1313022
	武蔵村山支店	368745	454468	823213
	東大和支店	254789	365874	620663
奥多摩	奥多摩もみじ支店	254789	185698	440487

2 縦横に表示されるグレーの線をドラッグして、余白を調整する❶。

応用

073

印刷のページ区切りをドラッグで指定する

[初級]

ここがポイント! 「改ページプレビュー」を表示する

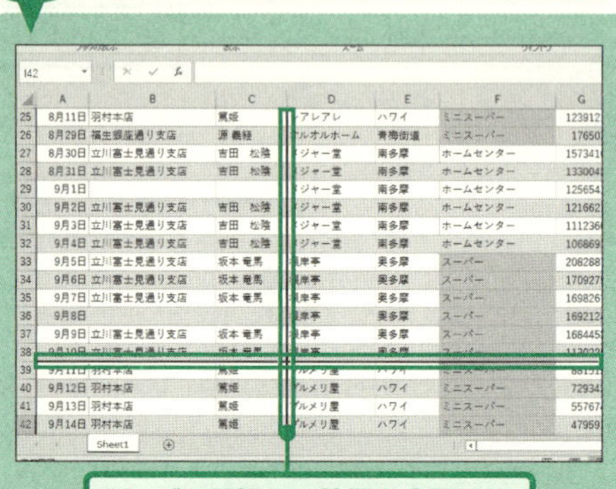

ページの区切りの位置を変更する

エクセルは、ワードのように用紙サイズが設定されていない。その代わり、「改ページ」という機能で、1枚の用紙に収める範囲を設定できる。「表示」タブで「**改ページプレビュー**」をクリックすると、印刷する範囲が青線で、用紙と用紙の区切りが破線で表示される。この破線をドラッグすると、好みの場所で区切って印刷することができる。大きな表や、同じシート内にある2つの表を別々のページに印刷したい時などに便利な機能だ。

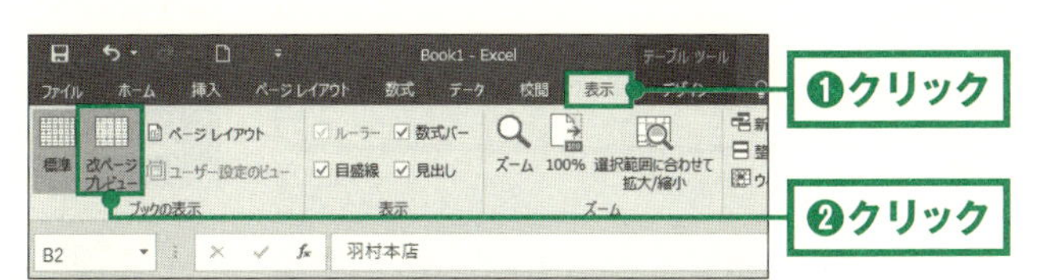

1 「表示」タブをクリックし❶、「改ページプレビュー」をクリックする❷。

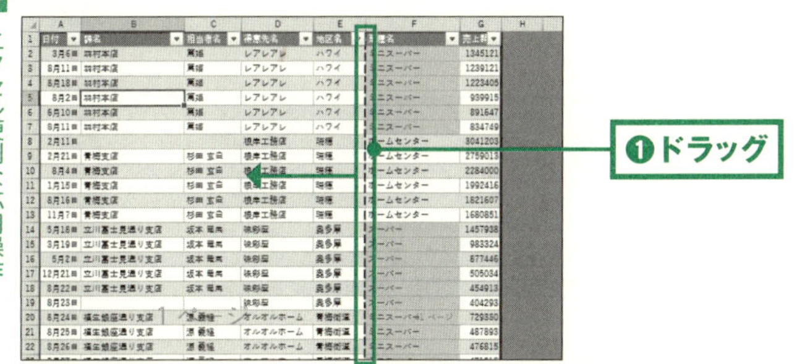

2 ページの区切りが青い破線で表示される。青い破線をドラッグして移動する❶。移動した破線は実線になる。

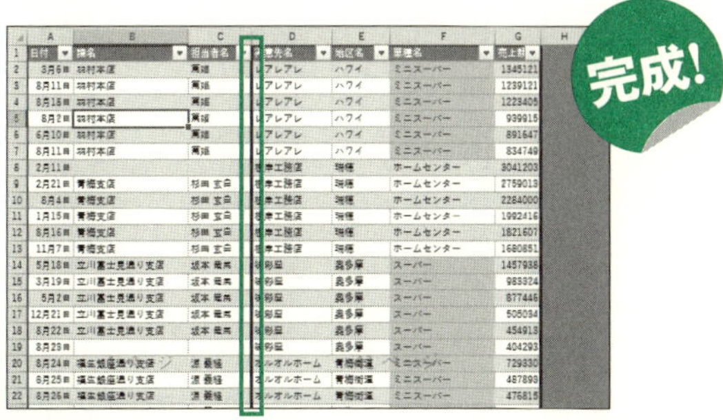

3 ページ区切りの位置が変わった。「表示」タブの「標準」をクリックすると、元の画面に戻る。

第3章 エクセル便利な応用操作

印刷

応用

074

表の必要な部分だけを印刷する

ここがポイント!

範囲を選択して印刷する

エクセルの表を印刷する場合、表全体ではなく、表の一部のみを印刷したいこともあるだろう。このような場合は、印刷したいセル範囲をあらかじめ選択しておき、**「印刷範囲の設定」**を行う。選択した範囲以外はグレーになり、印刷される範囲は青線で囲まれる。この状態で印刷すると、表の中の特定の部分だけを印刷することができる。表全体の印刷が必要になった場合は、「印刷範囲のクリア」を選べば、元に戻すことができる。

[初級]

	日付	課名	担当者名	得意先名	地区名	業種名	売上額
10	8月4日	青梅支店	杉田 玄白	根岸工務店	瑞穂	ホームセンター	2284000
11	1月15日	青梅支店	杉田 玄白	根岸工務店	瑞穂	ホームセンター	1992416
12	8月16日	青梅支店	杉田 玄白	根岸工務店	瑞穂	ホームセンター	1821607
13	11月7日	青梅支店	杉田 玄白	根岸工務店	瑞穂	ホームセンター	1680851
14	5月18日	立川富士見通り支店	坂本 竜馬	味彩屋	奥多摩	スーパー	1457938
15	3月19日	立川富士見通り支店	坂本 竜馬	味彩屋	奥多摩	スーパー	983324
16	5月2日	立川富士見通り支店	坂本 竜馬	味彩屋	奥多摩	スーパー	877446
17	12月21日	立川富士見通り支店	坂本 竜馬	味彩屋	奥多摩	スーパー	505034
18	8月22日	立川富士見通り支店	坂本 竜馬	味彩屋	奥多摩	スーパー	454913
19	8月23日			味彩屋	奥多摩	スーパー	404293
20	8月24日	福生銀座通り支店	源 義経	オルオルホーム	青梅街道	ミニスーパー	729330
21	8月25日	福生銀座通り支店	源 義経	オルオルホーム	青梅街道	ミニスーパー	487893

❶選択

1 印刷したい範囲を選択する❶。

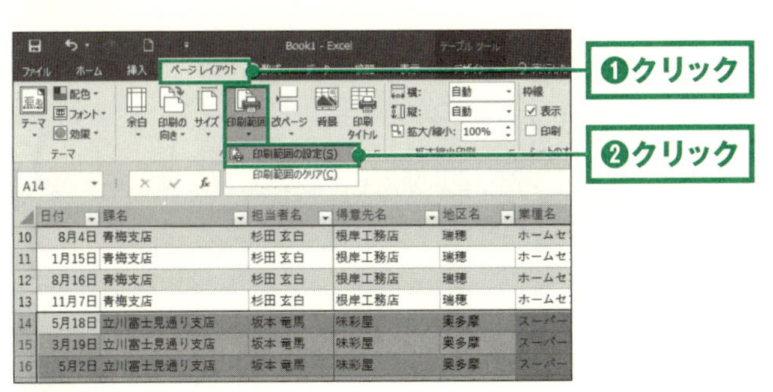

2 「ページレイアウト」タブをクリックし❶、「印刷範囲」→「印刷範囲の設定(S)」の順にクリックする❷。

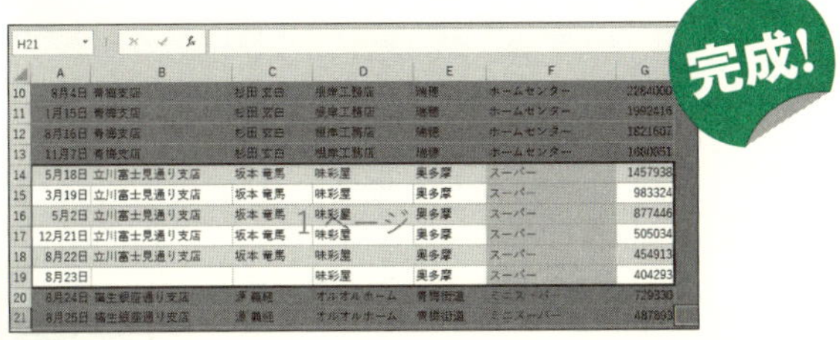

3 印刷範囲にグレーの線が表示される。わかりにくい場合は、「表示」タブの「改ページプレビュー」をクリックすると確認できる。

応用

075

ファイル名やページ番号を印刷する

［中級］

ここがポイント！

「ヘッダーとフッター」をクリックする

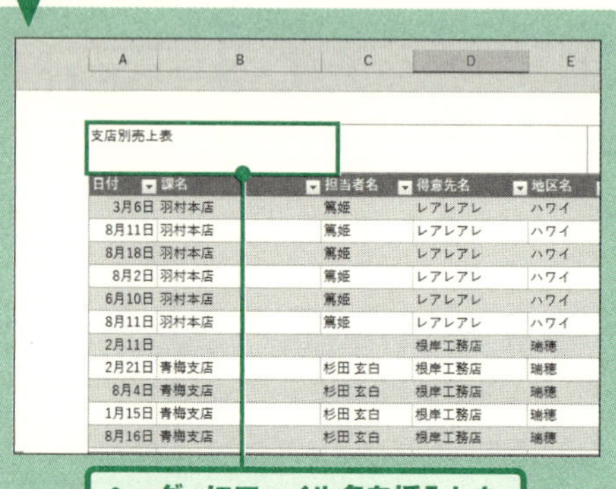

A	B	C	D	E
支店別売上表				
日付	課名	担当者名	得意先名	地区名
3月6日	羽村本店	篤姫	レアレアレ	ハワイ
8月11日	羽村本店	篤姫	レアレアレ	ハワイ
8月18日	羽村本店	篤姫	レアレアレ	ハワイ
8月2日	羽村本店	篤姫	レアレアレ	ハワイ
6月10日	羽村本店	篤姫	レアレアレ	ハワイ
8月11日	羽村本店	篤姫	レアレアレ	ハワイ
2月11日			根岸工務店	瑞穂
2月21日	青梅支店	杉田 玄白	根岸工務店	瑞穂
8月4日	青梅支店	杉田 玄白	根岸工務店	瑞穂
1月15日	青梅支店	杉田 玄白	根岸工務店	瑞穂
8月16日	青梅支店	杉田 玄白	根岸工務店	瑞穂

ヘッダーにファイル名を挿入した

エクセルの便利な機能に、**ヘッダーとフッター**がある。ヘッダーやフッターを使うと、複数のページに共通する文字や画像を一度に入れることができる。ヘッダー（ページの上部余白）には社名やファイル名を、フッター（ページの下部余白）にはページ数などを入れるのがおすすめだ。ファイル名やページ数を入れておけば、印刷後の書類整理の役に立つ。社名を入れておけば、統一感のある信用度の高い書類が作成できる。

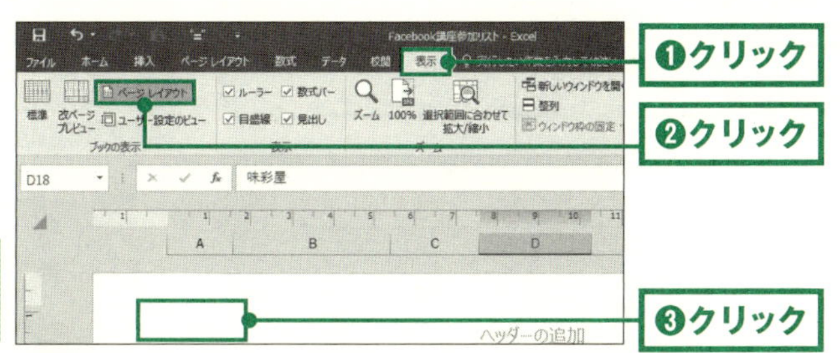

1 「表示」タブをクリックし❶、「ページレイアウト」をクリックする❷。ヘッダーやフッターの、要素を挿入したい場所をクリックする❸。

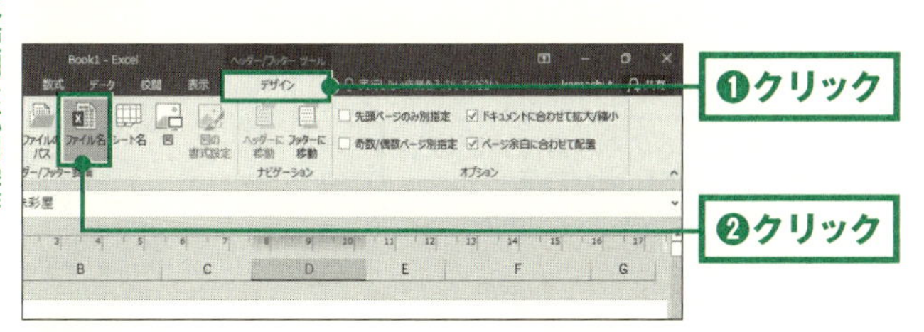

2 ヘッダー/フッターツールの「デザイン」タブをクリックし❶、挿入したい要素(ここでは「ファイル名」)をクリックする❷。

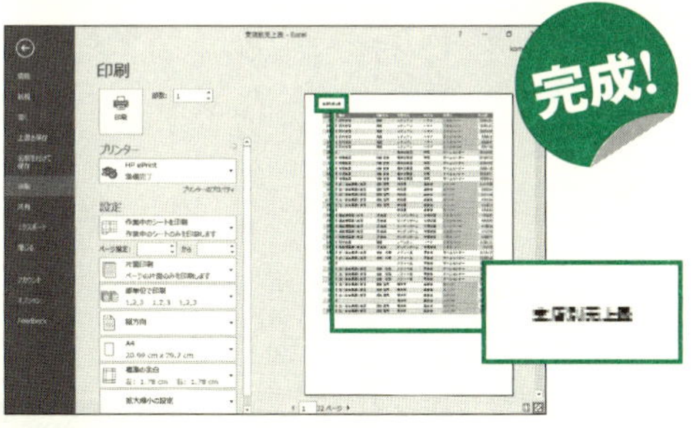

3 印刷プレビューで確認すると、すべてのページにファイル名が入っている。元の画面に戻すには、「表示」タブの「標準」をクリックする。

応用

076

すべてのページに見出しを入れて印刷する

［中級］

ここがポイント！ 「印刷タイトル」を設定する

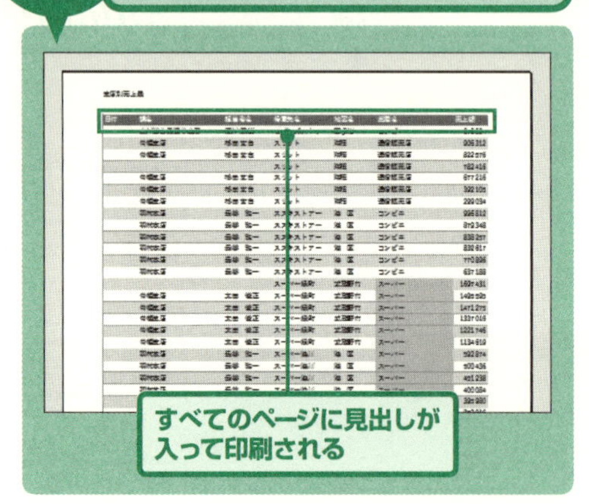

複数ページに渡る大きな表を印刷すると、各ページの最上部に見出しがなく、それぞれのデータが何を意味するのかわかりづらい場合がある。P.92の方法で見出しを固定表示しても、印刷時には適用されないので意味がない。**印刷時**にすべてのページに**見出しを入れる**には、「ページレイアウト」タブにある「**印刷タイトル**」の設定を行う必要がある。ここで指定した行が、すべてのページに印刷される。

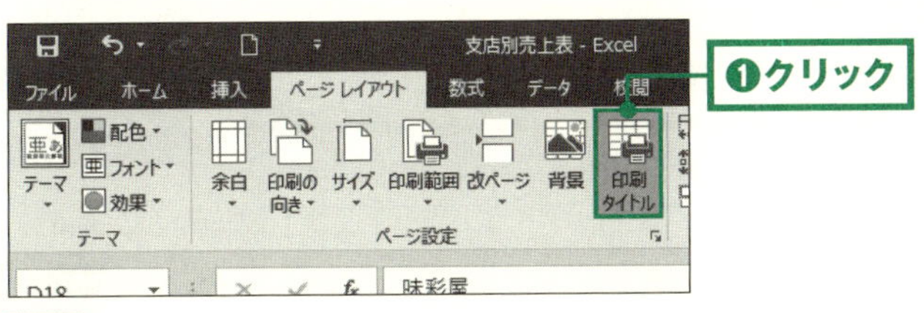

1 「ページレイアウト」タブの「印刷タイトル」をクリックする❶。

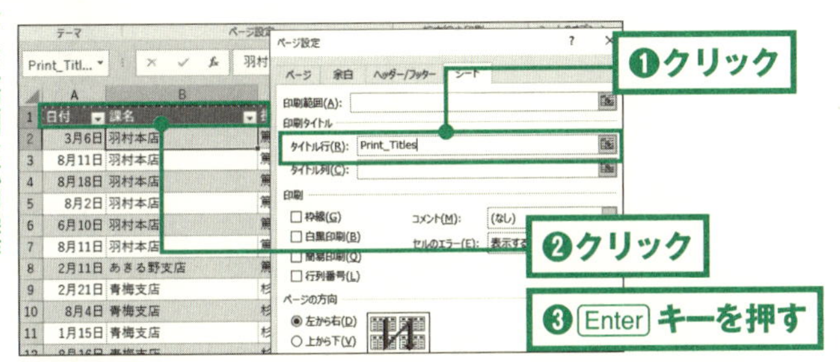

2 「タイトル行（R）」をクリックし❶、見出しとして設定したい行をクリックする❷。Enterキーを押す❸。

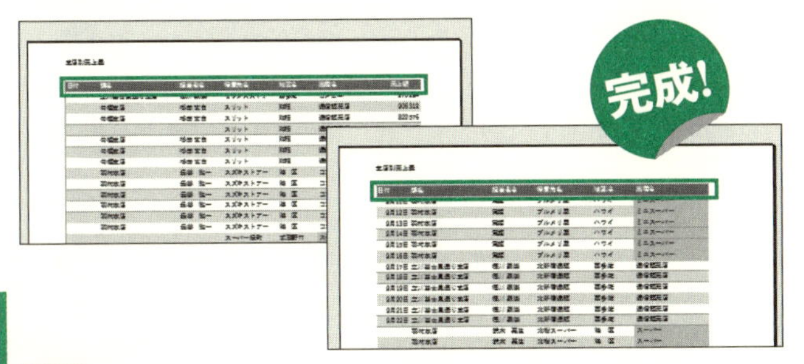

3 印刷プレビューで確認すると、すべてのページに見出しが入っている。

応用

077

エラーが印刷されないようにする

［中級］

ここがポイント！

セルのエラーを＜空白＞にする

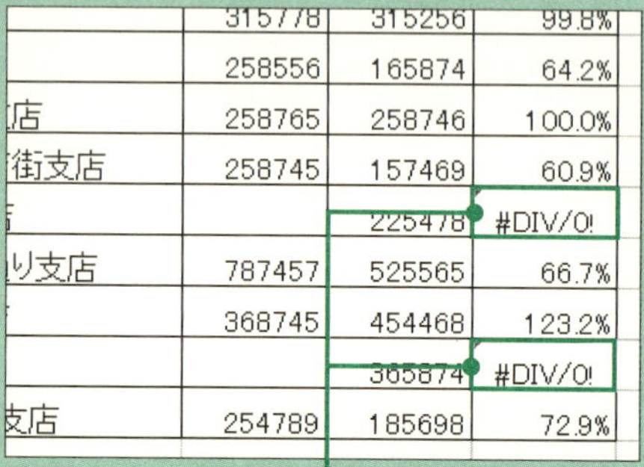

	315778	315256	99.8%
	258556	165874	64.2%
店	258765	258746	100.0%
街支店	258745	157469	60.9%
		225478	#DIV/0!
り支店	787457	525565	66.7%
	368745	454468	123.2%
		365874	#DIV/0!
支店	254789	185698	72.9%

「#DIV/0！」の文字を印刷したくない

エクセルでは、さまざまな理由でエラーが表示される。エラーの意味を理解すれば解決できる場合もあるが、やむを得ないエラーも存在する。そんな時に、**印刷時にのみエラーを表示させない**方法がある。「ページ設定」の「シート」タブで、セルのエラーを「**空白**」に設定する方法だ。人に渡す資料にエラーがあるのは体裁が悪い。ここで解説した方法で、前もってエラーは印刷されないようにしておきたい。

1 「ページレイアウト」タブをクリックし❶、「ページ設定」のオプションをクリックする❷。

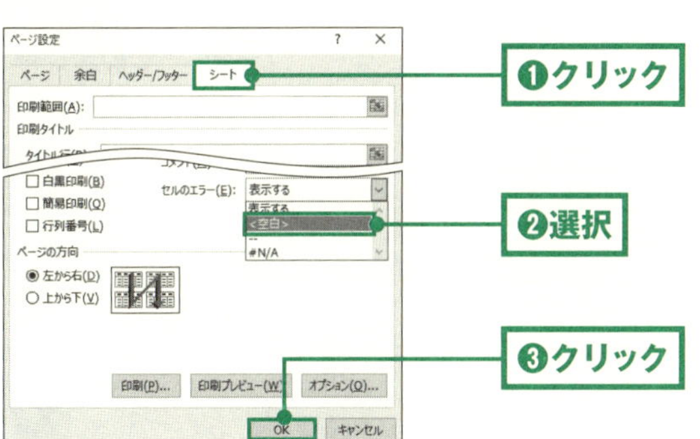

2 「シート」タブをクリックし❶、「セルのエラー(E)」で「<空白>」を選択する❷。「OK」をクリックする❸。

地区	支店名	目標	実績	達成率
西多摩	羽村本店	815778	815256	99.9%
	あきる野支店	258556	165874	64.2%
	青梅二俣尾支店	258765	258746	100.0%
	福生銀座商店街支店	258745	157469	60.9%
北多摩	昭島くじら支店		225478	
	立川富士見通り支店	787457	525965	66.7%
	武蔵村山支店	362745	464468	128.2%
	東大和支店		365874	
奥多摩	奥多摩もみじ支店	254789	185698	72.9%

完成!

3 通常の画面ではエラーはそのままだが、印刷プレビューで確認すると、エラーが非表示になっている。

応用

078

まちがって修正されないようセルを保護する

［上級］

ここがポイント！

「シートの保護」をクリックする

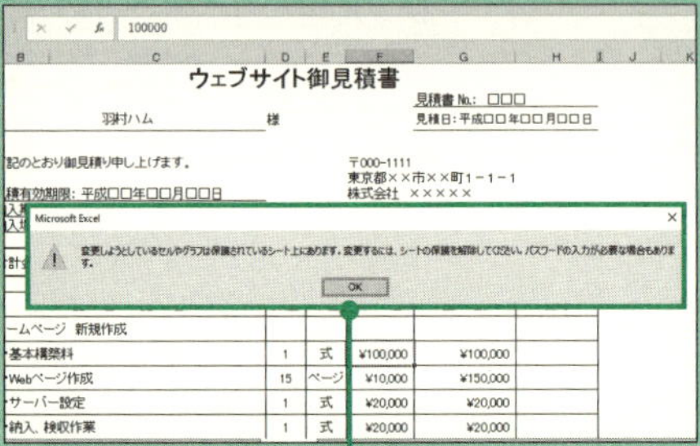

	C	D	E	F	G	H
ームページ　新規作成						
・基本構築料	1	式	¥100,000	¥100,000	
・Webページ作成	15	ページ	¥10,000	¥150,000	
・サーバー設定	1	式	¥20,000	¥20,000	
・納入、検収作業	1	式	¥20,000	¥20,000	

セルを編集しようとするとエラーメッセージが表示される

エクセルの文書は、作成者だけが利用するわけではない。複数の人と共有して利用するのが一般的だ。そのため、エクセルに不慣れな人でも使いやすい表にするのも、大切なことだ。「**シートの保護**」は、セル内の数値などを変更できないようにすることで、それによって誤った修正や不用意な**ミスを防ぐ**ことができる。保護されたシートを変更可能にするにはパスワードを教えるか、特定のセルの保護の「ロック」を解除すればよい。

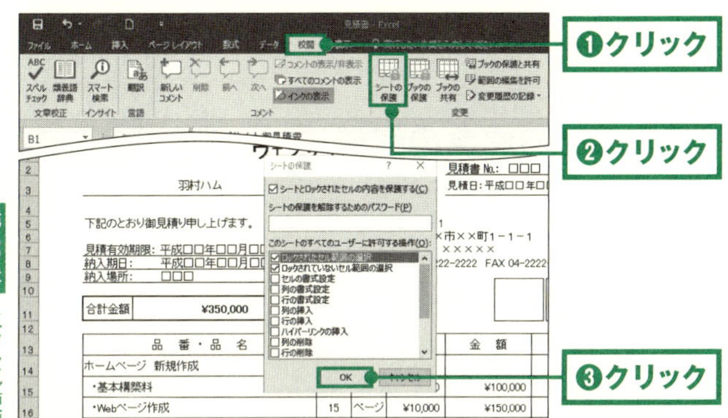

1 「校閲」タブをクリックし❶、「シートの保護」をクリックする❷。「OK」をクリックする❸。

2 シートが保護され、編集しようとするとエラーメッセージが表示される。「校閲」タブで「シートの保護の解除」をクリックすると、保護が解除される。

★One Point !★

特定のセルの変更だけ許可する場合は、保護する前に許可したいセルを選択し、右クリックして「セルの書式設定(F)」をクリックする。「保護」タブで「ロック(L)」のチェックをはずせばよい❶。

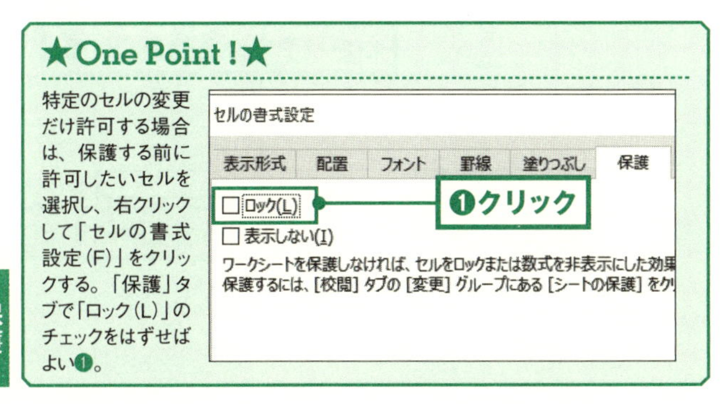

COLUMN

複数の人で書類をやりとりする場合の配慮について

エクセルで作成したブックは、複数の人の間で使われることがある。特に会社や町内会などの組織では、内部で引き継いだり、外部に提出することも頻繁にあるだろう。シートの保護（P.174）やPDF形式（P.274）にするのも、様々な人の間で共有するための配慮といえる。その他にも、次のような配慮ができると社会人として一人前だ。適切にやりとりできるような保存を心がけよう。

❶A1セルを選択して保存する
❷シートの保護（P.174）やパスワードを設定する
❸PDF形式やExcel97-2003形式で保存する
❹個人情報は必要に応じて削除する
❺作成した日付や内容がわかるファイル名をつける

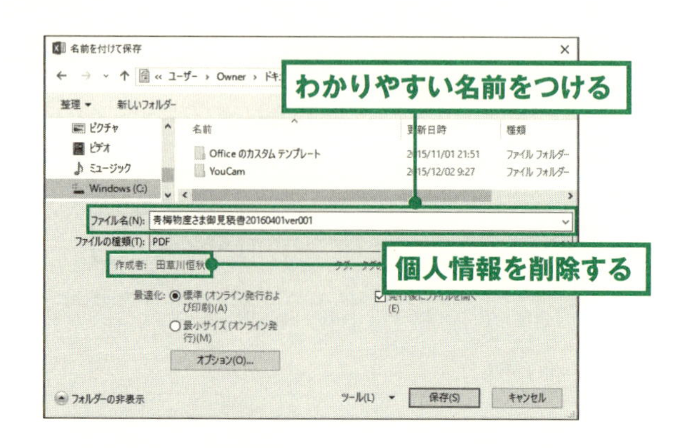

第4章

ワード
定番の基本操作

基本

079

文字をすばやくコピーする

ここがポイント！ 選択した文字をドラッグする

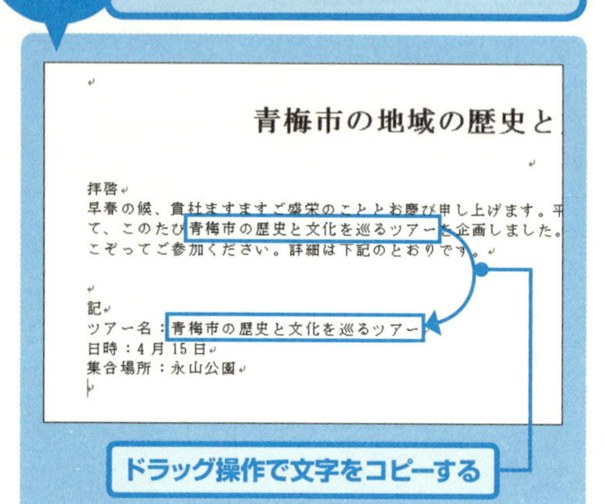

［初級］

ワードで入力した文字を別の場所にコピーする場合、もっとも一般的なのはコピー&貼り付けだろう。しかし、ショートカットキーを使ったとしても、若干手順が多いのが難点だ。もっとスマートな方法が、ドラッグで文字を移動する方法だ。**文字を選択**し、［Ctrl］キーを押しながら**目的の場所までドラッグ**すればよい。［Ctrl］キーを押さずにドラッグすると、コピーではなく移動になる。2つとも非常に便利なので、覚えておこう。

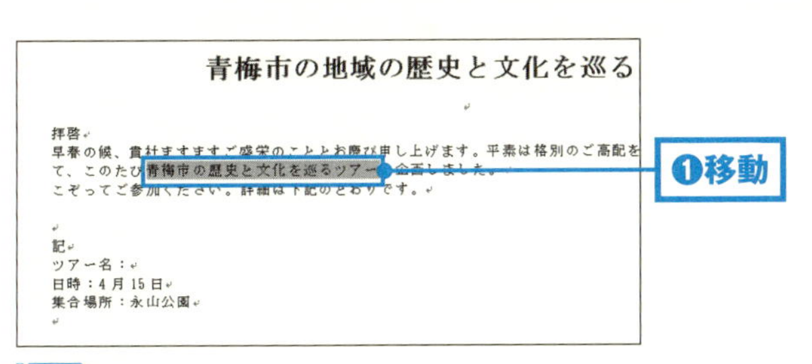

1 文字を選択し、その上にマウスポインターを移動する❶。

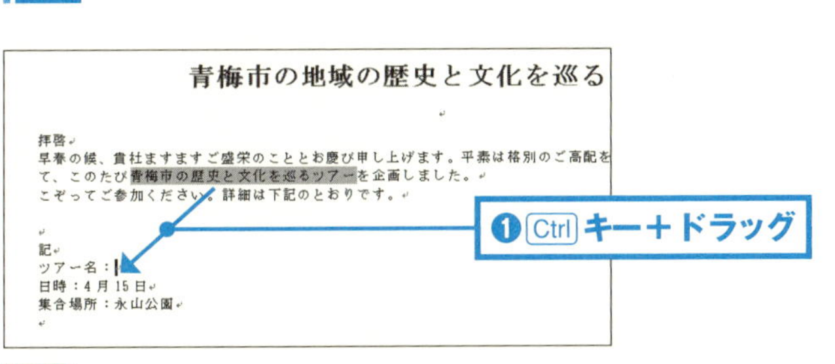

2 文字を移動させたい場所まで、Ctrlキーを押しながらドラッグする❶。

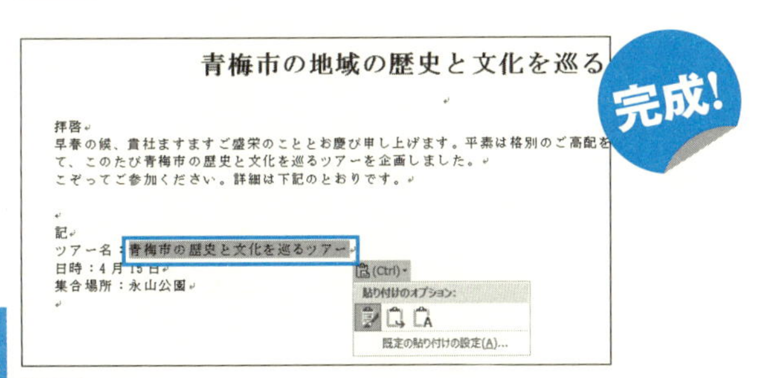

3 文字がコピーされた。

基本

080

まちがえて変換した文字を再変換する

[初級]

ひらがなを漢字に変換する場合、通常は文字に下線がある状態で［スペース］キーを押す。変換したい文字を選んで［Enter］キーを押せば、確定する。しかし、意図とはちがう漢字に変換してしまい、あらためて変換し直したい場合もあるだろう。その場合に利用するのが**［変換］キー**だ。確定後でも、**再変換**したい文字を選択して［変換］キーを押せば、変換候補が表示される。あとは通常の方法で漢字を選び確定すればよい。

ここがポイント！ 文字を選択して 変換 キーを押す

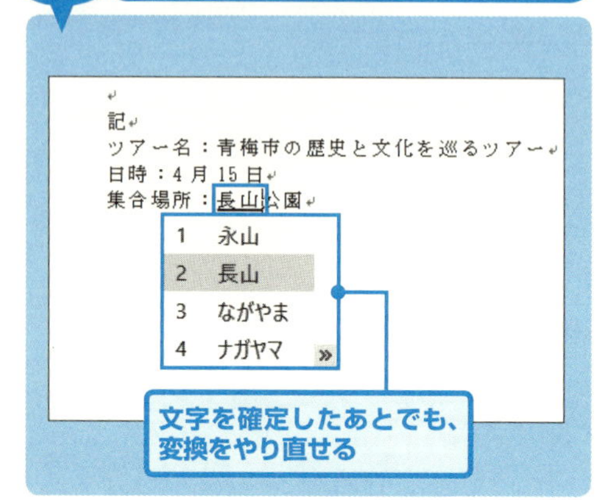

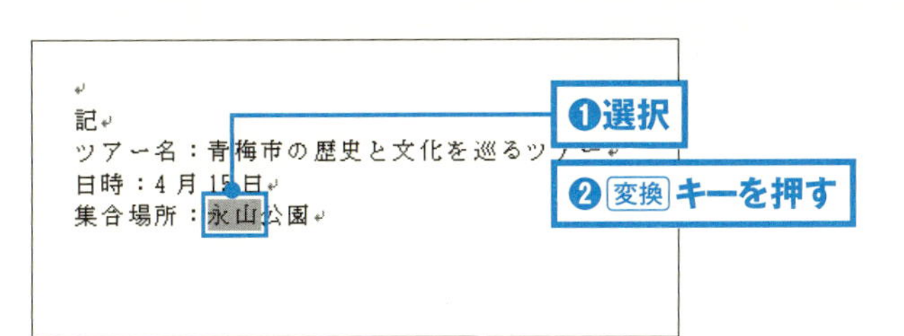

1 再変換したい文字を選択し❶、変換キーを押す❷。

記
ツアー名：青梅市の歴史と文化を巡るツアー
日時：4月15日
集合場所：長山公園
1 永山
2 長山
3 ながやま
4 ナガヤマ
❶変換キーを押して選択する

2 変換候補が表示されるので、繰り返し変換キーを押して目的の漢字を選択する❶。

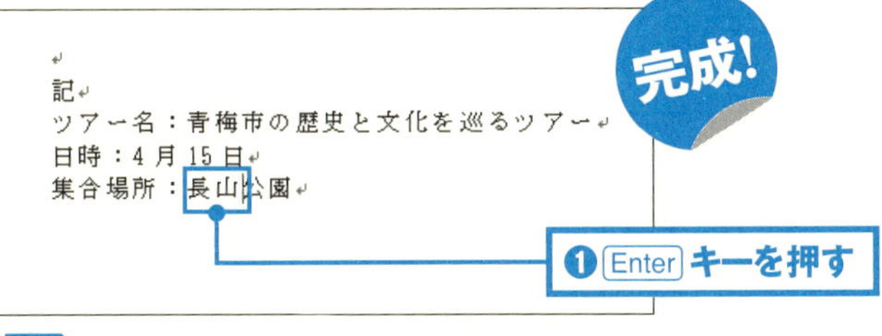

3 Enterキーを押して❶、文字を確定する。

基本

081

箇条書きに番号をつける

ここがポイント！

「段落番号」から番号を選択する

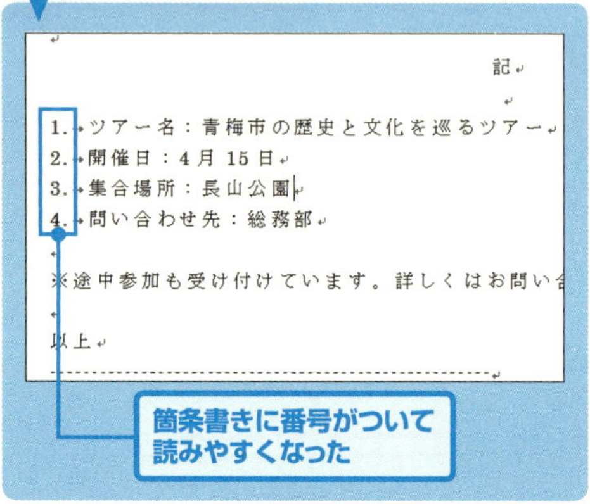

記

1. ツアー名：青梅市の歴史と文化を巡るツアー
2. 開催日：4月15日
3. 集合場所：長山公園
4. 問い合わせ先：総務部

※途中参加も受け付けています。詳しくはお問い合

以上

箇条書きに番号がついて読みやすくなった

箇条書きの先頭につける「・」や「■」のことを行頭文字、「1.」「①」のことを段落番号と呼ぶ。行頭文字や段落番号は、入力しながらつけることも可能だが、記号無しでいったん入力し、あとからつけるほうが効率的だ。箇条書きの行をすべて選択し、「**箇条書き**」または「**段落番号**」の「▼」から好きな記号を選べばよい。また、同じ方法で、一度つけた記号を変更することもできる。内容に合った記号や番号を選択しよう。

［初級］

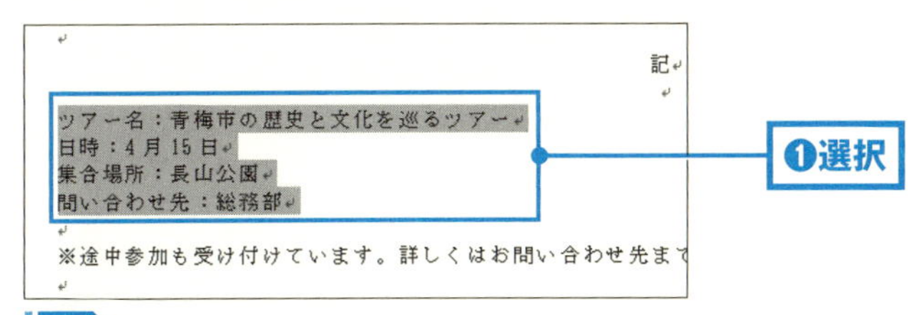

1 箇条書きの行を選択する❶。

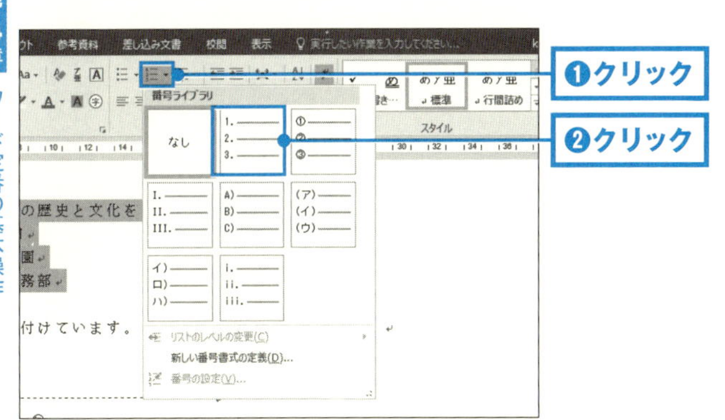

2 「段落番号」の「▼」をクリックし❶、好みの番号をクリックする❷。行頭文字をつける場合は、「箇条書き」の「▼」をクリックする。

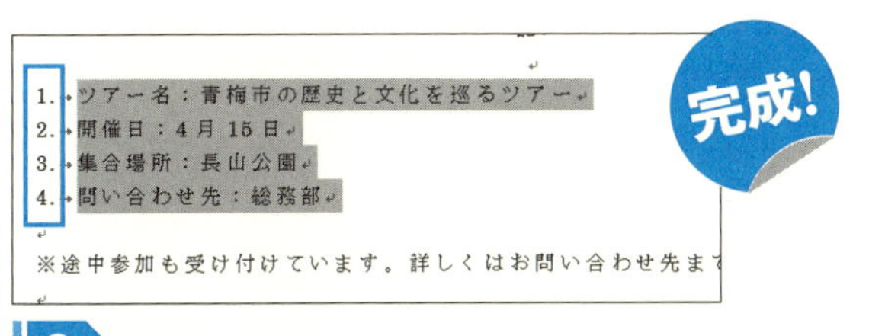

3 箇条書きに番号がついた。

基本

082

入力補助機能を無効にする

［初級］

ここがポイント！

「オートコレクトのオプション」で設定する

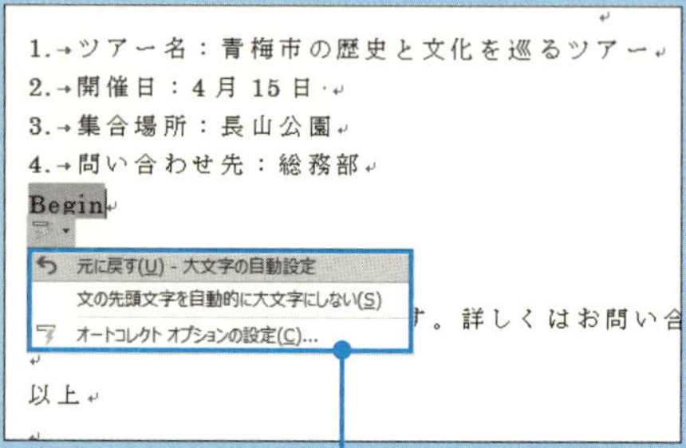

1.→ツアー名：青梅市の歴史と文化を巡るツアー
2.→開催日：4月15日
3.→集合場所：長山公園
4.→問い合わせ先：総務部
Begin
元に戻す(U) - 大文字の自動設定
文の先頭文字を自動的に大文字にしない(S)
オートコレクト オプションの設定(C)...
す。詳しくはお問い合
以上

入力補助機能を解除できる

ワードには、さまざまな入力補助機能がある。例えば「begin」と入力すると先頭のbが大文字になる、「(C)」と入力すると©になる、「---」と入力し改行すると区切り線になる機能だ。便利な反面、余計なお世話に思えることもある。このような場合は、補助機能が働いた場所に表示される「**オートコレクトのオプション**」をクリックし、「元に戻す」や「自動的に修正しない」を選ぶ。これで、余計な補助機能を止められる。

1.→ツアー名：青梅市の歴史と文化を巡るツアー
2.→開催日：4月15日
3.→集合場所：長山公園
4.→問い合わせ先：総務部
begin
※途中参加も受け付けています。詳しくはお問い合わせ

❶入力
❷ Enter キーを押す

1 「begin」と入力し❶、Enterキーを押す❷。

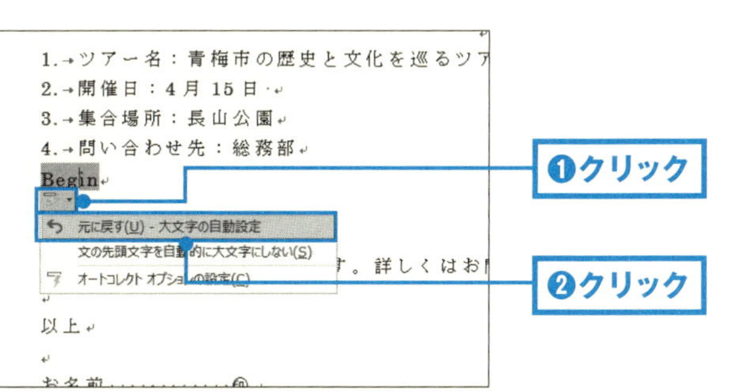

2 「begin」が「Begin」に、自動で変換される。マウスポインターを文字の左下に移動する。表示される「オートコレクトのオプション」をクリックする❶。「元に戻す(U)-大文字の自動設定」をクリックする❷。

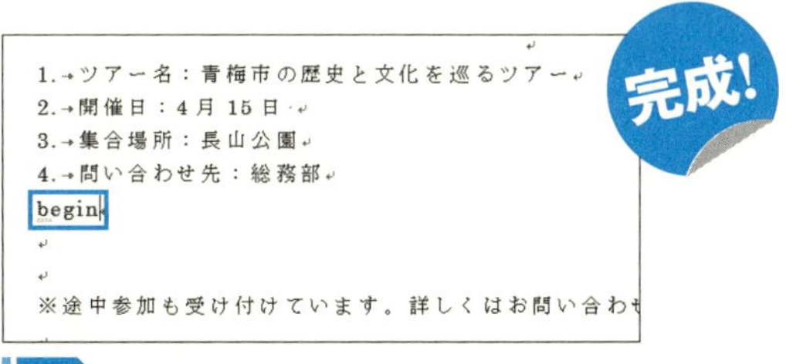

3 補助機能が解除され、文字が元に戻った。

基本
083

挨拶文をすばやく入力する

［初級］

ここがポイント！「あいさつ文」をクリックする

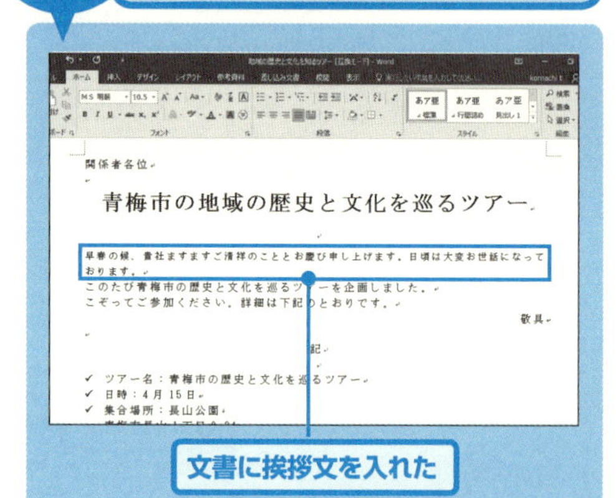

文書の冒頭に、時候の挨拶を入れる場合がある。例えば「初春の候、時下ますますご清祥の段、お慶び申し上げます。平素は格別のお引き立てをいただき、厚く御礼申し上げます。」のような文章だ。こうした文章をワードでは挨拶文と呼び、かんたんに入力できる。「挿入」タブから「**あいさつ文**」をクリックし、季節の挨拶、安否の確認、感謝の挨拶などいくつかのパターンの中から選択するだけだ。手紙の書き出しのヒントにもなる。

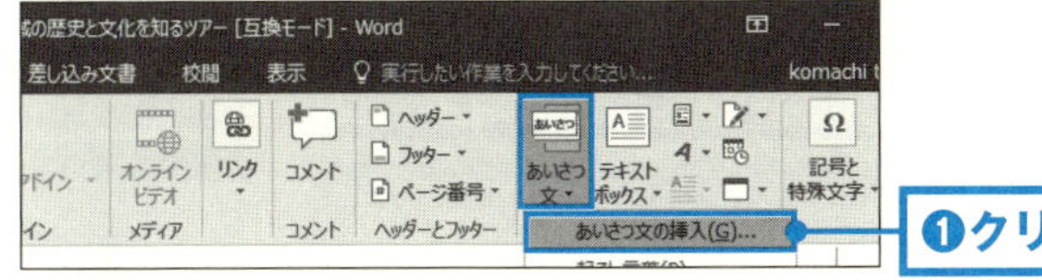

1

文書の中で、挨拶文を挿入したい位置をクリックする。「挿入」タブの「あいさつ文」→「あいさつ文の挿入(G)」をクリックする❶。

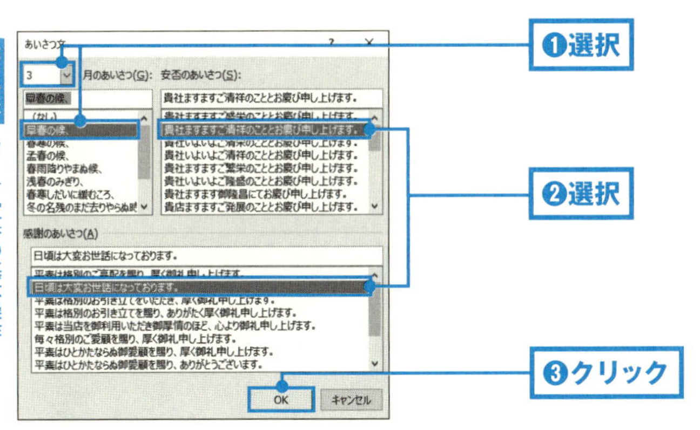

2

文書を渡す月と、それに伴う表現を選択する❶。「安否のあいさつ(S)」と「感謝のあいさつ(A)」を選択し❷、「OK」をクリックする❸。

関係者各位

青梅市の地域の歴史と文化を巡るツア

完成!

早春の候、貴社ますますご清祥のこととお慶び申し上げます。日頃は大変お世話になっております。

このたび青梅市の歴史と文化を巡るツアーを企画しました。

こぞってご参加ください。詳細は下記のとおりです。

3

挨拶文が挿入された。

基本

084

自動更新される日付を入れる

［中級］

ここがポイント！

「日付と時刻」をクリックする

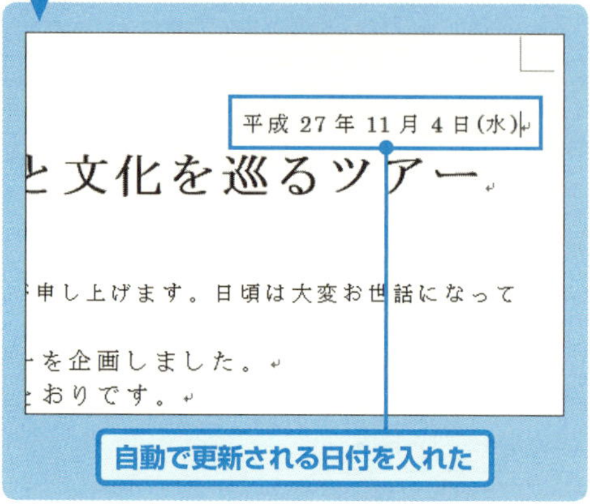

平成 27 年 11 月 4 日(水)

と文化を巡るツアー

申し上げます。日頃は大変お世話になって

を企画しました。

とおりです。

自動で更新される日付を入れた

挨拶状や案内状を送る場合に、日付を入れることがある。この時、前回文書を作成した時の古い日付のまま提出してしまうのは、よくあるミスだろう。そこで利用したいのが「**日付と時刻**」の挿入だ。これなら、文書を開くたびに日付が更新されるので、古い日付で提出してしまうミスを未然に防ぐことができる。ただし、見積書や請求書など、日付が変更されて提出日が不明になっては困る文書では使わないよう、注意が必要だ。

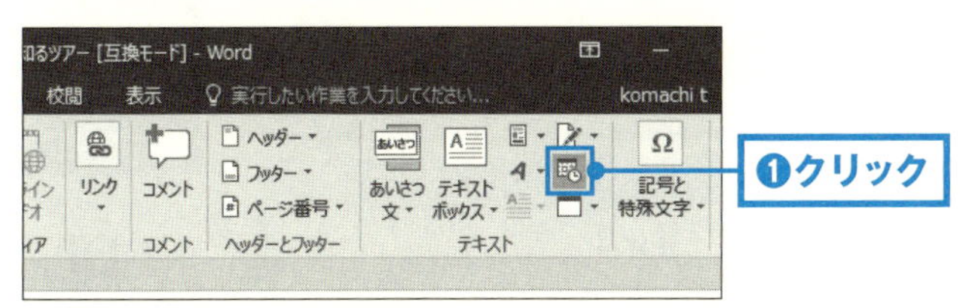

1 文書の中で、日付を挿入したい位置をクリックする。「挿入」タブの「日付と時刻」をクリックする❶。

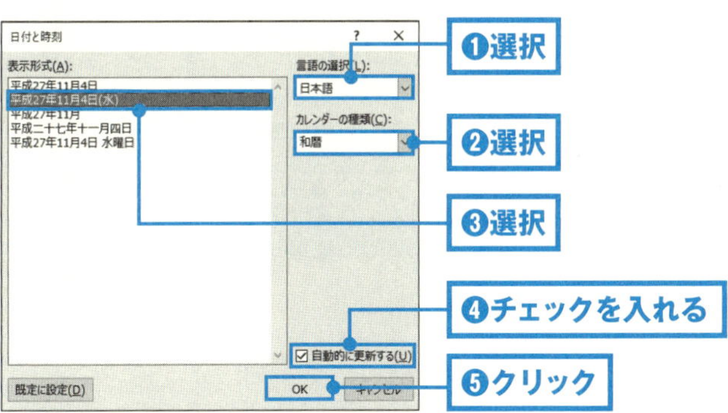

2 「言語の選択(L)」で「日本語」を選択し❶、「カレンダーの種類(C)」でグレゴリオ暦(西暦)または和暦を選択する❷。挿入したい「表示形式(A)」を選択し❸、「自動的に更新する(U)」にチェックを入れる❹。「OK」をクリックする❺。

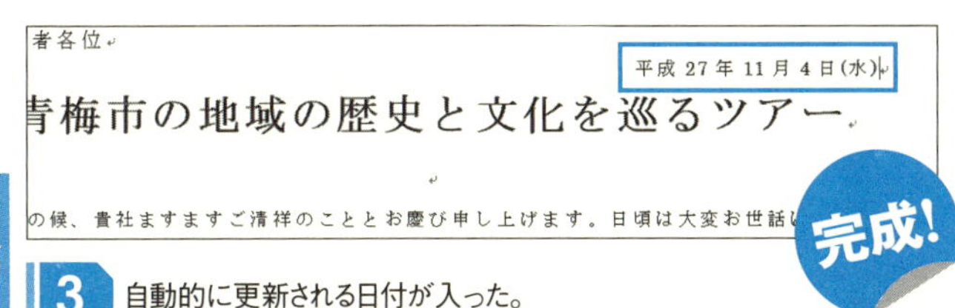

3 自動的に更新される日付が入った。

第4章 ワード定番の基本操作

入力

㊞マークを入れる

[初級]

ここがポイント！ 「囲い文字」を利用する

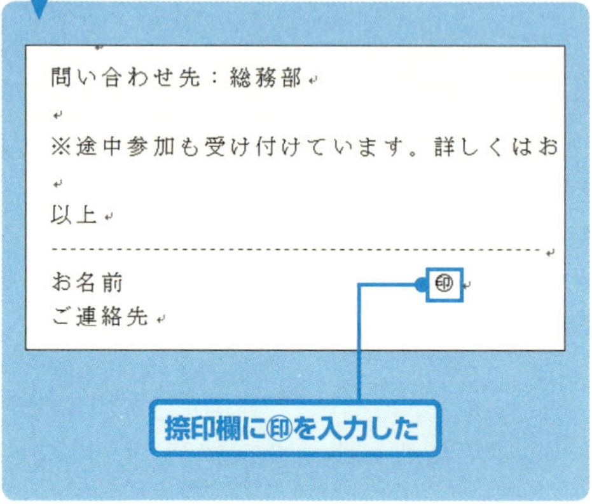

ワードでは㊞や㊙といった丸で囲まれた文字を、かんたんに入力することができる。この時に利用するのが、「囲い文字」だ。丸で囲みたい文字をあらかじめ入力し、選択しておく。「ホーム」タブの「**囲い文字**」をクリックして表示される画面で、囲い文字の設定を行えばよい。また、「51」以上の数字は囲い文字に変換できないので、この方法で㉛のように作成する。ちなみに、○以外に□や△に文字を入れることもできる。

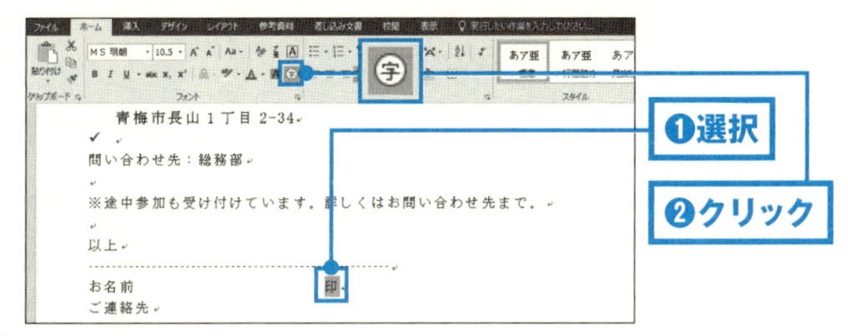

1 囲い文字にしたい文字(ここでは「印」)を入力し、選択する❶。「ホーム」タブの「囲い文字」をクリックする❷。

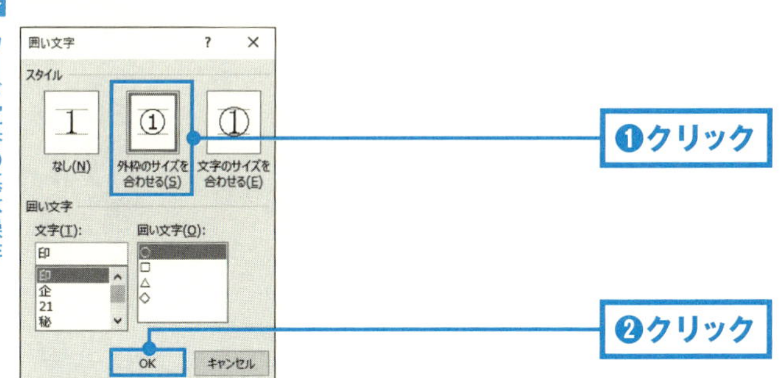

2 「外枠のサイズを合わせる(S)」をクリックする❶。これで、行間を変えることなく囲い文字を入力できる。「文字のサイズを合わせる(E)」を選択すると、行間が広がる。「OK」をクリックする❷。

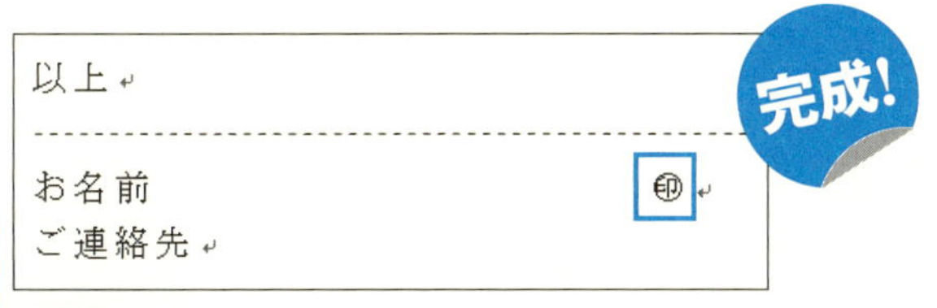

3 囲い文字が作成できた。

基本

086

書式をコピーして他の文字に適用する

[初級]

ここがポイント！ 「書式のコピー／貼り付け」を利用する

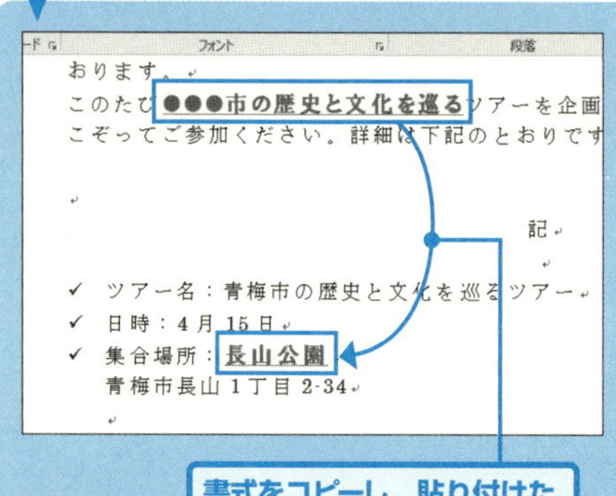

太字や文字サイズなど、ワードで一度設定した書式を、他の文字にも適用したいことがある。その場合に便利なのが、「**書式のコピー／貼り付け**」だ。コピーしたい書式が設定された文字を選択し、「書式のコピー／貼り付け」をクリックする。すると、マウスポインターの形がハケに変わるので、同じ書式に設定したい文字をドラッグする。これで、文字内容は変わることなく、書式の設定だけが貼り付けられる。

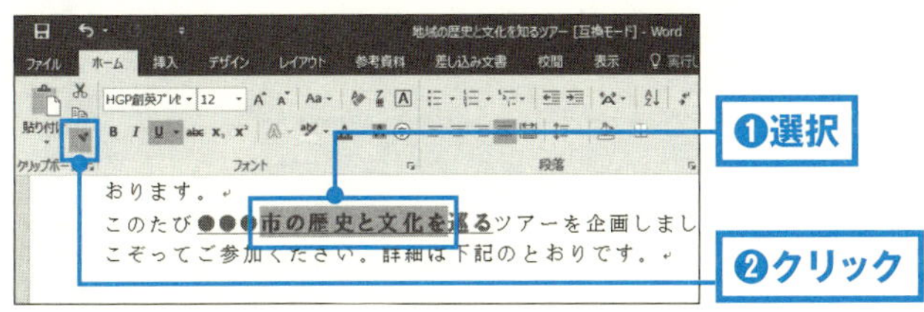

1 書式をコピーしたい文字を選択する❶。「ホーム」タブの「書式のコピー／貼り付け」をクリックする❷。

このたび●●●市の歴史と文化を巡るツアーを企画しました。
こぞってご参加ください。詳細は下記のとおりです。

記

✓ ツアー名：青梅市の歴史と文化を巡るツアー
✓ 日時：4月15日
✓ 集合場所：長山公園
青梅市長山1丁目2-34

❶ドラッグ

2 マウスポインターの形がハケに変わるので、書式を貼り付けたい文字をドラッグする❶。

このたび●●●市の歴史と文化を巡るツアーを企画しました
こぞってご参加ください。詳細は下記のとおりです。

記

✓ ツアー名：青梅市の歴史と文化を巡るツアー
✓ 日時：4月15日
✓ 集合場所：長山公園
青梅市長山1丁目2-34

完成!

3 書式だけが貼り付けられた。手順**1**で「書式のコピー／貼り付け」をダブルクリックすると、書式を連続して貼り付けることができる。Escキーを押すと、連続コピーをやめることができる。

基本

087

よく使う書式を登録して使う

[中級]

ここがポイント!

「スタイル」として登録する

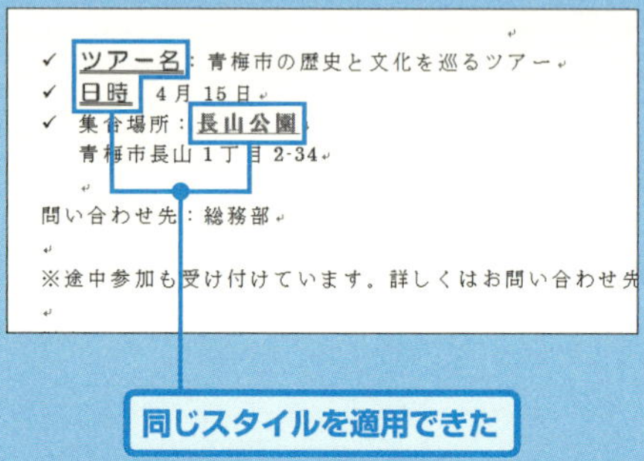

✓ ツアー名：青梅市の歴史と文化を巡るツアー
✓ 日時：4月15日
✓ 集合場所：長山公園
青梅市長山1丁目2-34

問い合わせ先：総務部

※途中参加も受け付けています。詳しくはお問い合わせ先

同じスタイルを適用できた

よく使う書式設定は、「**スタイル**」として登録しておくと、かんたんに再利用することができる。P.192で紹介した「書式のコピー／貼り付け」も便利だが、繰り返し利用するには手順が多く、面倒だ。そこでスタイルとして登録しておけば、「見出し」や「本文」など、登録した書式をいつでも繰り返し適用できる。登録が面倒なら、ワードにあらかじめ用意されたスタイルを利用するのもよいだろう。

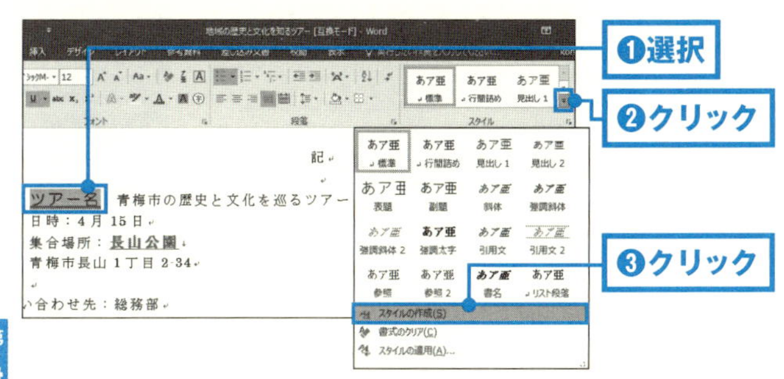

1 登録したい書式が設定された文字を選択する❶。「ホーム」タブで、スタイルグループの「その他」をクリックする❷。「スタイルの作成(S)」または「選択範囲を新しいクイックスタイルとして保存(Q)」をクリックする❸。

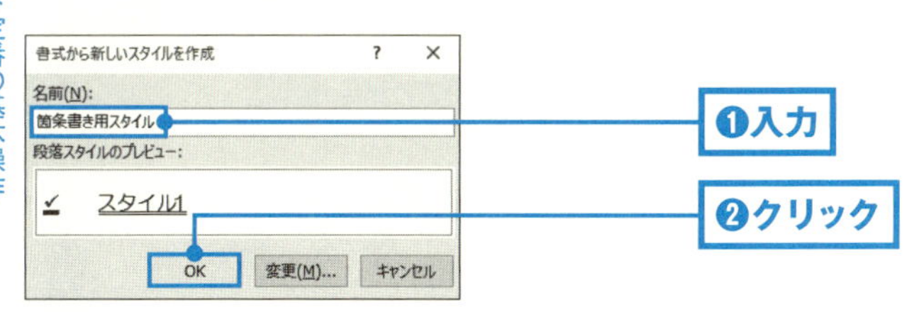

2 わかりやすい名前を入力し❶、「OK」をクリックする❷。

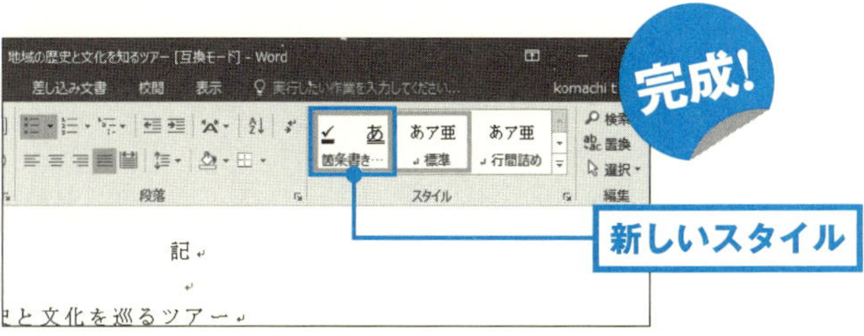

3 これで、スタイルとして登録できた。あとは文字を選択し、「ホーム」タブの「スタイル」グループで、登録したスタイルをクリックすればよい。

基本

088

内容が切り替わる位置で改ページする

［初級］

ここがポイント！ 「改ページ」をクリックする

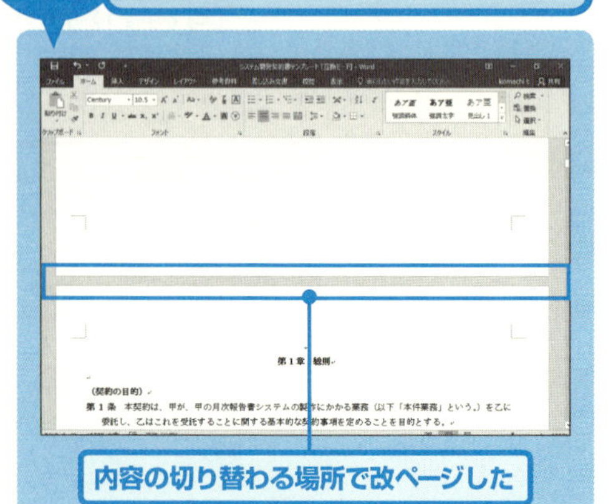

文字の入力中、ページから文字があふれると、自動的に新しいページが作られる。これを、文章の内容が切り替わる位置で意図的に行うのが、「**改ページ**」だ。「Ｅｎｔｅｒ」キーを何度も押して次ページを作成することもできるが、この方法では前のページの行数が変更されると、以降のページの行もすべてずれてしまう。「改ページ」なら、前のページの変更に影響されることなく、レイアウトを維持することができる。

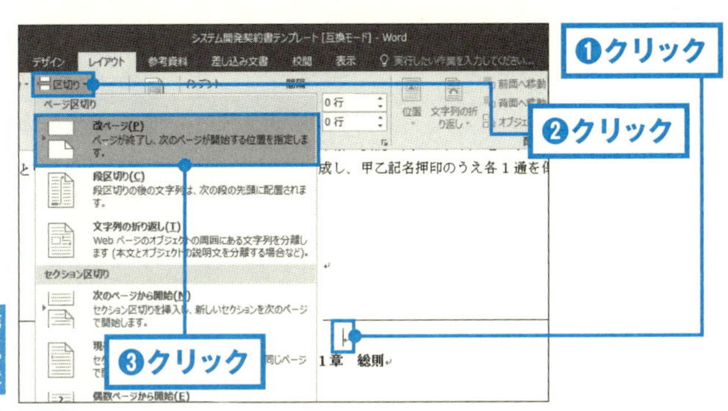

1

改ページしたい場所をクリックする❶。「レイアウト」タブの「区切り」をクリックする❷。「改ページ(P)」をクリックする❸。

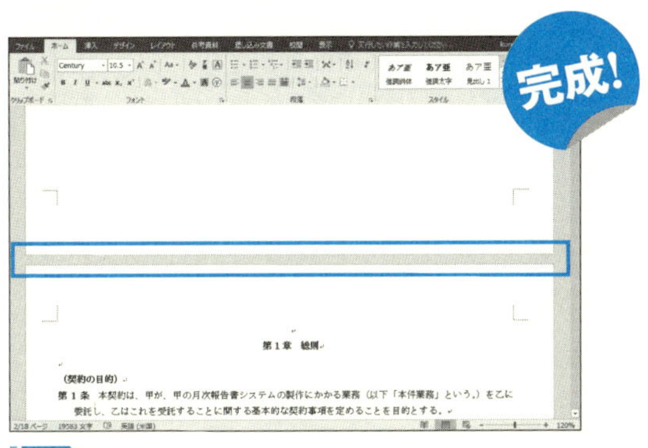

2

文字カーソルの場所からうしろが改ページされた。

★One Point !★

「改ページ(P)」をクリックする代わりに、Ctrl+Enterキーを押してもよい。入力途中の場合などに、キーボードから手を離す必要がなく、便利なショートカットキーだ。

基本

089

自由な位置で文字を入力する

［中級］

ワードでは、文書の先頭位置から文字の入力を始めるのが一般的だ。もし先頭位置よりも下の位置から文字入力を始めたい場合は、改行を繰り返し、目的の位置まで文字カーソルを移動しなければならない。このような場合は、入力を開始したい位置でダブルクリックしよう。ダブルクリックした場所に文字カーソルが入り、そこから文字を入力することができる。何度も「Enter」キーを押す必要のない、スマートなワザだ。

ここがポイント！ 開始したい位置でダブルクリックする

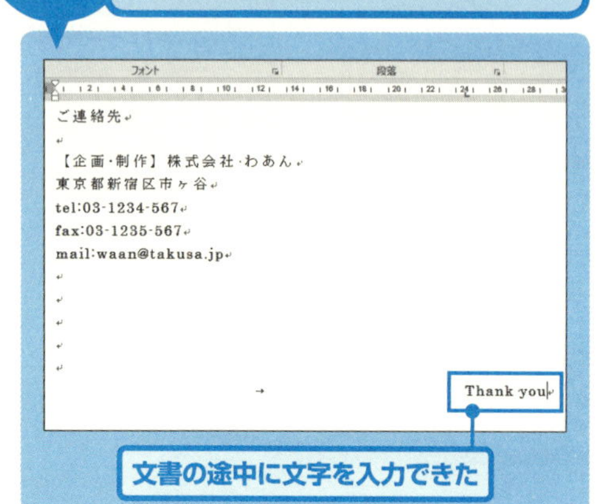

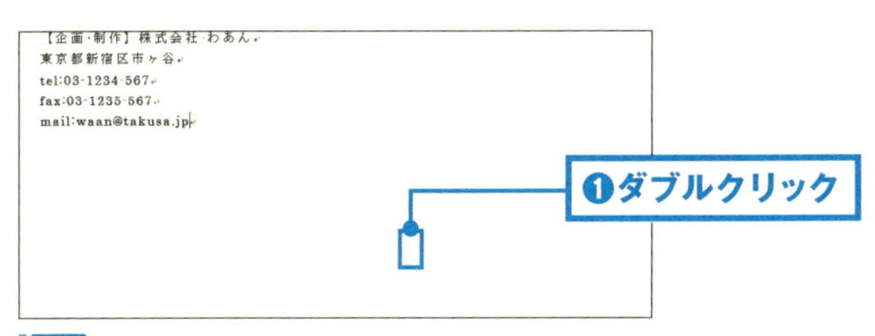

1 文字を挿入したい場所でダブルクリックする❶。

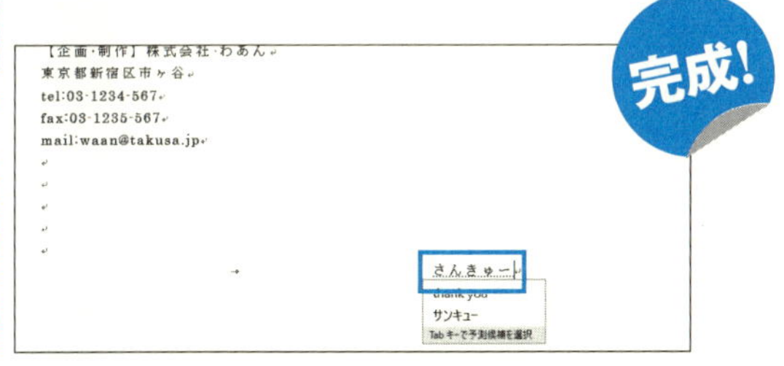

2 ダブルクリックした場所に文字カーソルが入り、文字の入力ができる。

★One Point!★

文字を自由に移動したい場合は、テキストボックスを作成する。「挿入」タブの「図形」をクリックし❶、「テキストボックス」をクリックする❷。文書の上でドラッグするとテキストボックスが作成され、文字を入力できる。テキストボックスは、自由に移動できるので、思い通りにレイアウトするのに便利な機能だ。

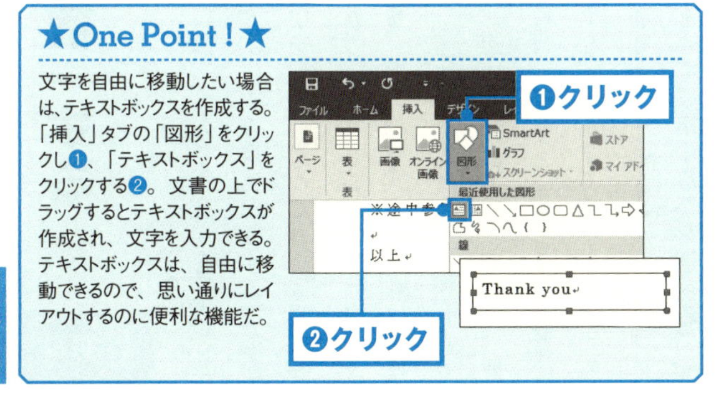

基本

090

単語を置換して表記を統一する

［初級］

ここがポイント！ 「置換」をクリックする

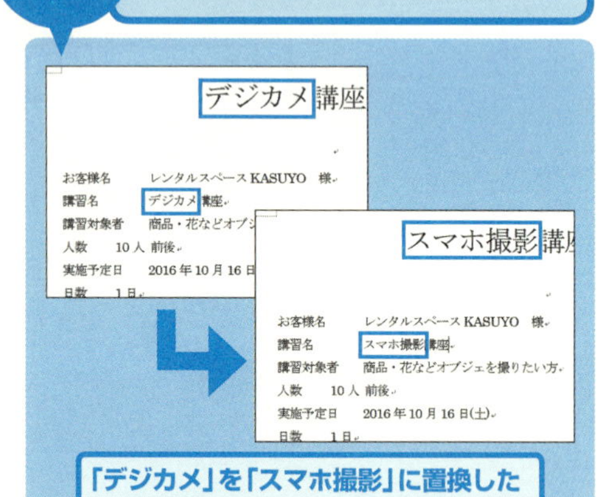

「デジカメ」を「スマホ撮影」に置換した

ワードには、入力した文字を検索したり、別の文字に置き換えたりする機能がある。文字を置き換えることを置換と呼び、1つの文書内で表記を統一するために利用する。例えば株式会社を㈱に置換したり、「さま」を「様」に置換したりするなど、適切な表記に統一できる。置換を行うには、「ホーム」タブの「**置換**」をクリックし、検索する文字と置換する文字を指定する。1つ1つ置換するか、すべてまとめて置換するかを選べる。

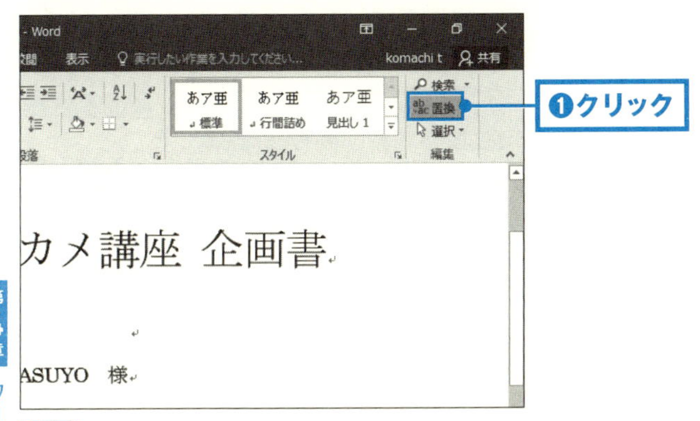

1 「ホーム」タブの「置換」をクリックする❶。

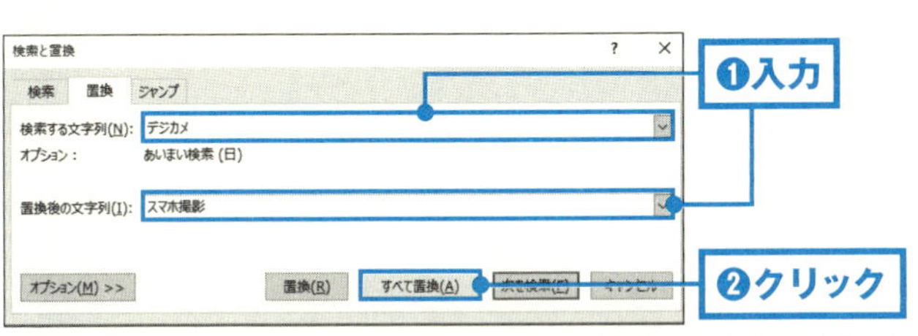

2 「検索する文字列(N)」に変更前の文字、「置換後の文字列(I)」に変更後の文字を入力する❶。「すべて置換(A)」をクリックする❷。

3 すべての文字がまとめて置換された。「OK」をクリックする❶。

基本

091

文法まちがいや表記ゆれを修正する

ここがポイント！

「スペルチェックと文章校正」を使う

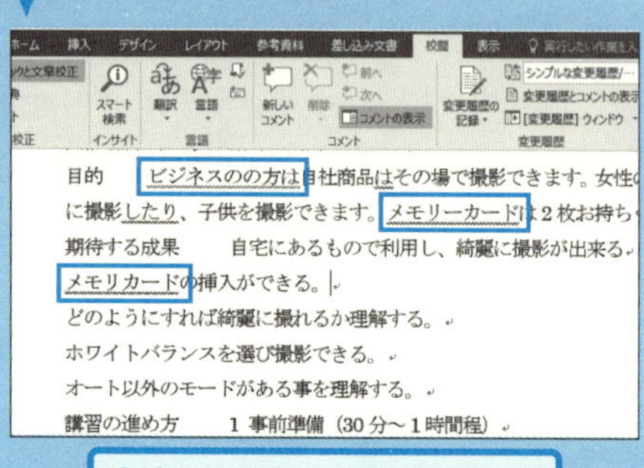

文法のまちがいや表記のゆれが指摘されている

文字の下にある**赤や緑の波線**は、**文法まちがい**や**表記ゆれ**を教えてくれる、ワードの校正機能によるものだ。赤の波線は誤字や文法のまちがい、青や緑の波線は同じ語彙なのに表記が統一されていない「表記ゆれ」と呼ばれるまちがいだ。波線の上で右クリックすると、「無視」や「辞書に追加」を選ぶことができる。一度に修正したい場合は、「**スペルチェックと文章校正**」を利用しよう。文書が完成したあとは必ず実行したい操作だ。

［中級］

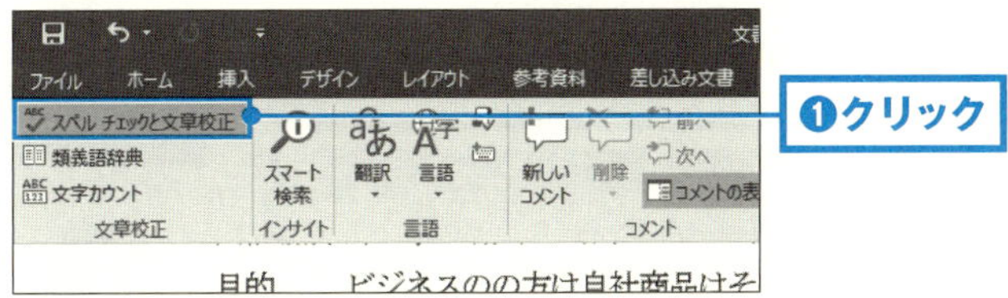

1 「校閲」タブの「スペルチェックと文章校正」をクリックする❶。または F7 キーを押してもよい。

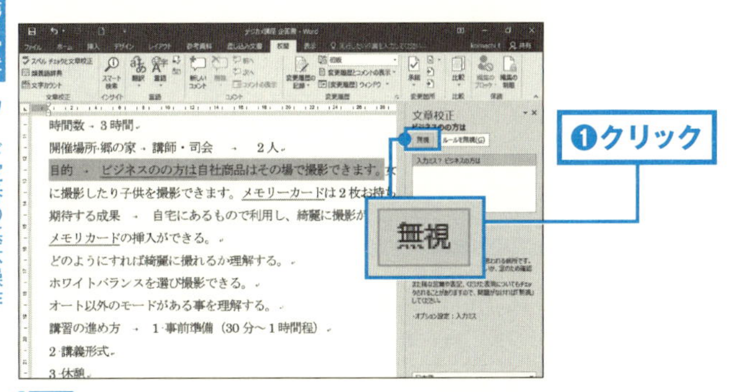

2 「無視」「辞書(T)」「単語登録(T)」などをクリックして、処理していく❶。

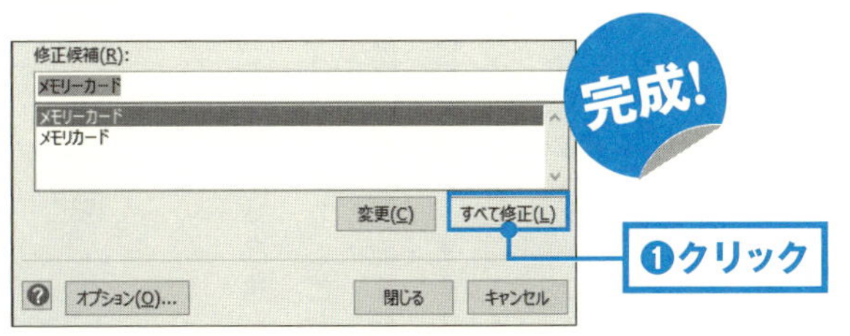

3 スペルチェックが終わると、表記ゆれのチェックが表示されるので、修正候補を選択し、「すべて修正(L)」をクリックする❶。校正が完了するので、「OK」をクリックする。

基本

092

半角・全角をすばやく統一する

[初級]

文書内の数字や記号に、半角と全角が混じっているのはよくあることだ。電話番号や会社の数字などの表記に統一感がないのは非常に格好悪い。また、全角の英数字を好まない人もいる。とはいえ、これらを1つ1つ入力し直すのは面倒な作業になる。そんな時に利用するのが「**文字種の変換**」だ。全角・半角に加え、大文字・小文字の切り替えもできる。文書の完成後に、まとめて統一感を持たせることができる便利な機能だ。

ここがポイント! 「文字種の変換」をクリックする

【企画・制作】株式会社 わあん
東京都新宿区市ヶ谷
ｔｅｌ：０３－１２３４－５６７
ｆａｘ：０３－１２３５－５６７
ｍａｉｌ：ｗａａｎ＠ｔａｋｕｓａ．ｊｐ

【企画･制作】株式会社 わあん
東京都新宿区市ヶ谷
tel:03-1234-567
fax:03-1235-567
mail:waan@takusa.jp

英数字を半角で統一した

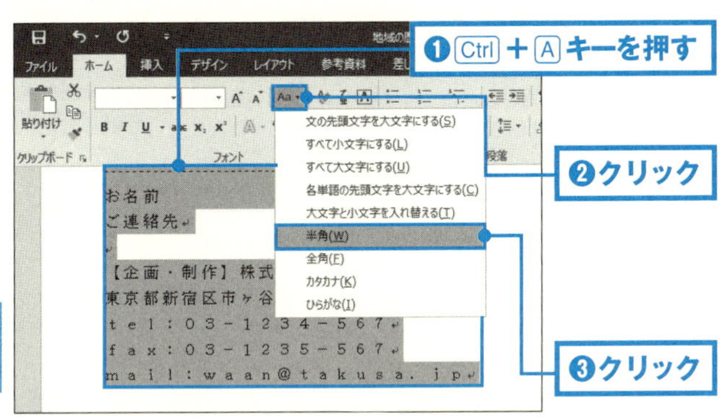

1 Ctrl＋Aキーを押して、すべての文字を選択する❶。「ホーム」タブの「文字種の変換」をクリックする❷。統一したい「文字種」(例は「半角(W)」)をクリックする❸。

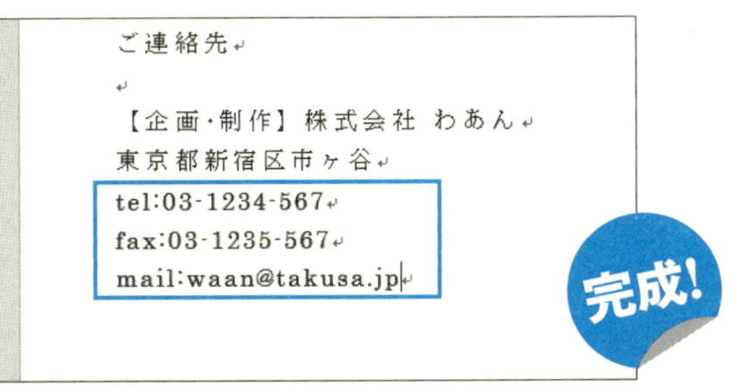

2 英数字を半角に変更できた。カタカナがあると、カタカナも半角に変換されるので注意が必要だ。

★One Point !★

本文では文書すべてを選択したが、一部の文字のみを選択して変換することもできる。例えばカタカナは全角、数字は半角にしたい場合など、数字のみを選択して「半角」をクリックすればよい。

基本

093

文書の変更履歴を記録する

［上級］

ここがポイント！

「変更履歴の記録」をクリックする

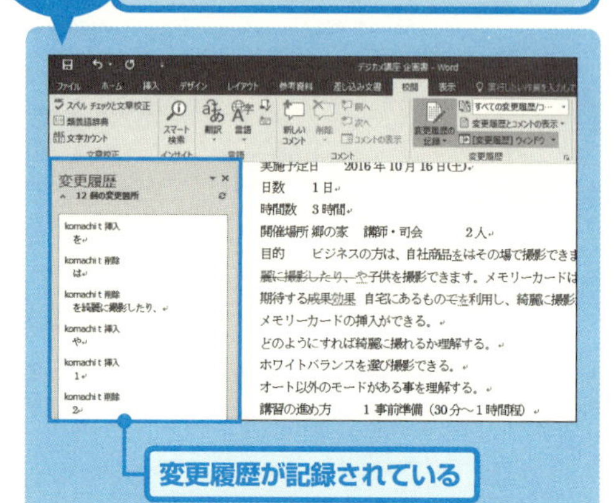

あまり知られていない便利な機能に、**変更履歴の記録**がある。複数の人の間で文書を共有し、修正や校正を行う場合に、どこをどのように変更したかを記録し、相手に伝えるのは至難の技だ。直した場所をわざわざ別の文書に残すというのも面倒だ。この「変更履歴の記録」を使うと、変更した内容を文書自体に記録することができる。変更履歴ウィンドウを開けば、変更箇所と回数、どのように変更したかをひとめで確認できる。

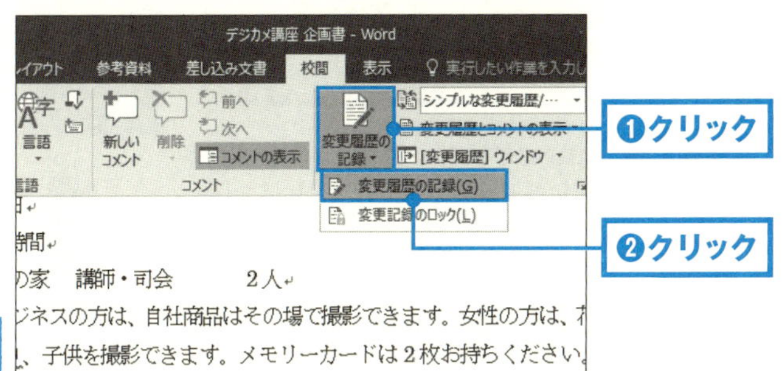

1 「校閲」タブの「変更履歴の記録」❶→「変更履歴の記録（G）」❷をクリックする。

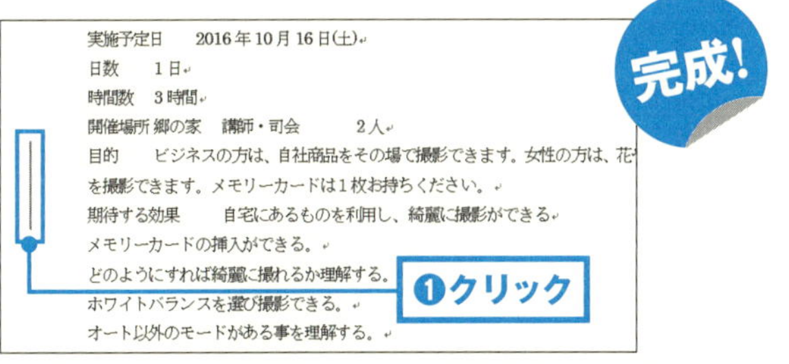

2 文字の変更などを行うと、左側に縦線が引かれ、記録されたことがわかる。この縦線をクリックすると❶、追加や削除の内容を確認できる。

★One Point !★

「変更履歴ウィンドウ」をクリックすると、左側に変更履歴ウィンドウが表示され、変更履歴の内容を一覧できる。

基本

094

用紙や余白の大きさを変更する

［初級］

ここがポイント！

「（ページ）レイアウト」タブを利用する

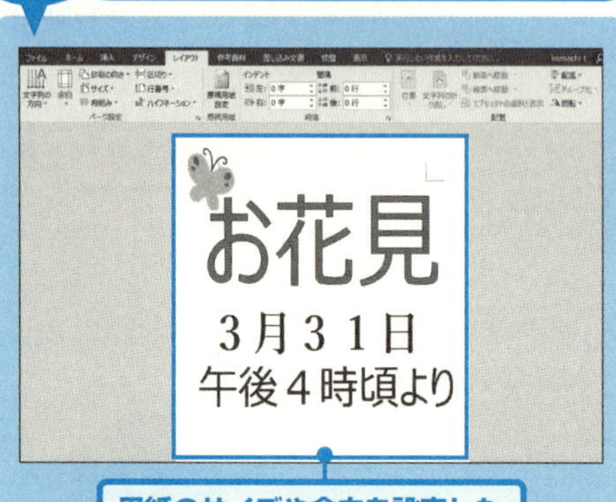

ワードの初期設定では、用紙はA4サイズ、余白は標準（上下左右15㎜）になっている。これをA5やハガキサイズに変更したり、余白の大きさを変更したりするには、「（ページ）レイアウト」タブの「サイズ」「余白」を利用する。表示されるメニューから大きさを選べばよい。このメニューで「その他の用紙サイズ」「ユーザー設定の余白」を選択すると、「ページ設定」を利用して用紙や余白の大きさを細かく調整することができる。

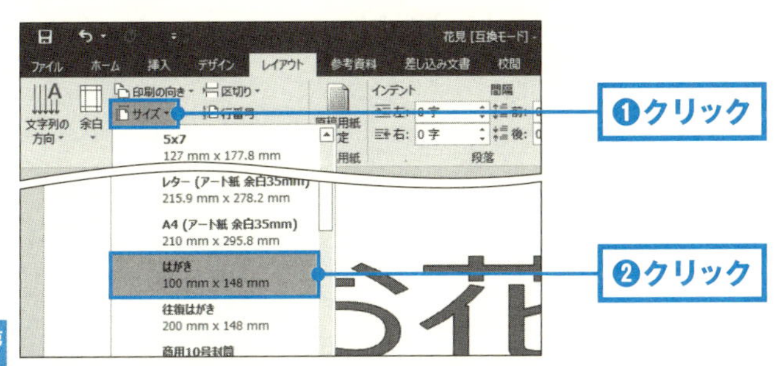

1 「(ページ)レイアウト」タブの「サイズ」をクリックする❶。設定したい用紙サイズをクリックする❷。

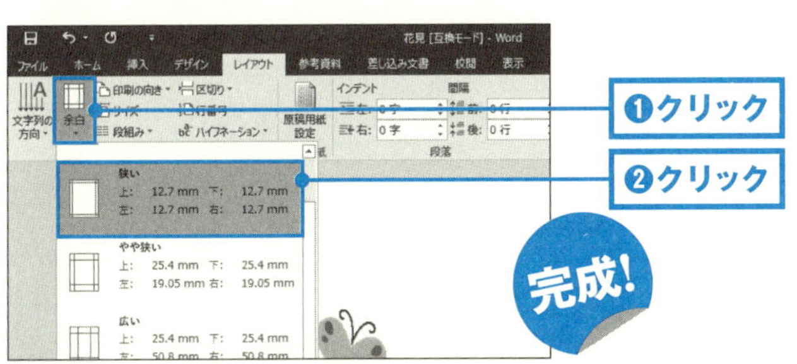

2 「(ページ)レイアウト」タブの「余白」をクリックし❶、余白の大きさをクリックする❷。これで、用紙サイズと余白の大きさを変更できた。

★One Point !★

はがきサイズに対応したプリンターが設定されていないと、「サイズ」に「はがき」がないこともある。その場合は、「サイズ」で「その他の用紙サイズ(A)」を選択し、手動で「幅(W)」を「100」、「高さ(E)」を「148」に設定する。

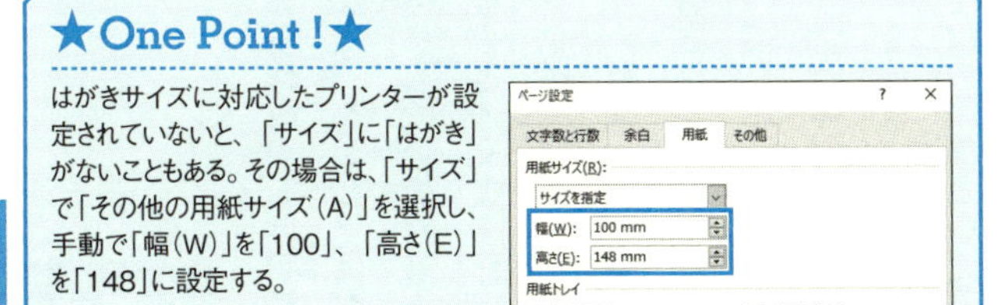

縦書き文書を作る

ここがポイント！
「文字列の方向」を「縦書き」にする

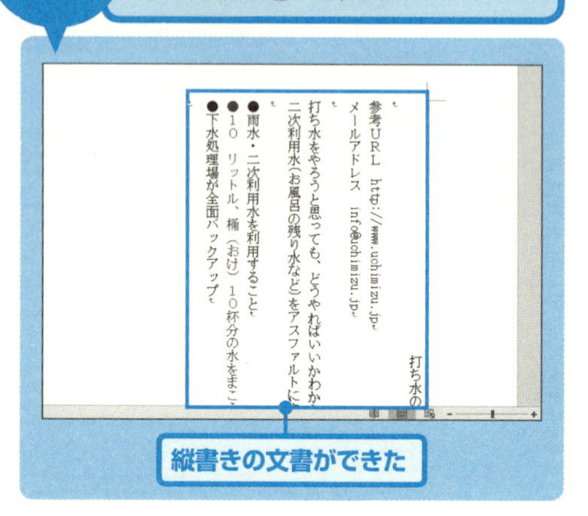

［初級］

ワードで文書を新規作成すると、標準で横書きの文書となる。しかし、はがきや原稿など、縦書きにしたい場合もあるだろう。ワードで縦書きの文書を作成するには、「(ページ) レイアウト」タブの「文字列の方向」で「縦書き」を選ぶ。ただし、文章を縦書きにすると用紙の向きが自動で横になってしまう。これを縦に戻したい場合は、「印刷の向き」を変更する。多様な文書を作成することに長けた、ワードならではの機能といえる。

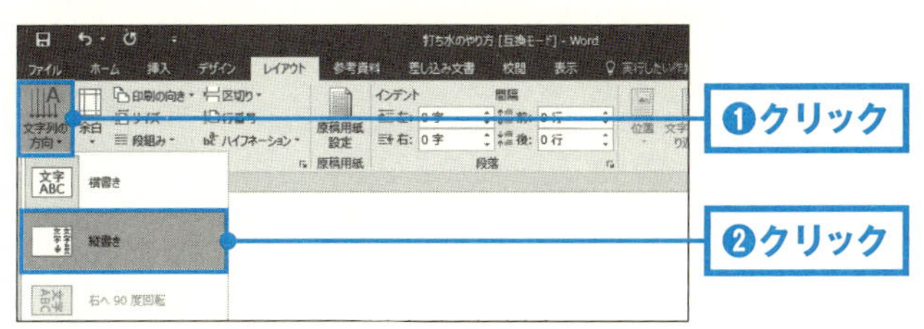

1 「(ページ)レイアウト」タブの「文字列の方向」をクリックし❶、「縦書き」をクリックする❷。

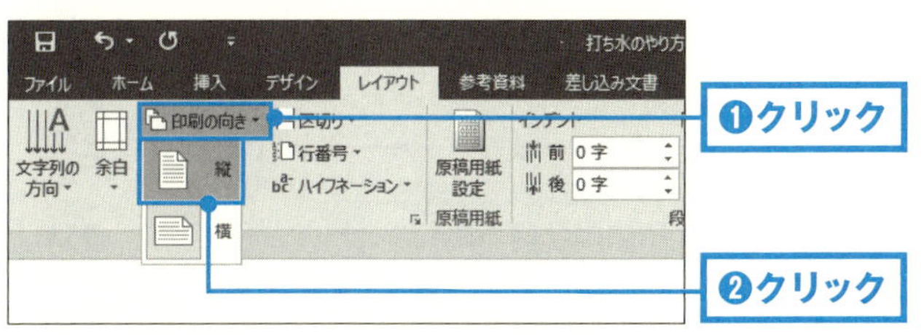

2 文章が縦書きになった。しかし用紙の向きが横になるので、「印刷の向き」をクリックし❶、「縦」をクリックする❷。

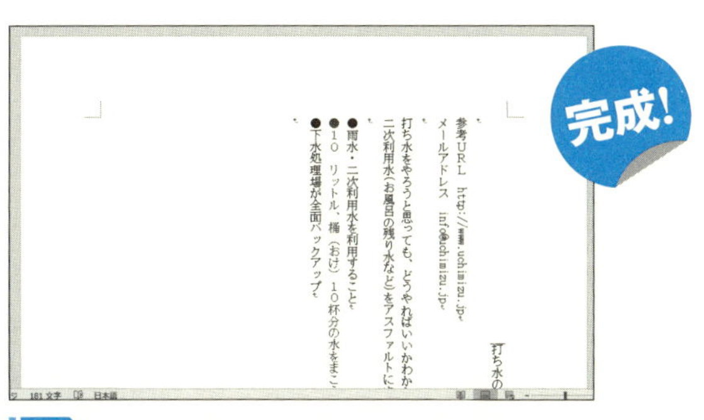

3 縦向きの用紙で、縦書きの文書が作成できた。

文章を2段組みにする

［初級］

ここがポイント！

「段組み」で「2段」に設定する

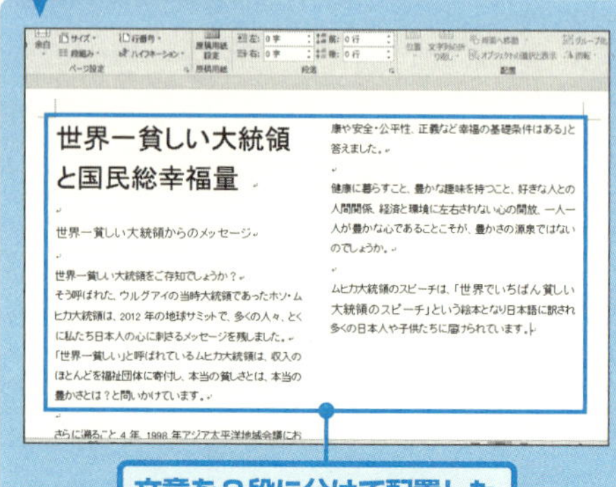

1つの文章を左右の2段に分けると、1ページにより多くの文字を入れることができる。このように2段、3段に文章を分けて配置することを「**段組み**」と呼ぶ。企画書をA4用紙1枚にまとめなければならない場合などに利用したい機能だ。文書は通常1段組みなので、「(ページ) レイアウト」タブの「段組み」でこれを変更する。「段組みの詳細設定」を利用すれば、境界線の設定や、間隔の指定もできる。

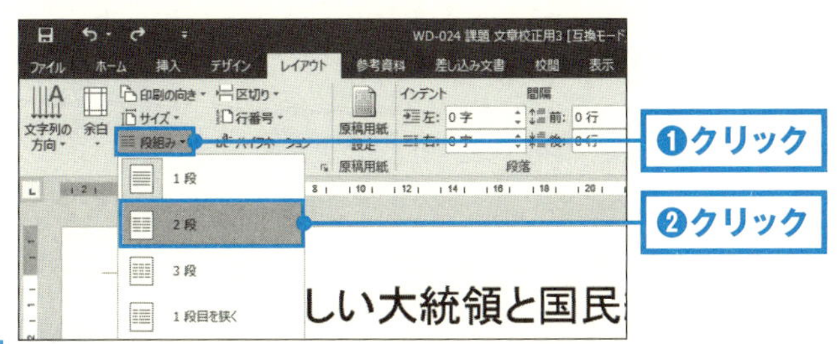

1 「(ページ)レイアウト」タブの「段組み」をクリックする❶。「2段」をクリックする❷。文章の一部を2段組みにする場合は、あらかじめ文章を選択しておく。

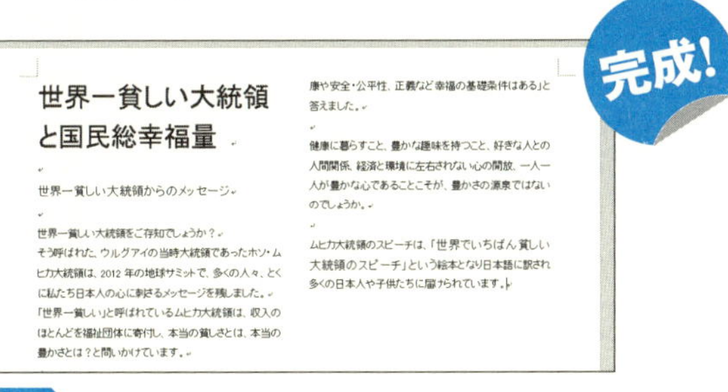

2 2段組みの文書ができあがる。

★One Point !★

「(ページ)レイアウト」タブの「段組み」をクリックし、「段組みの詳細設定(C)」を選択すると、段の中央に線を引いたり、段と段の幅を自由に調整したりできる。

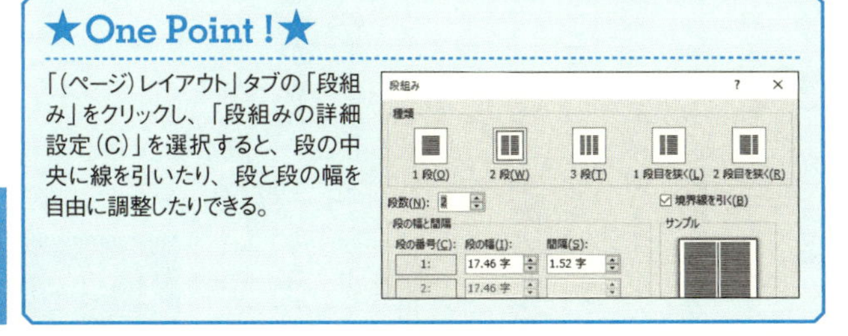

基本

097

文章の行頭の位置を揃える

[初級]

ここがポイント！

「インデントを増やす」をクリックする

記

✓ ツアー名：青梅市の歴史と文化を巡るツアー
✓ 日時：4月15日
✓ 集合場所：長山公園
青梅市長山 1丁目 2-34

問い合わせ先：総務部

※途中参加も受け付けています。詳しくはお問い合わせ先まで。

以上

文章の左にインデントを設定した

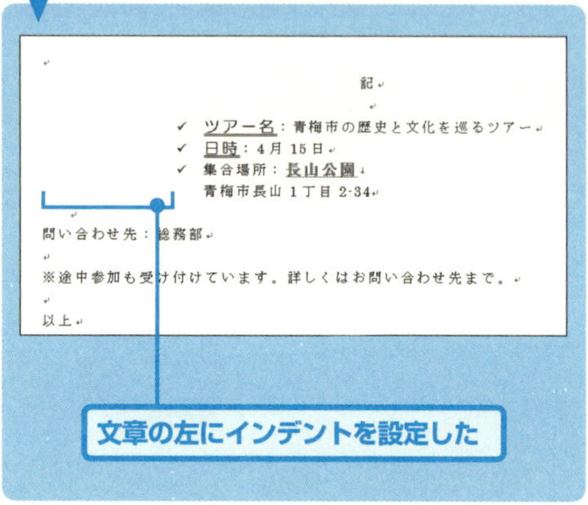

ワードが苦手という人の意見に、行の先頭位置を揃えるのが難しいというものがある。その理由の1つとして、行頭を揃えるのに［スペース］キーを使って空白を入れているため、フォントや全角・半角のちがいが原因で、うまく揃わないということがある。そこで使ってほしいのが、「インデント」機能だ。先頭位置を下げたい行を選択し、「インデントを増やす」をクリックする。これで、行頭がずれることなく、きれいに揃えることができる。

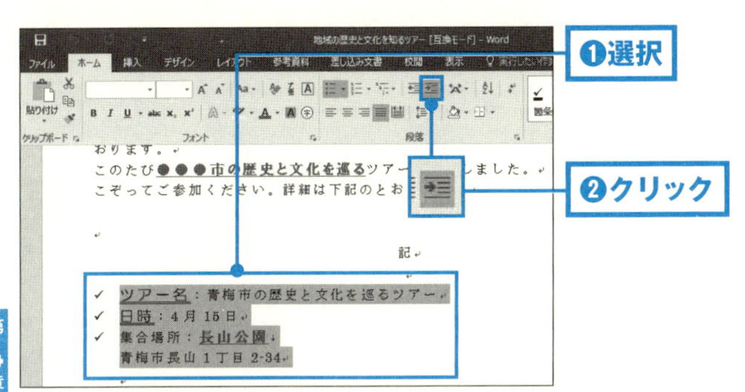

1 行頭を揃えたい行を選択する❶。「インデントを増やす」をクリックする❷。

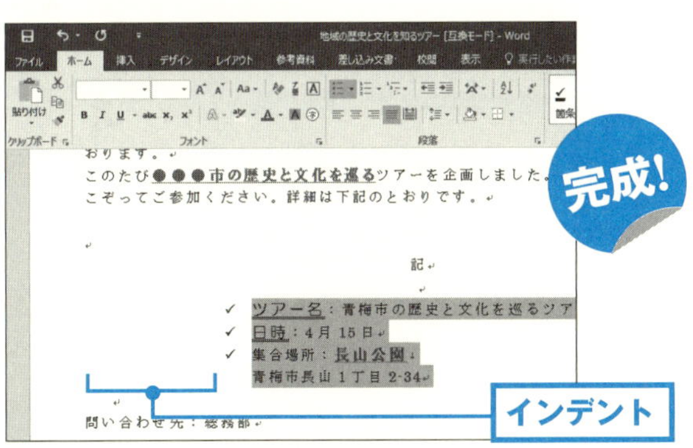

2 選択した行の先頭が揃えられた。クリックした分だけ、行頭が右にずれる。

基本

098

見出しや日付を中央揃え・右揃えにする

［初級］

ここがポイント！

「中央揃え」をクリックする

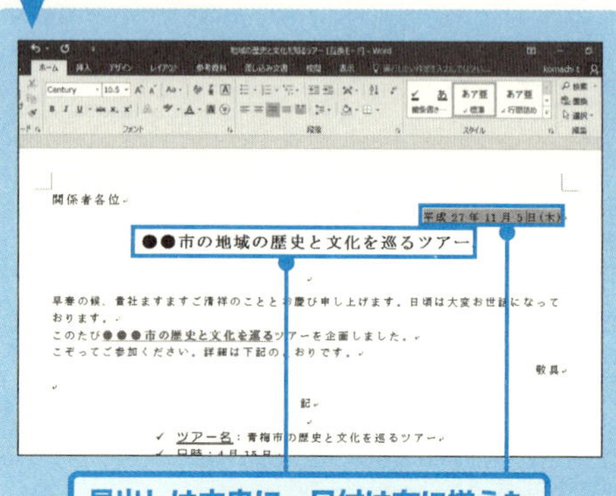

ワードで文字に適用する書式には、文字書式と段落書式がある。文字の色や大きさ、フォントは1つ1つの文字に適用するので**文字書式**と呼び、中央揃えや行間などは段落ごとに設定するため、**段落書式**と呼ぶ。特に、中央揃え、右揃えはよく使うので覚えておきたい。ビジネス文書では、見出しを中央に、日付を右に揃えることがルールになっている。「スペース」キーで中央に揃えるのはトラブルになりやすいので避けたい。

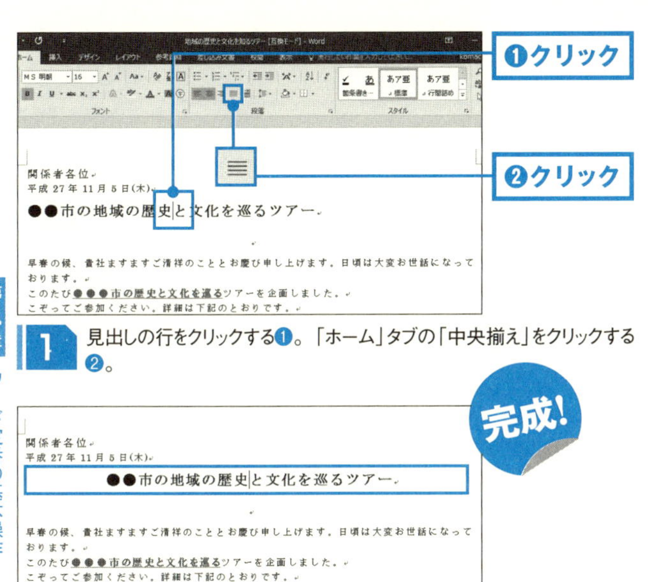

1 見出しの行をクリックする❶。「ホーム」タブの「中央揃え」をクリックする❷。

完成!

関係者各位
平成 27 年 11 月 5 日(木)
●●市の地域の歴史と文化を巡るツアー

早春の候、貴社ますますご清祥のこととお慶び申し上げます。日頃は大変お世話になっております。
このたび●●●市の歴史と文化を巡るツアーを企画しました。
こぞってご参加ください。詳細は下記のとおりです。
敬具

記

2 見出しが中央に揃った。

★One Point !★

「ホーム」タブの「右揃え」をクリックすると❶、行を右側に揃えることができる。

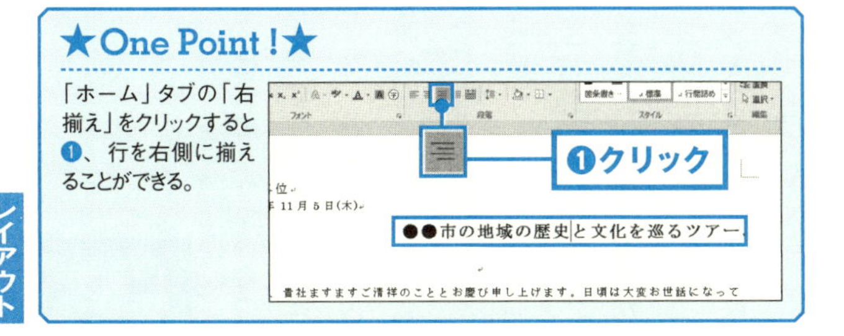

行間を自在に指定する

［初級］

ここがポイント！ 行間を固定値にする

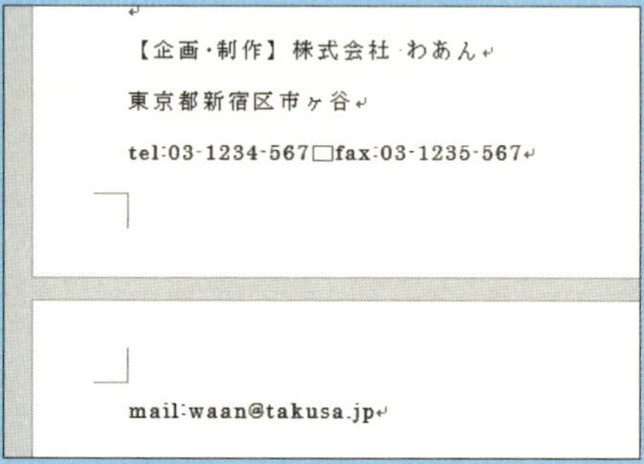

【企画・制作】株式会社 わあん
東京都新宿区市ヶ谷
tel:03-1234-567 fax:03-1235-567
mail:waan@takusa.jp

行間を狭くして１ページに収めたい

適切な行間の文章は、読みやすいものだ。狭すぎても広すぎても、読む側の負担になる。しかし、ワードで文字サイズを変更すると、行間が広がりすぎて、文章が次ページに溢れてしまうことがある。行間を細かく調整するには、「行間のオプション」で「行間」を「固定値」にして、「間隔」を数値で指定するのがおすすめだ。「ホーム」タブの「行間」ではできない、１pt（ポイント）単位の微調整ができる。

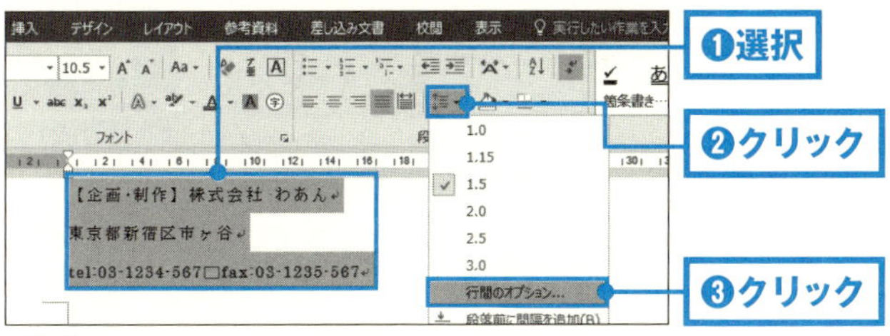

1 行間を設定したい行を選択する❶。「ホーム」タブの「行と段落の間隔」をクリックし❷、「行間のオプション」をクリックする❸。

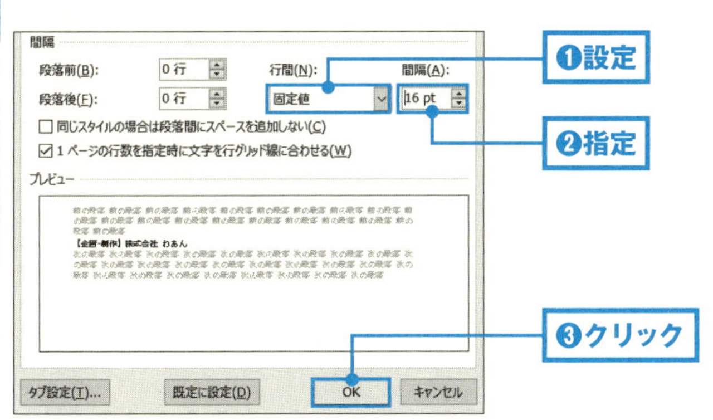

2 「行間(N)」を「固定値」に設定する❶。「間隔(A)」を数値で指定し❷、「OK」をクリックする❸。

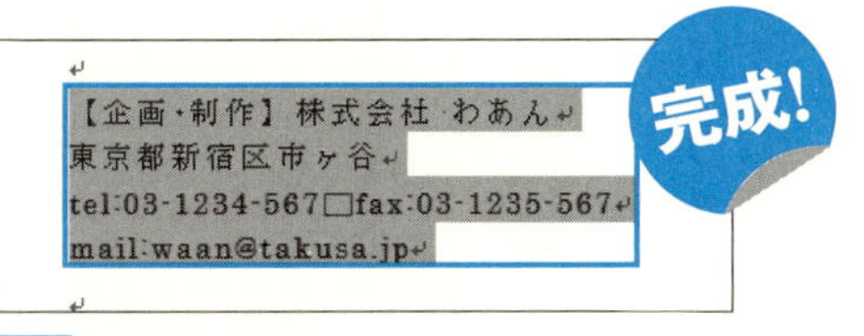

3 指定した数値で、行間が狭くなった。

ルーラー・グリッド線を表示する

［中級］

ワードには、文書作成を補助する機能として、**ルーラー**や**グリッド線**がある。ルーラーは文章の先頭位置や、表の中の文字を揃えるのに役に立つ。思うように文字を揃えられない場合は、ルーラーを表示して確認する。グリッド線は、図形の位置を揃える時に便利な機能だ。図形を描く時は、前もってグリッド線を表示させておくことで、きれいに揃った図形が描ける。グリッド線は印刷されないので、安心してほしい。

ここがポイント! 「ルーラー」「グリッド線」にチェックを入れる

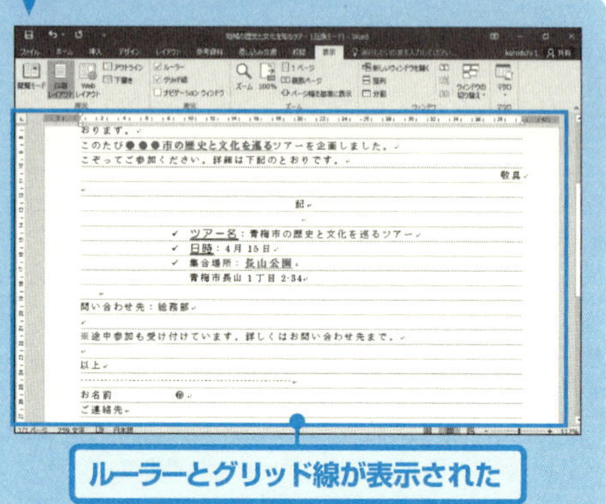

ルーラーとグリッド線が表示された

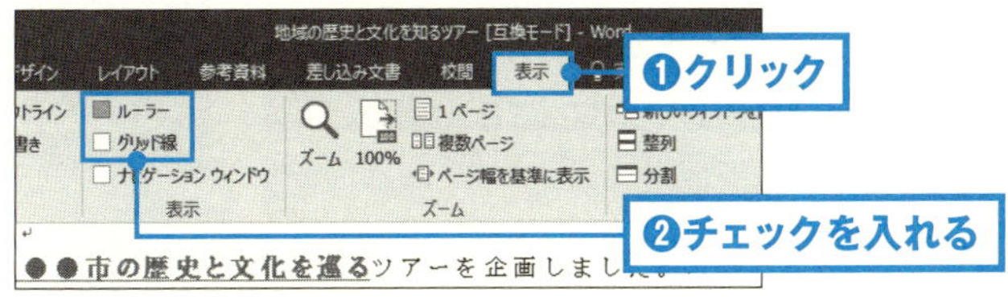

1 「表示」タブをクリックする❶。「ルーラー」と「グリッド線」にチェックを入れる❷。

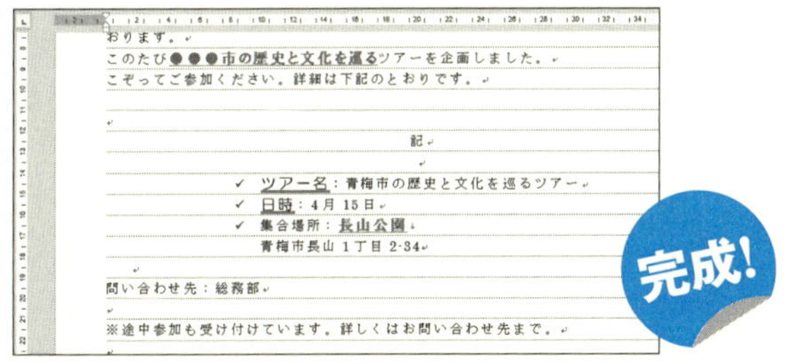

2 ルーラーとグリッド線が表示された。ちなみにルーラーとは「定規」のことだ。

★One Point !★

グリッド線を表示させた場合、図形を挿入すると、グリッド線に沿うように配置することができる。

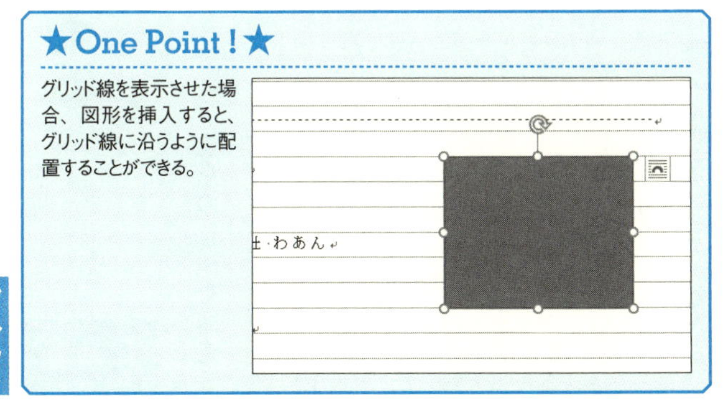

基本

101

表を使わずに文字を揃える

ここがポイント！ Tabキーで揃える

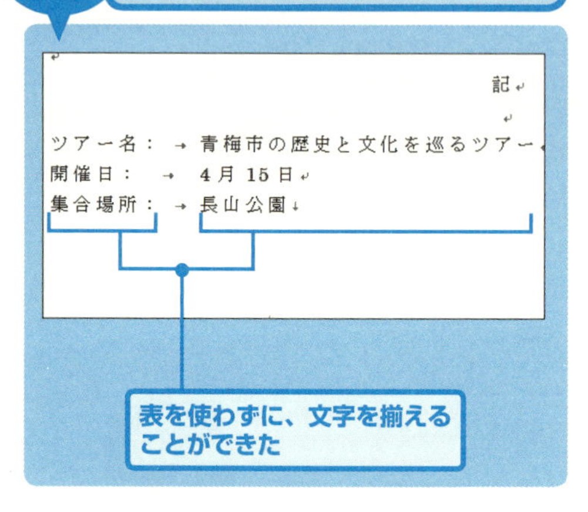

P.214では、文章の行頭を揃えるのにインデントを使う方法を解説した。しかし、必ずしも行頭ではなく、途中の文字を揃えたい場合がある。例えば表のように、**2列目、3列目の先頭を揃えたい場合**などだ。このような時は、列と列の間で **［Tab］キー**を押す。すると、行が変わっても同じ位置で列を揃えることができる。位置の微調整をしたい場合は、ルーラーに「**左揃えタブ**」を挿入することで、細かく揃えることができる。

［初級］

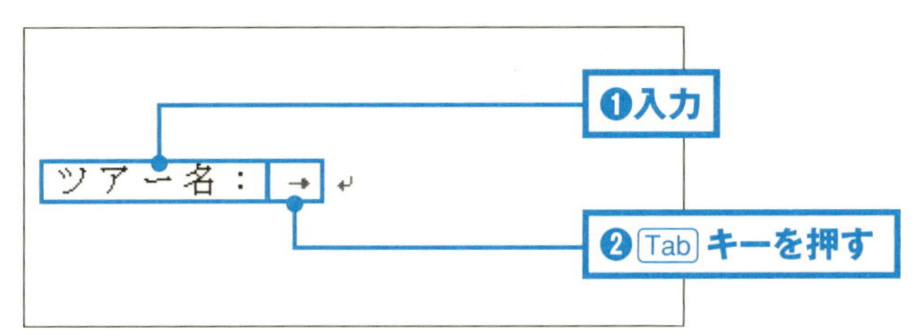

1 行頭の見出しを入力する❶。Tabキーを押し❷、続けて2列目の内容を入力する。

2 1列目と2列目の間に、空白が挿入された。以降の行でも同じように、行頭の見出しのあとにTabキーを押し、2列目の内容を入力する。

★One Point！★

Tabキーでは、挿入される空白の大きさが決められている。空白を自由な大きさに調整したい場合は、複数の行を選択し❶、ルーラーをクリックする❷。クリックした位置に「左揃えタブ」が入るので、これをドラッグして空白の大きさを調整できる。

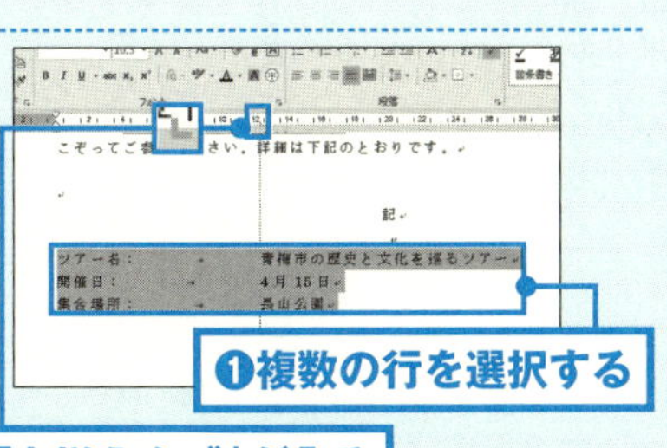

基本
102

項目名を同じ幅で揃える

[初級]

ここがポイント!
「均等割り付け」をクリックする

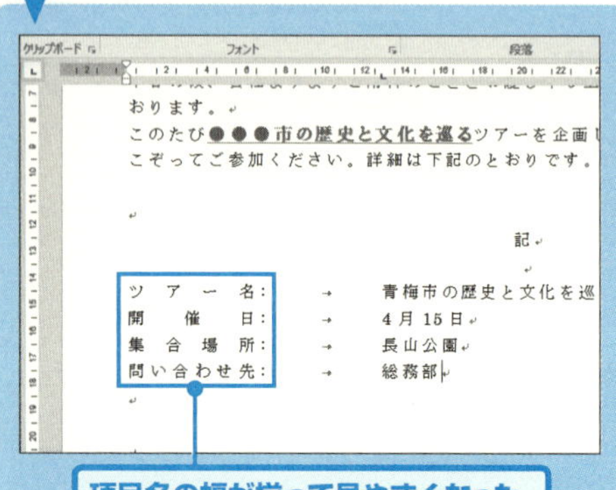

行頭に項目名を入れ、そのあとにその詳細を入れるような場合、項目名の文字数が異なると見づらいものになってしまう。文字数の異なる項目名の幅を揃えて見やすい文章にするのが、均等割り付けだ。項目名をドラッグし、「**均等割り付け**」をクリックする。表示される画面で、項目名の中でもっとも多い文字数を入力すればOKだ。細かい部分ではあるが、こうした配慮がクオリティの高い文書を作るためのコツになる。

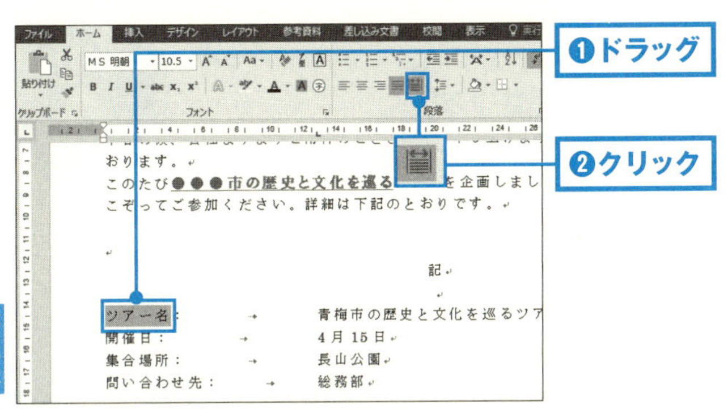

1 1行目の項目名をドラッグする❶。「ホーム」タブの「均等割り付け」をクリックする❷。

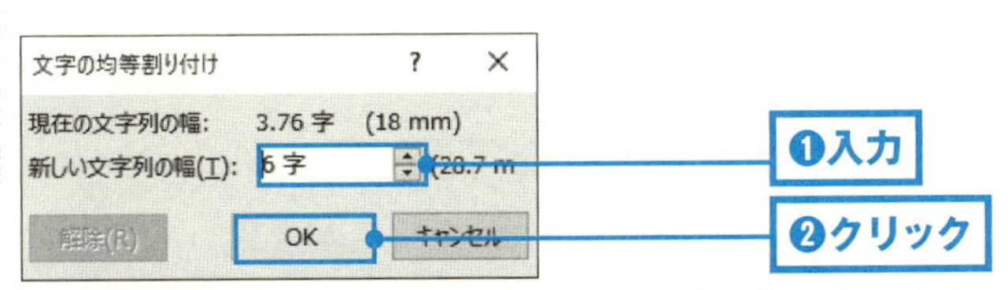

2 項目名の中で、もっとも長い項目名の文字数(例は「問い合わせ先」の6文字)を入力する❶。「OK」をクリックする❷。

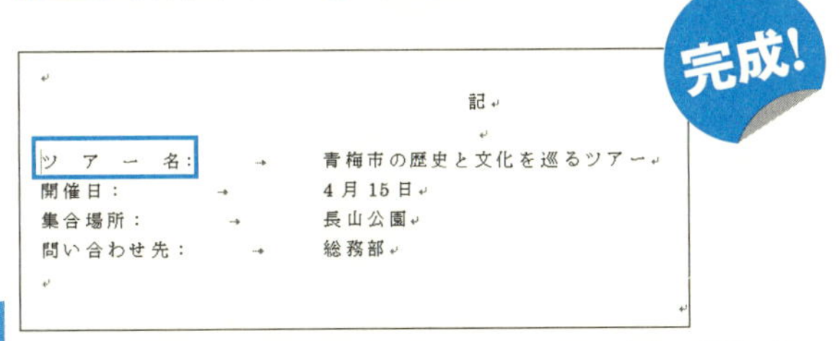

3 項目名の幅が6文字分に揃えられた。同じ6文字の「問い合わせ先」と揃っていないのは、文字間隔の設定が異なるからだ。2行目、3行目と合わせて、4行目の「問い合わせ先」も6文字に設定する。

COLUMN

ルーラーとタブをマスターしよう

ワードで項目名などを揃えるには、ルーラーの機能をマスターしておきたい。ルーラーには、「**1行目のインデント**」、「**左インデント**」、「**左揃えタブ**」などの機能がある。

以下の文書には、1行目～4行目の項目名が「1行目のインデント」を基準に配置されている。そして、項目名の後にTabキーで空白が挿入され、それぞれの内容が「左揃えタブ」の位置で配置されている。4行目の「伊藤まで」も、「左揃えタブ」が開始位置になっている。

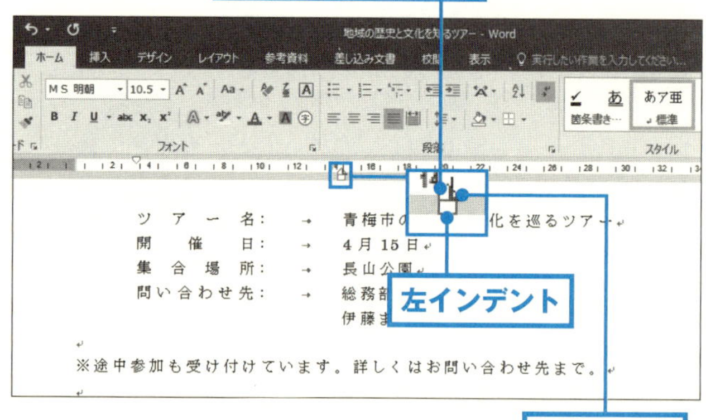

第5章

ワード
便利な応用操作

ここがポイント!
「挿入」タブの「図形」を利用する

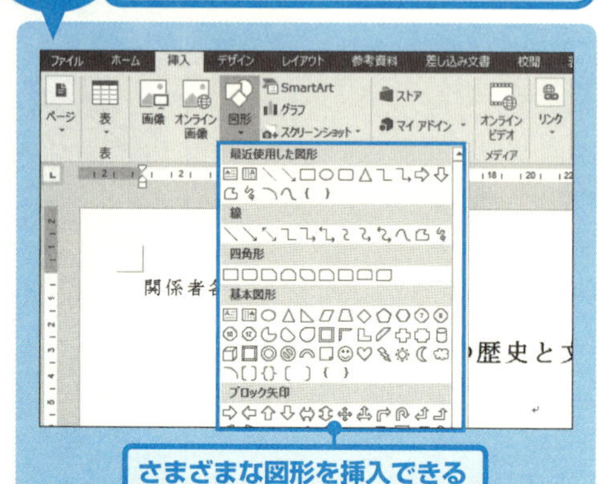

さまざまな図形を挿入できる

[初級]

ワードで文書を作成する際、表現力や伝達力を高める方法に写真や**図形**がある。特に図形はさまざまな形があり、複数の図形を組み合わせることで、概念図や地図、イラストの作成などもできる。どのような図形も、「挿入」タブの「図形」から種類を選択して、配置したい場所でドラッグすれば作成できる。ドラッグ範囲を大きくすれば大きな図形を、小さくすれば小さな図形を作成できる。図形をドラッグすれば、自由に移動できる。

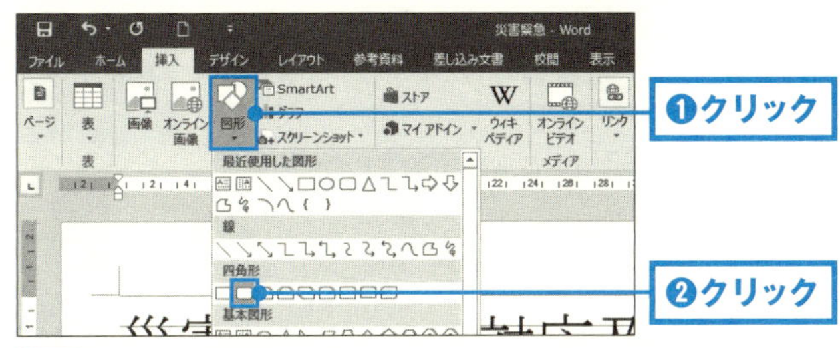

1 「挿入」タブの「図形」をクリックする❶。作成したい図形の種類をクリックする❷。

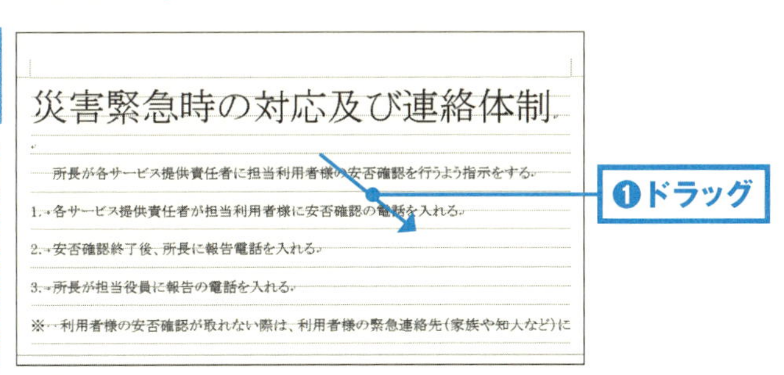

2 マウスポインターの形が＋に変わる。図形を作成したい位置で斜めにドラッグする❶。

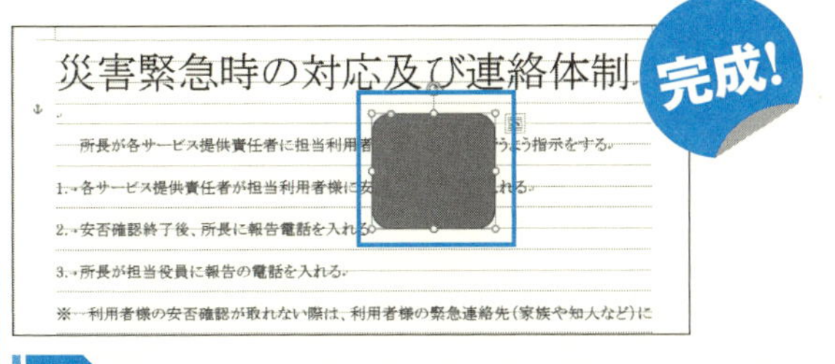

3 図形が描けた。図形をドラッグすれば、好きな場所に移動できる。

図形の色や大きさを変更する

［初級］

ここがポイント!

描画ツールの「書式」タブを利用する

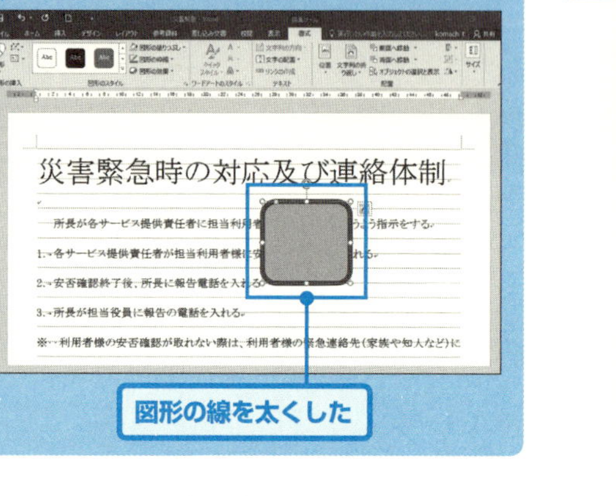

描いた図形には、枠線の色、太さ、実線／点線、塗りつぶしの色、図形の効果といった、さまざまな書式を設定することができる。図形の種類とこれらの書式を組み合わせることで、想像以上の図を作成できる。中には、絵画のような図を作成する猛者もいる。これらの書式は、**図形を選択する**と表示される描画ツールの「**書式**」タブで設定する。描いたそのままの図形ではさまにならないので、想像力を駆使して「伝わる」図形を作成しよう。

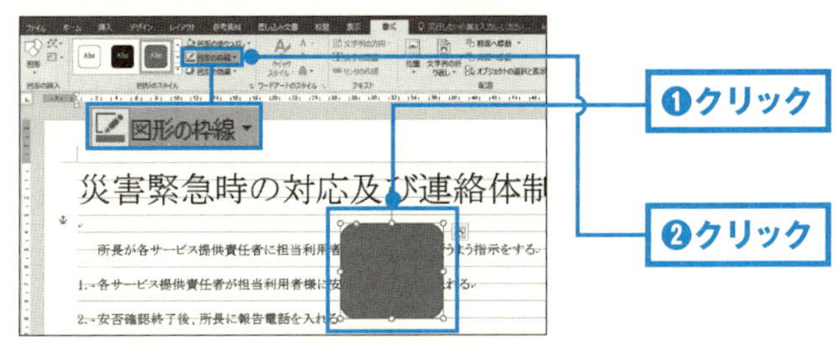

1 図形をクリックして選択する❶。「書式」タブで「図形の枠線」をクリックする❷。

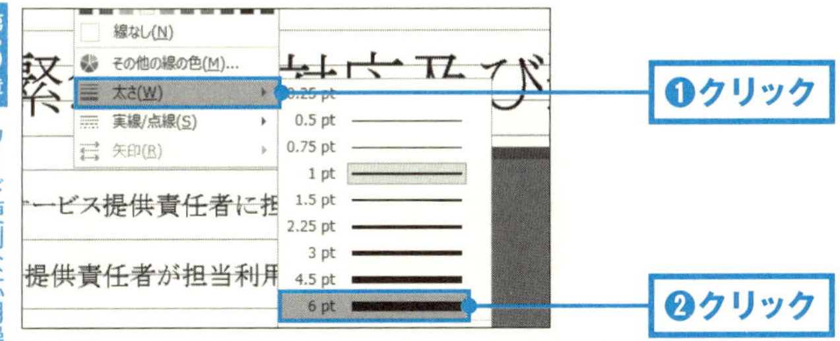

2 「太さ(W)」をクリックし❶、好みの太さ(例は6pt)をクリックする❷。

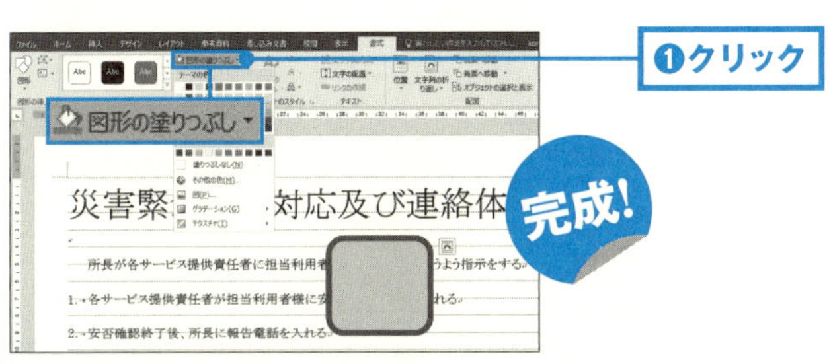

3 図形の枠線が太くなった。「書式」タブで「図形の塗りつぶし」をクリックすると❶、図形の内側の色を決められる。

応用
105

図形をすばやく複製する

[初級]

ここがポイント!

Ctrlキー＋ドラッグで図形を複製する

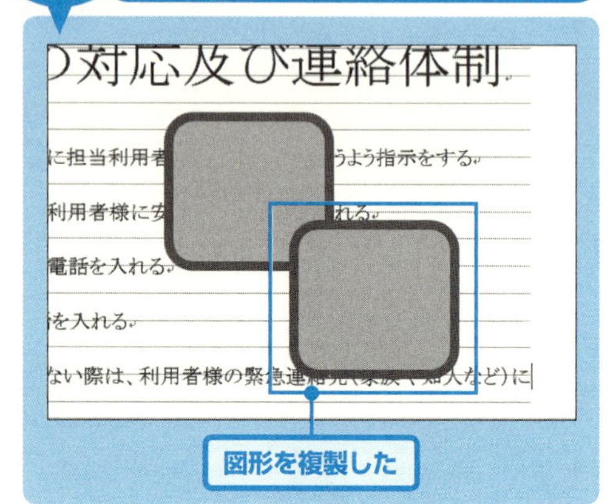

同じ図形を組み合わせて利用する場合、1つ1つ作成するのでは手間がかかる。最初に作成した図形をコピーして使い回すのが賢いやり方だ。図形を複製する、もっともかんたんな方法は、**「Ctrl」キー**を押しながら**図形をドラッグ**する方法だ。この方法なら、ドラッグ先に複製が作成されるので、思った場所に図形を配置できる。ドラッグが苦手な人は、最初に「Ctrl」キーを押しておき、そのままの状態でドラッグを始めるとよい。

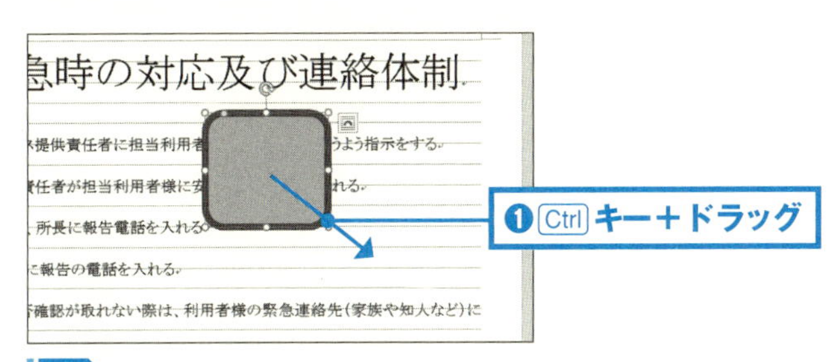

1 Ctrlキーを押しながら、図形をドラッグする❶。

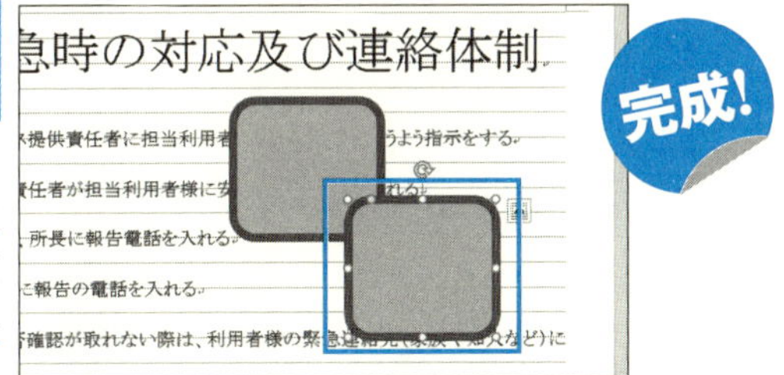

2 図形が複製された。同様の方法で、必要な数の図形を複製できる。

★One Point !★

Ctrlキー＋ドラッグで図形を複製する方法は、文書ファイルや、文書に配置した写真に対しても利用できる。特に、Ctrlキーを押しながらファイルをドラッグしてコピーする方法は、パソコン操作で必須の便利ワザといえる。

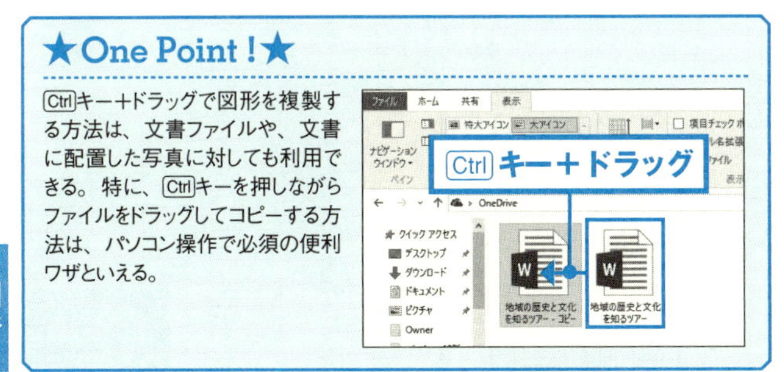

応用

106

図形をきれいに整列させる

［ 中級 ］

ここがポイント！

「配置」で左揃えや中央揃えをする

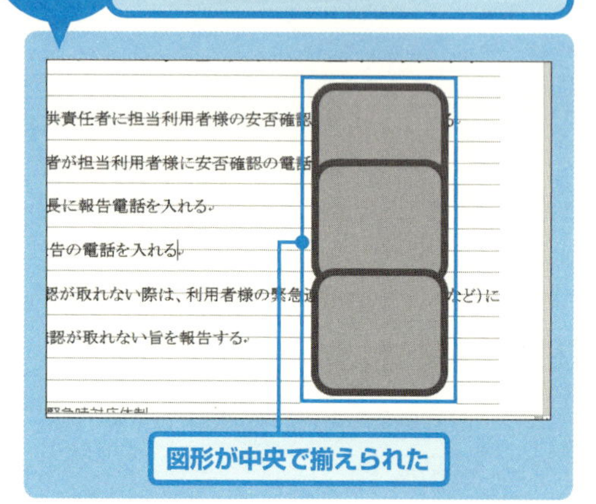

複数の図形を配置すると、どうしても位置がずれ、きれいに揃わない。ドラッグ操作で揃えようとしても、面倒だし限界がある。このように、図形がうまく揃わない場合に便利なのが、描画ツールの「書式」タブにある「**配置**」だ。複数の図形を選択して、メニューから揃えたい位置を選択するだけで、中央揃えや左揃え、上揃えといった配置をかんたんに実現できる。今までドラッグ操作で揃えてきた人は、猛省してもらいたい。

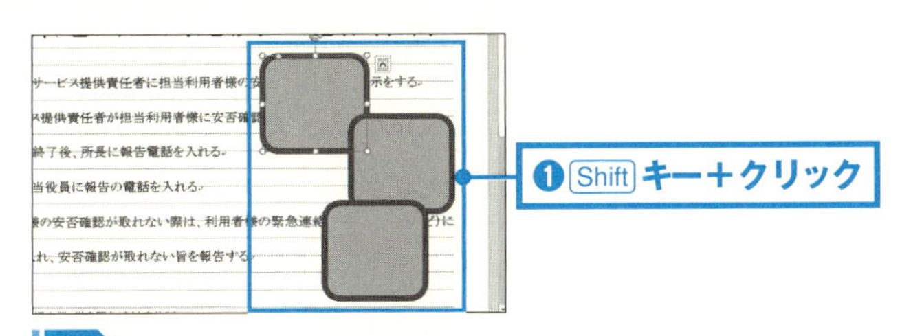

1 Shiftキーを押しながら、複数の図形をクリックして選択する❶。

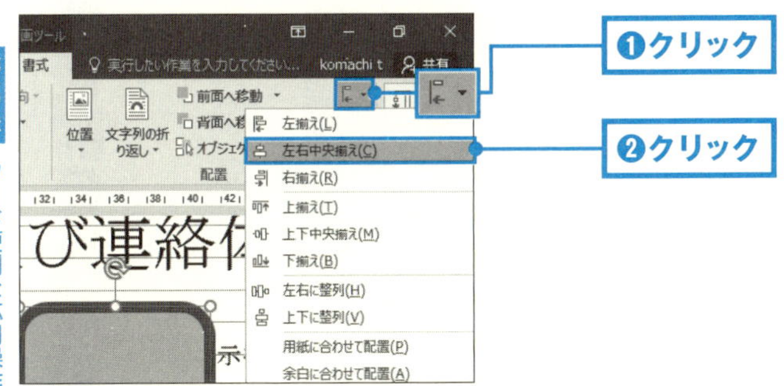

2 「書式」タブの「オブジェクトの配置」をクリックする❶。揃えたい位置（例では「左右中央揃え(C)」）をクリックする❷。

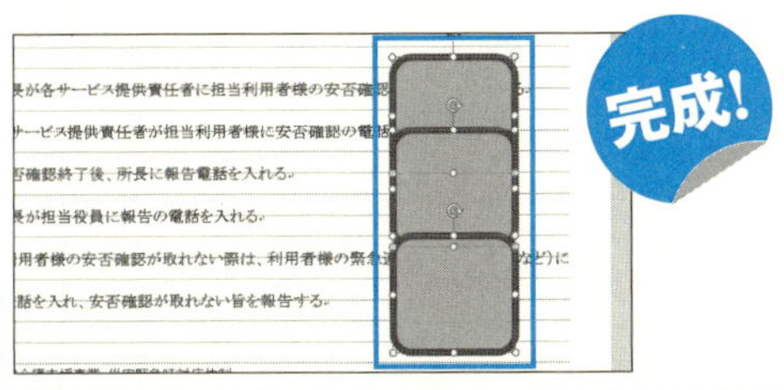

3 図形が左右の中央に揃った。さらに「上下に整列(V)」を選択すると、上下左右にきれいに並べることができる。

応用

107

図形の前後関係を変更する

[初級]

複数の図形を作成し、相互に重なるように配置すると、**図形の重なり順**が思い通りにならないことがある。この重なり順を変更するのが、描画ツールの「書式」タブにある「**前面へ移動**」と「**背面へ移動**」だ。これによって、図形の前後の配置を自在に変更することができる。また、それぞれの右側にある「▼」をクリックすると、「最前面へ移動」「最背面へ移動」を選択できる。一番上（前）、一番下（後）に、すばやく移動できる。

ここがポイント！ 「最前面へ移動」をクリックする

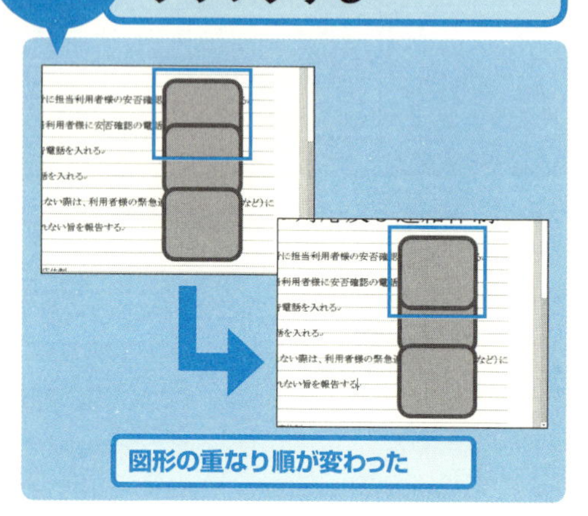

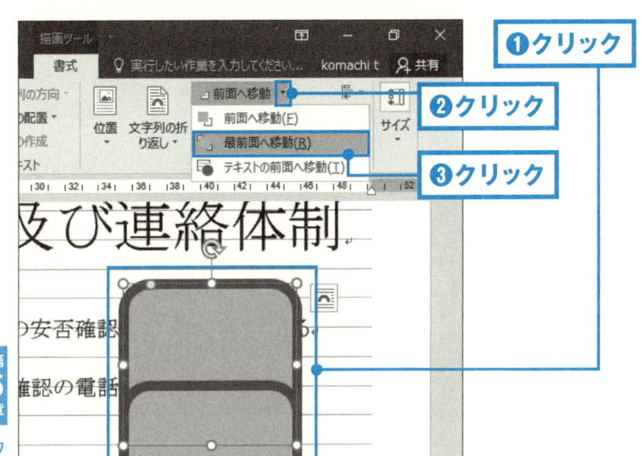

1 前面に出したい図形をクリックする❶。「書式」タブの「前面へ移動」の「▼」をクリックする❷。「最前面へ移動(R)」をクリックする❸。

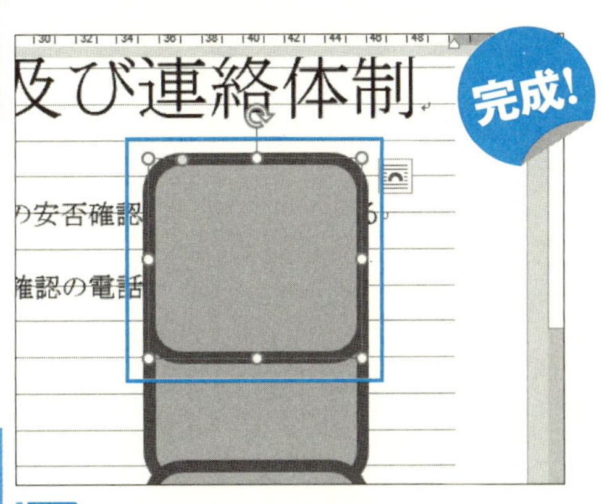

2 選択した図形が、最前面に移動した。

応用

108

図形をまとめて操作できるようにする

［中級］

ここがポイント！

図形を「グループ化」する

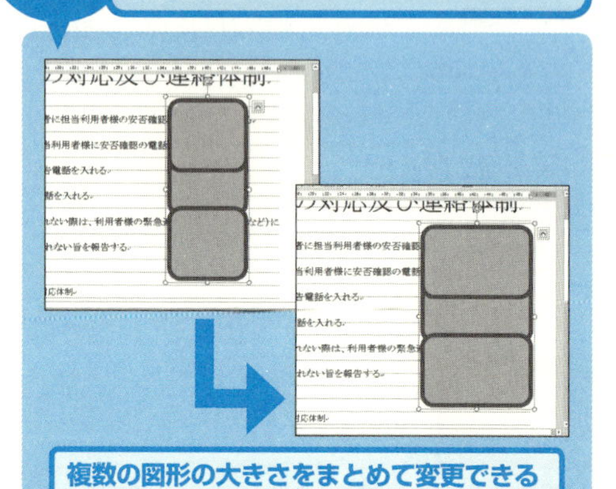

複数の図形の大きさをまとめて変更できる

複数の図形を組み合わせて1つのイメージを作成した場合、少々面倒なことがある。全体のサイズを大きくしようとドラッグすると、1つ1つの図形が個別に大きくなり、せっかく作ったイメージが崩れてしまうのだ。移動する場合も、複数の図形を組み合わせていると、毎回すべての図形を選択しなければならず面倒だ。そこで、イメージを構成する図形を**グループ化**することで、1クリックで選択でき、形を崩すことなく、大きさの変更や移動ができる。

❶クリック

❷クリック

❸ドラッグ

1 「ホーム」タブの「選択」をクリックし❶、「オブジェクトの選択(O)」をクリックする❷。図形全体を囲うようにドラッグする❸。Shiftキーを押しながら、複数の図形を選択してもよい。

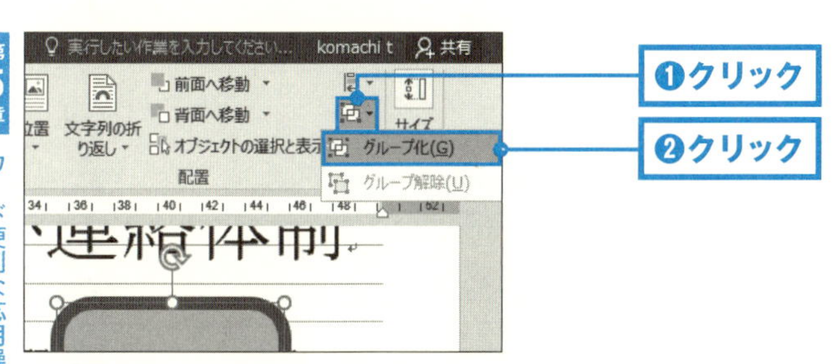

2 描画ツールの「書式」タブで「オブジェクトのグループ化」をクリックし❶、「グループ化(G)」をクリックする❷。

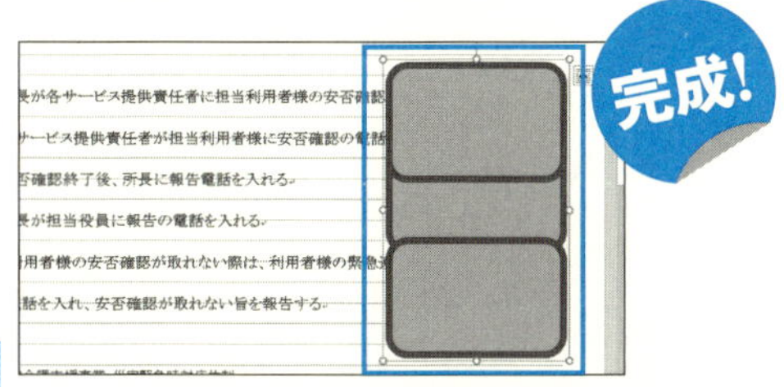

3 1つの図形としてまとめられ、移動や大きさの変更がまとめてできるようになった。「オブジェクトのグループ化」で「グループ解除(U)」を選択すれば、グループ化を解除できる。

応用

109

図形に文字を入力する

［初級］

ここがポイント！ 図形をクリックして文字を入力する

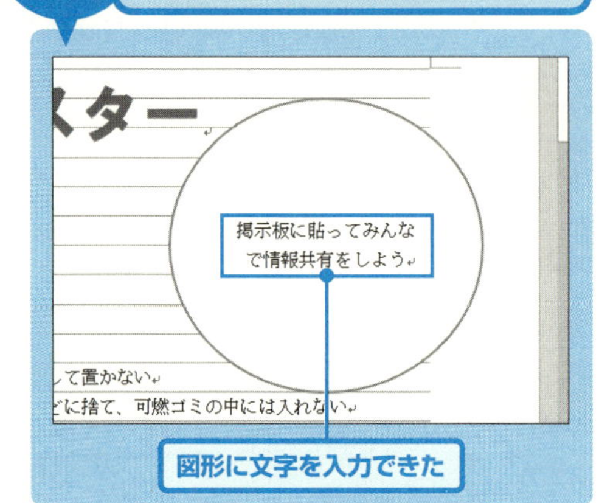

フローチャートや座席表、ポスター、地図など、図形に文字を入れたいことはよくあるだろう。ワードで図形に文字を入れるのは、実は非常にかんたんだ。どのような図形でも、図形を**選択した状態**でキーボードから**文字を入力**すると、図形内に文字が入力される。通常の文字と同じ方法で文字サイズや色を変更したり、飾りをつけたりすることができる。文字の入った図形を駆使して、表情豊かな文書を作成してみよう。

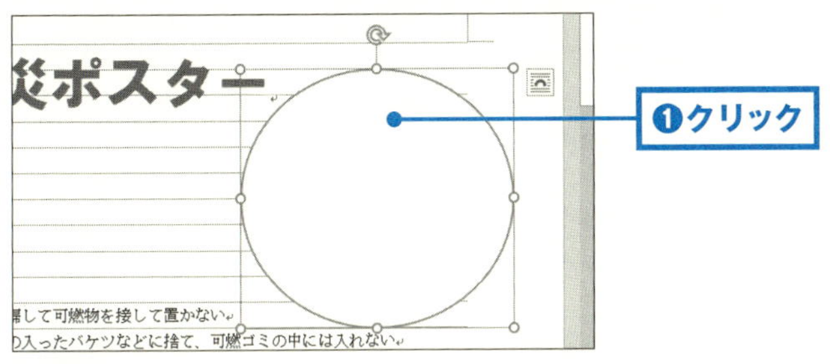

1 図形をクリックする❶。

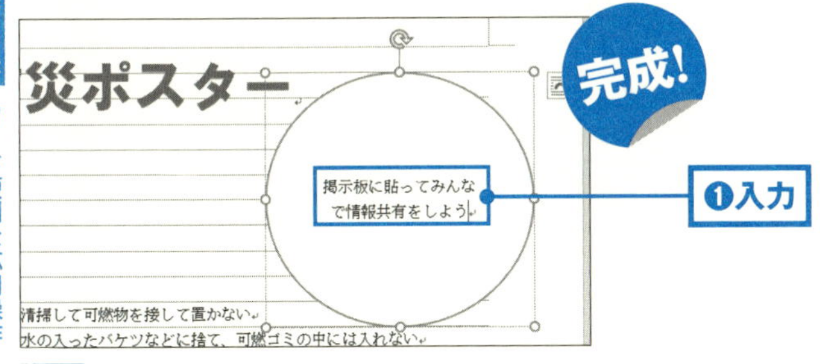

2 文字を入力する❶。

★One Point !★

図形に文字を入れてしまうと、図形と文字が一体となり便利な反面、文字が入りきらないことがある。そこで、図形にテキストボックスやワードアートを重ねて、別の構造にしてみるのも1つの方法だ。

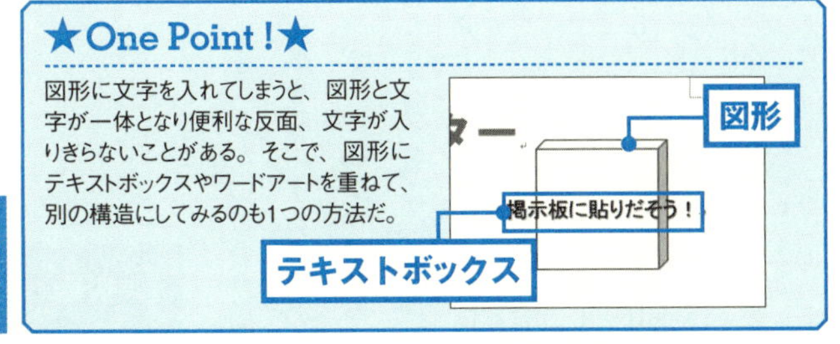

応用
110

文書にイラストを挿入する

［初級］

ここがポイント！
「オンライン画像」を利用する

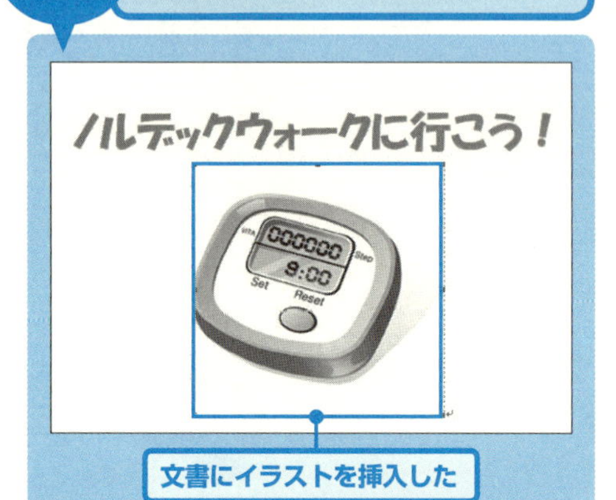

文書にイラストを挿入した

ワードにイラストを入れたいという場合は、クリップアートを利用する。この方法はワードのバージョンによって異なるが、「挿入」タブの「**オンライン画像**」または「**クリップアート**」をクリックして行う。「オンライン画像」には、「Office.com のクリップアート」と「Bing イメージ検索」などがあり、Office.com は自由に使えるが、Bing イメージ検索は著作権への配慮が必要になる。いずれもインターネット接続が必要だ。

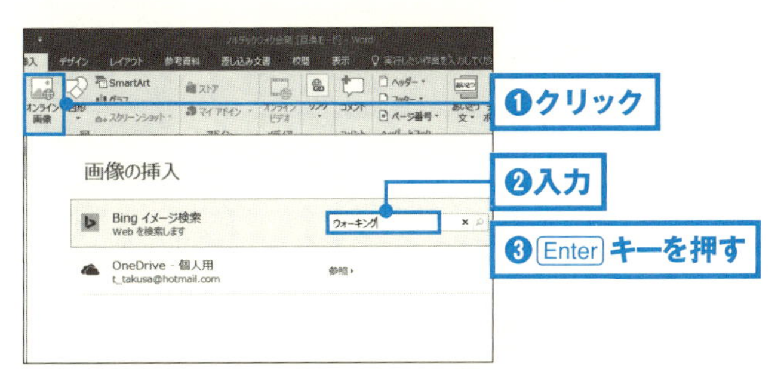

1 「挿入」タブの「オンライン画像」または「クリップアート」をクリックする❶。Bingイメージ検索またはOffice.comクリップアートの検索窓に、キーワード（例はウォーキング）を入力する❷。Enterキーを押す❸。

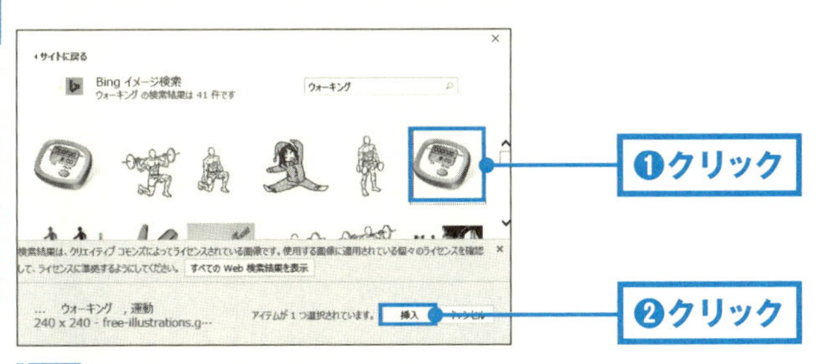

2 挿入したいイラストをクリックする❶。「挿入」をクリックする❷。

3 イラストが挿入できた。

第5章 ワード便利な応用操作

イラスト

応用

111

イラストの余白を透明化する

［ 中級 ］

ここがポイント！

「透明色を指定」する

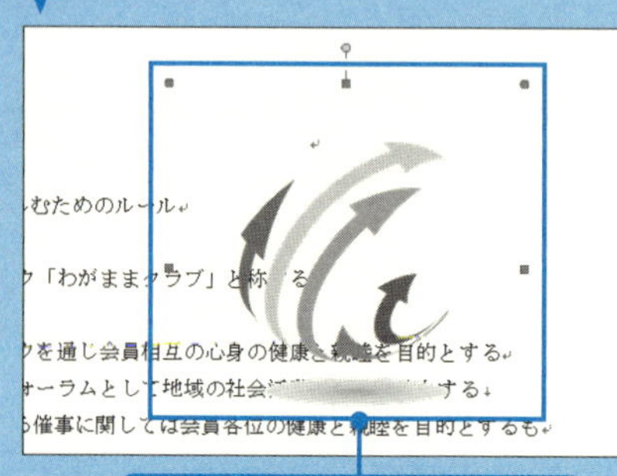

イラストの余白が透明になり、背景の文字が透けて見えた

文書にイラストを挿入した際、絵の周りに白い余白や黒の背景があって、見栄えがよくないことがある。こうした時に利用するのが、「**透明色を指定**」だ。これはイラスト内の1色を透明にすることができる機能で、余白や背景を透明にすれば、文書にイラストをなじませることができる。よく似た機能に「背景の削除」があるが、こちらは1色だけでなく、背景部分を選択して削除できるが、調整が難しく少々難易度が高い。

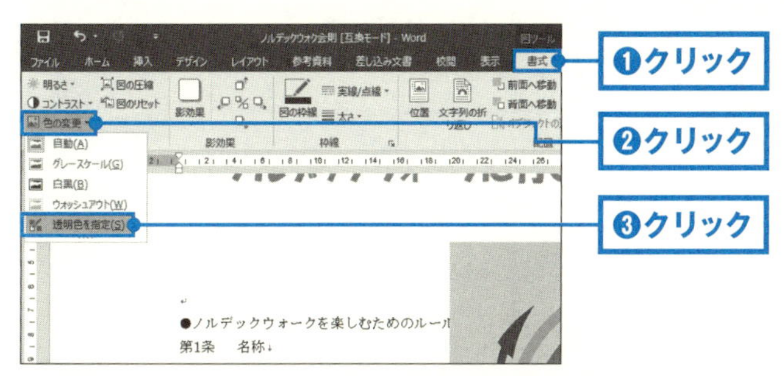

1

イラストを選択し、図ツールの「書式」タブをクリックする❶。「色の変更」または「色」をクリックし❷、「透明色を指定(S)」をクリックする❸。

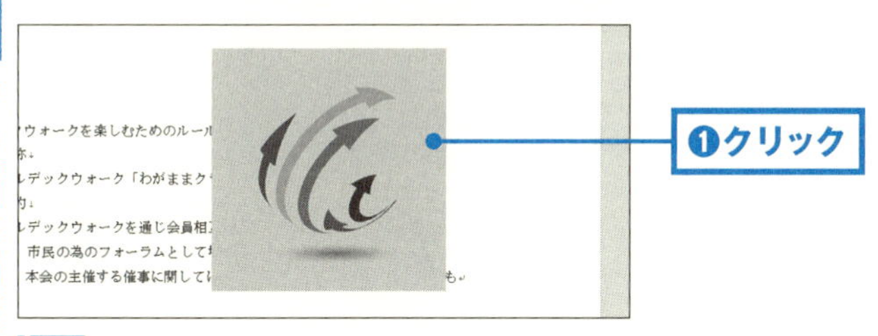

2

透明にしたい、背景色の部分をクリックする❶。

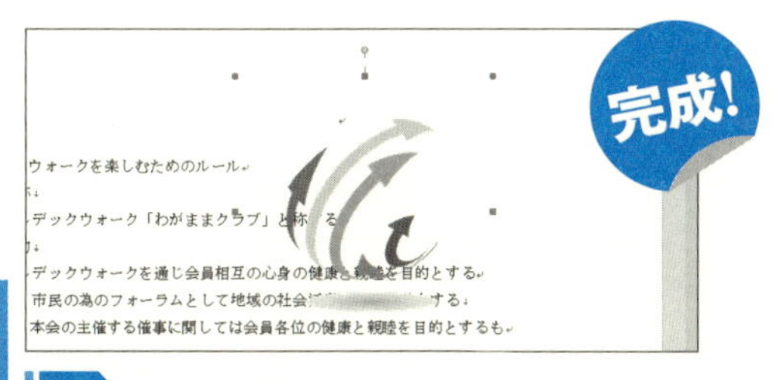

3

背景色が削除され、イラスト周りがスッキリした。

応用

112

文書に写真を入れる

［初級］

ここがポイント！

「挿入」タブの「画像」をクリックする

写真に限らず、パソコン内にある画像をワードに挿入するには、「挿入」タブの「**画像**」を利用する。この時、写真の保存先を事前に調べておきたい。デジカメから写真を取り込んだ場合は、「**ピクチャ**」に保存されていることが多い。自分でフォルダーを選択して保存した場合は、その場所を思い出しておく。どうしても見つけられない場合は、「2015／12／」（2015年12月の写真）など、日付で検索するのも手だ。

①クリック

1

「挿入」タブの「画像」または「図」をクリックする①。

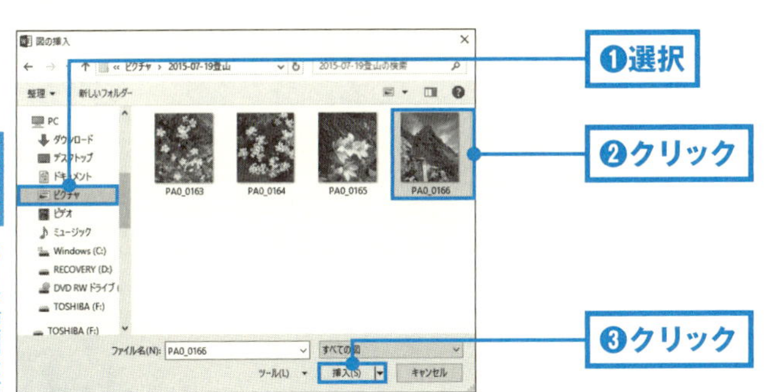

2

写真が保存されている場所を選択する①。挿入する写真をクリックし②、「挿入」をクリックする③。

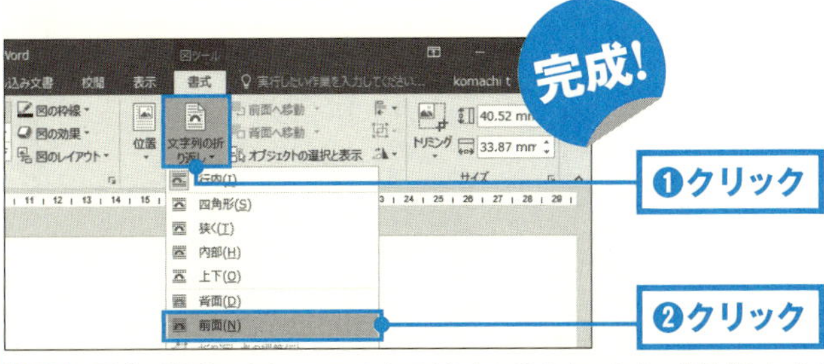

3

写真が挿入できた。このままでは自由に動かないため、「書式」タブで「文字列の折り返し」をクリックし①、「前面(N)」または「背面(D)」をクリックする②。

応用

113

デジカメやCD-ROM内の画像を文書に入れる

［初級］

ここがポイント！

「挿入」タブの「画像」をクリックする

文書に挿入したい写真やイラストなどの画像が、パソコンではなく、**デジカメ**内や**CD-ROM**に保存されている場合もあるだろう。そのような場合は、わざわざ画像をパソコンに保存する必要はない。デジカメのSDカードやCD-ROM内の画像を、ワード文書に直接挿入できる。画像の保存場所を選択する画面で、**左側の一覧**から該当する保存場所を選択する。あとは、パソコン内と同じようにフォルダーを選択していけばよい。

1 「挿入」タブの「画像」または「図」をクリックする❶。

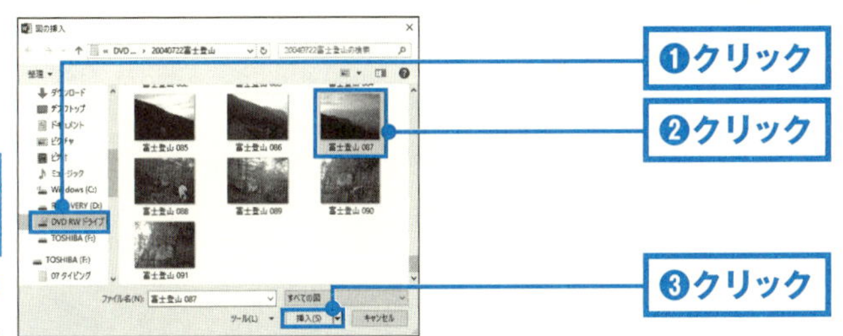

2 CD-ROMやDVD-ROMなら「DVD RWドライブ」や「BD REドライブ」、デジカメのSDカードやUSBメモリーなら「リムーバブルディスク」や「カメラなどの製品名」をクリックする❶。フォルダーが表示されたら、写真が保存されたフォルダーを開き、目的の画像をクリックし❷、「挿入(S)」をクリックする❸。

3 CD-ROM内の画像が挿入できた。

応用

114

写真をトリミングする

ここがポイント!

「トリミング」を利用する

文書に挿入した写真に不要な部分があり、そこだけ削除して使用したい、といった場合がある。また、文書内にスペースがなく、写真を小さくして使いたい場合もある。このような時は、写真の**トリミング機能**を利用する。図ツールの「書式」タブで「トリミング」をクリックすると、写真の四隅、または四辺をドラッグすることで、写真の一部を切り取ることができる。複雑な形に切り取りたい場合は、次のセクションを読んでほしい。

[初級]

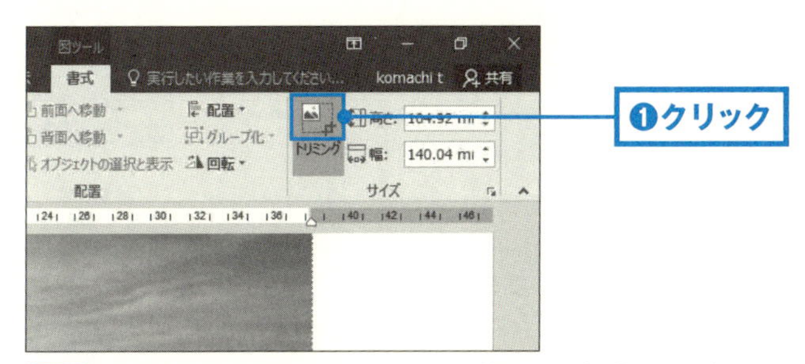

1 文書内の写真をクリックし、図ツールの「書式」タブで「トリミング」をクリックする❶。

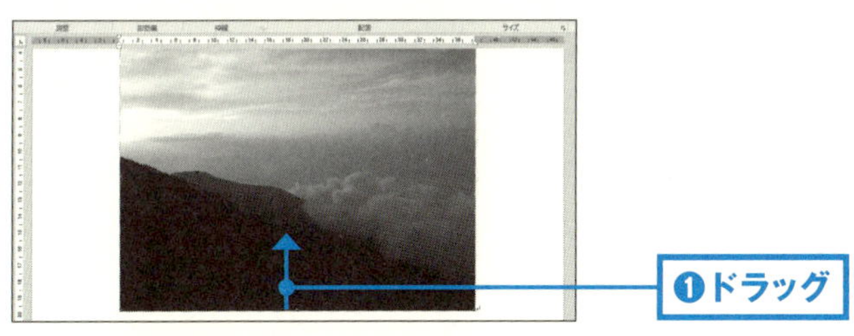

2 写真の四辺と四端が、トリミング用のマークに変わる。このマークを、写真の内側に向けてドラッグする❶。

3 写真の不要な部分がトリミングされた。

応用

115

写真を好みの形に切り取る

ここがポイント！

「図形に合わせてトリミング」を利用する

図形の形に合わせて写真が切り取られた

前のセクションでは、写真の不要な部分を切り取る「トリミング」の方法を解説した。しかしこの方法では、写真の縦または横方向に対して、まっすぐ切り取ることしかできない。写真を自由な形で切り取りたい、という場合は、「**図形に合わせてトリミング**」を利用する。メニューにさまざまな種類の図形が表示されるので、その中から切り取りたい形状を選べばよい。ハートや角丸四角形など、写真の印象をガラッと変えることができる。

［中級］

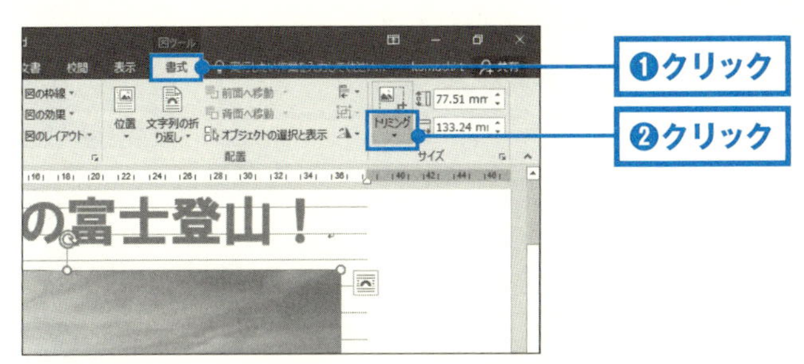

1 写真をクリックし、図ツールの「書式」タブをクリックする❶。「トリミング」の「▼」をクリックする❷。

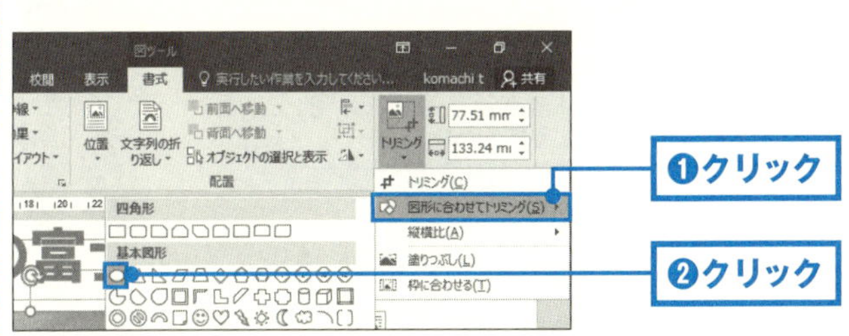

2 「図形に合わせてトリミング(S)」をクリックし❶、好みの図形をクリックする❷。

3 図形の形に写真が切り取られた。

応用

116

写真やイラストを好きな場所に移動する

［初級］

ここがポイント！ 「文字列の折り返し」を「前面」に変更する

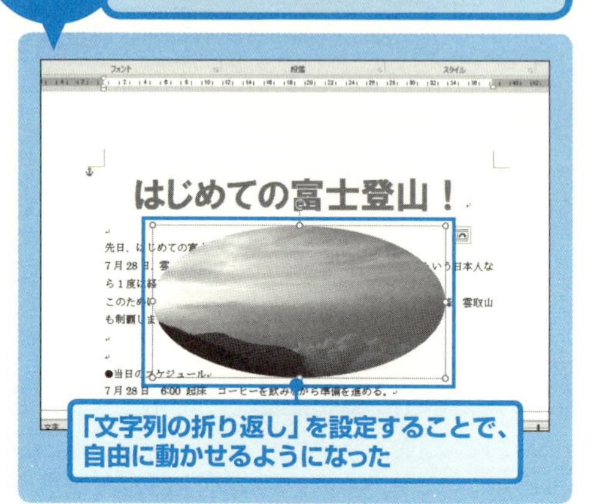

ワードには、文章と画像を違和感なく配置するために**「文字列の折り返し」**という機能がある。挿入したままの状態では、写真やイラストは1つの文字として扱われるため、自由に動かすことができない。そこで、「文字列の折り返し」を「四角形」に変更すると、文字が写真の周りを上手に避けて配置される。「前面」や「背面」では文字と重なるが、画像を**自由に動かす**ことができ、文章への影響がない位置に移動することができる。

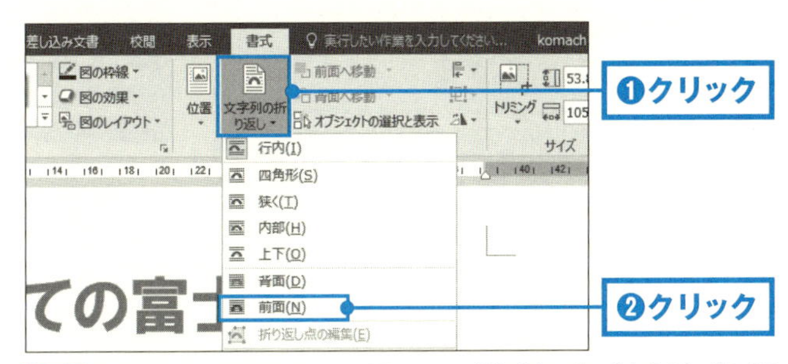

1 写真やイラストをクリックし、図ツールの「書式」タブで「文字列の折り返し」をクリックする❶。「前面(N)」をクリックする❷。

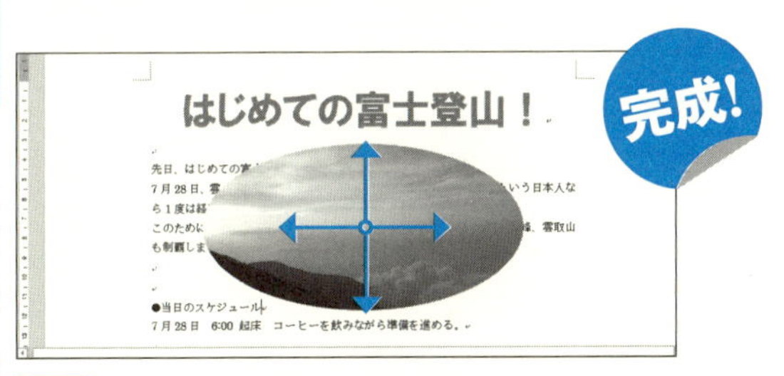

2 写真やイラストが、ドラッグ操作で自由に動くようになる。

★One Point！★

文字列の折り返しには、他にも「内部」や「上下」などいろいろな種類がある。「内部」を選ぶと、複雑な形状のイラストの場合に、イラストの内側にも文字が入る。いろいろ試して確認してみよう。

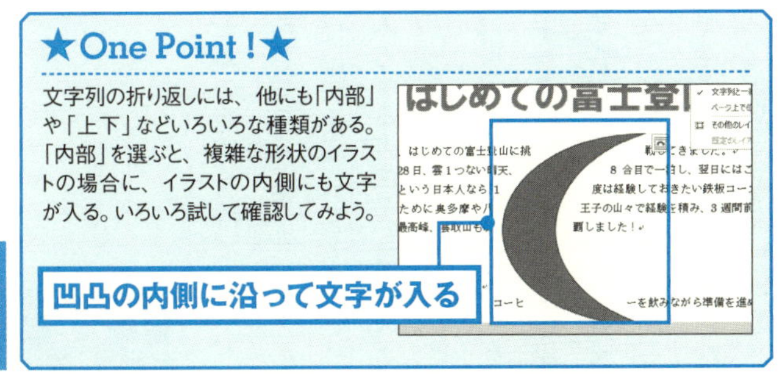

応用

117

ワードで表を作成する

[初級]

ここがポイント！

「挿入」タブの「表」をクリックする

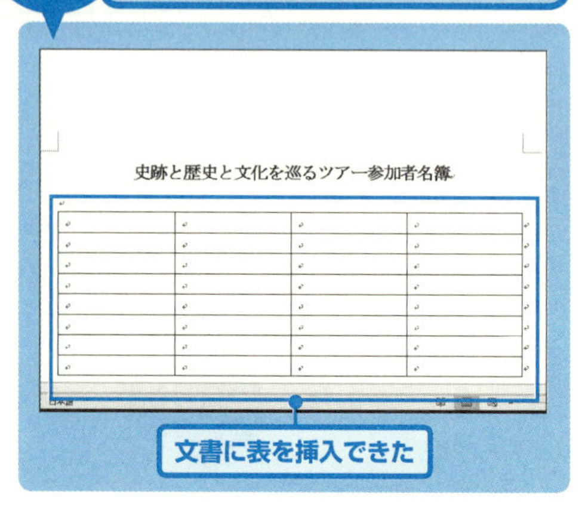

表は、エクセルの専売特許ではない。ワードでも表を作成することができるのだ。**表の挿入**には、縦（列）×横（行）のセルの数を入力する方法と、マウスポインターを動かして指定する方法がある。セルの数が多い場合は、**縦横（行列）を指定**した方が手っとり早いが、少ない場合は、**マウスポインターで直感的に描く**のが便利だろう。なお、表にはあとから行や列を追加できるので、まずは適当な大きさで表を作っておくのもよいだろう。

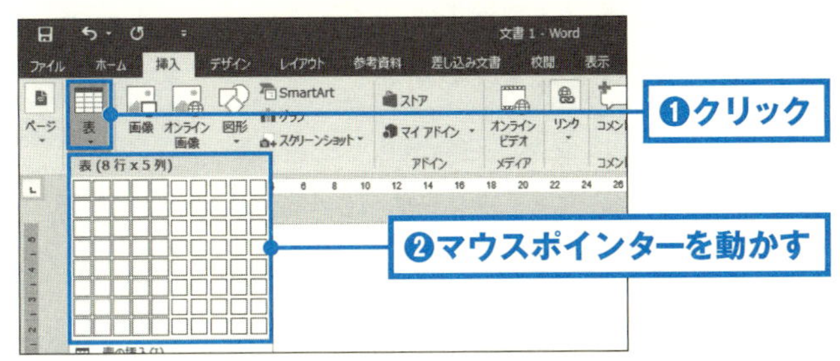

1 「挿入」タブの「表」をクリックする❶。メニューのマス目の上でマウスポインターを動かし❷、縦(列)×横(行)のセルの数を指定する。

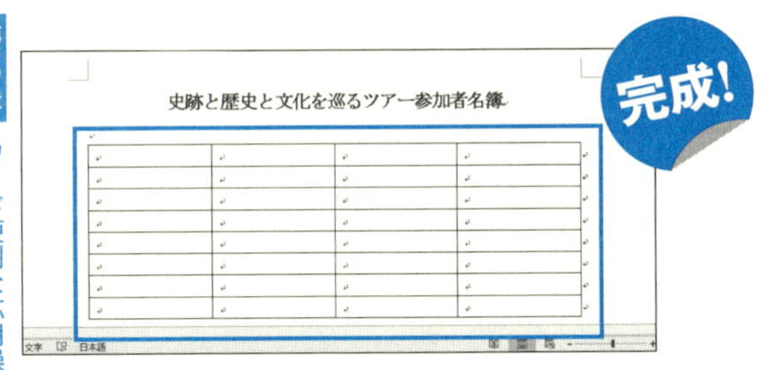

2 表が挿入できた。

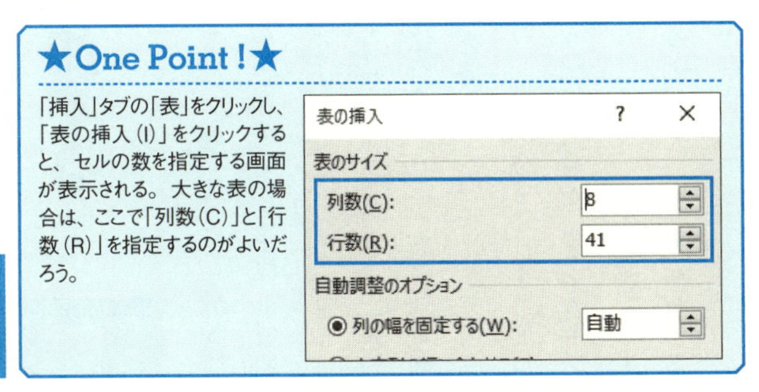

★One Point!★

「挿入」タブの「表」をクリックし、「表の挿入(I)」をクリックすると、セルの数を指定する画面が表示される。大きな表の場合は、ここで「列数(C)」と「行数(R)」を指定するのがよいだろう。

第5章 ワード便利な応用操作

表

応用

118

[初級]

ワードの表に行・列を追加する

ここがポイント!
「レイアウト」タブの「行と列」を使う

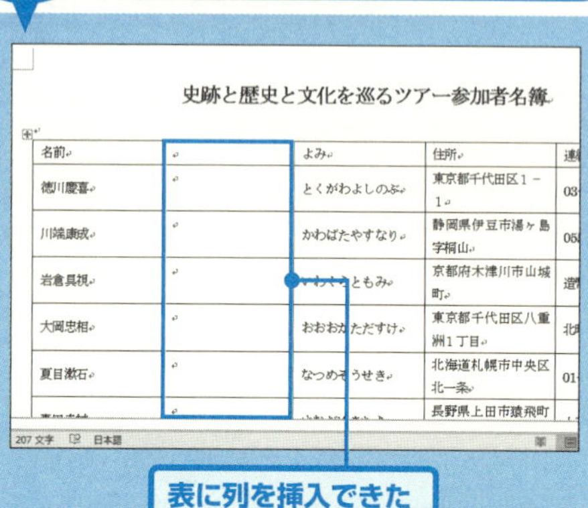

ワードで作成した表には、あとから行や列を追加することができる。行や列を追加したい場所の隣のセルに文字カーソルを移動し、「レイアウト」タブの「**上に行を挿入**」、「**下に行を挿入**」、「**右に列を挿入**」、「**左に列を挿入**」のいずれかを選べばよい。この時、表の一番下に行を追加したい場合は、表の右下のセルに文字カーソルがある状態で「Tab」キーを押すと1行追加することができる。ボタンをクリックするよりかんたんなので覚えておこう。

史跡と歴史と文化を巡るツアー参加者名簿

名前	よみ	住所	連絡先
徳川慶喜	とくがわよしのぶ	東京都千代田区1－1	03-3213-1111
川端康成	かわばたやすなり	静岡県伊豆市湯ヶ島字桐山	0558-58-3618
岩倉具視	いわくらともみ	京都府木津川市山城町	造幣局
大岡忠相	おおおかただすけ	東京都千代田区八重洲1丁目	北町奉行所
夏目漱石	なつめそうせき	北海道札幌市中央区北一条	01-3209-1111
真田幸村	さなだゆきむら	長野県上田市眞田町10番地	十勇士
勝海舟	かつかいしゅう	東京都墨田区本所亀沢町	洗足池公園

❶クリック

1 行や列を追加したい場所の、隣のセルをクリックする❶。

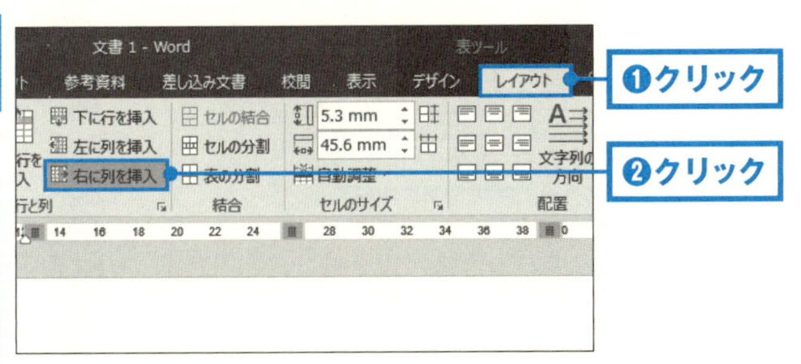

2 表ツールの「レイアウト」タブをクリックする❶。挿入したい行または列と、その位置のボタン(例では「右に列を挿入」)をクリックする❷。

史跡と歴史と文化を巡るツアー参加者名簿

名前		よみ	住所	連絡先
徳川慶喜		とくがわよしのぶ	東京都千代田区1－1	03-3213-1111
川端康成		かわばたやすなり	静岡県伊豆市湯ヶ島字桐山	0558-58-3618
岩倉具視		いわくらともみ	京都府木津川市山城町	造幣局
大岡忠相		おおおかただすけ	東京都千代田区八重洲1丁目	北町奉行所

完成!

3 選択したセルの右側に、列が追加できた。

応用
119

ワードの表に二重線を引く

[初級]

ここがポイント!
「ペンのスタイル」で「二重線」を選択する

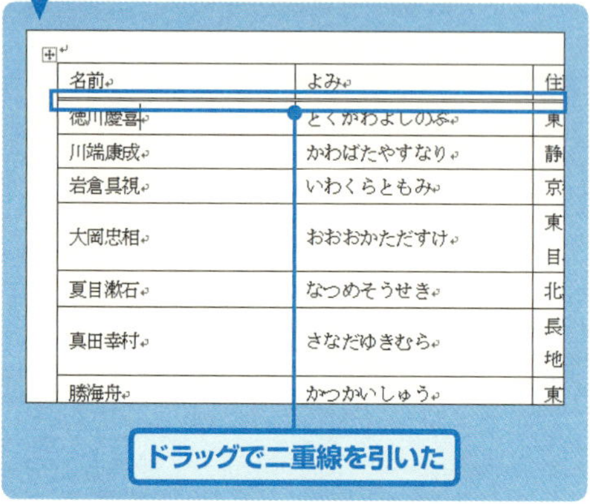

名前	よみ	住
徳川慶喜	とくがわよしのぶ	東
川端康成	かわばたやすなり	静
岩倉具視	いわくらともみ	京
大岡忠相	おおおかただすけ	東 目
夏目漱石	なつめそうせき	北
真田幸村	さなだゆきむら	長 地
勝海舟	かつかいしゅう	東

ドラッグで二重線を引いた

ワードの表には、通常の罫線だけではなく、点線や二重線を引くことができる。外側を太線にしたり、見出しの境界を二重線にしたりすることで、見栄えのよい表が完成する。表ツールの「デザイン」タブで「**ペンのスタイル**」をクリックすると、マウスポインターが鉛筆の形に変わる。この状態でドラッグすると、設定した罫線を引くことができる。罫線の作成をやめるには、マウスをダブルクリックすればよい。

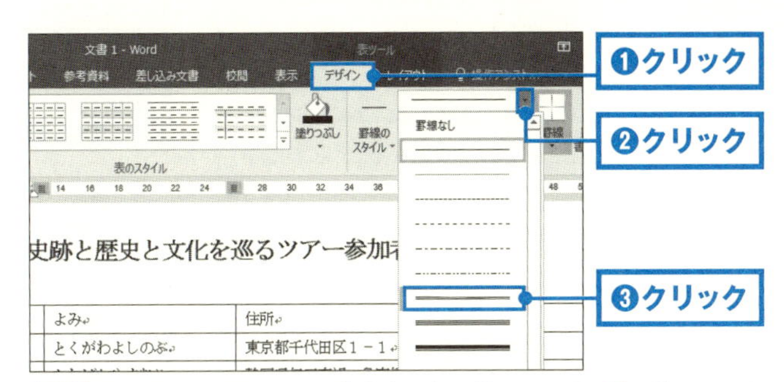

1 表を選択し、表ツールの「デザイン」タブをクリックする❶。「ペンのスタイル」の「▼」をクリックし❷、「二重線」を選択する❸。

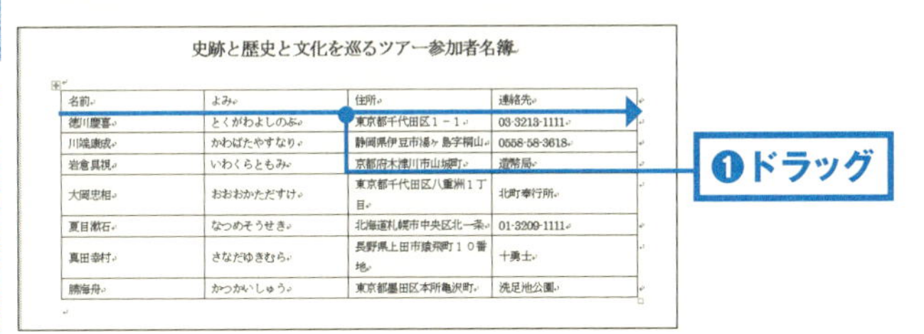
史跡と歴史と文化を巡るツアー参加者名簿

名前	よみ	住所	連絡先
徳川慶喜	とくがわよしのぶ	東京都千代田区１－１	03-3213-1111
川端康成	かわばたやすなり	静岡県伊豆市湯ヶ島字桐山	0558-58-3618
岩倉具視	いわくらともみ	京都府木津川市山城町	造幣局
大岡忠相	おおおかただすけ	東京都千代田区八重洲１丁目	北町奉行所
夏目漱石	なつめそうせき	北海道札幌市中央区北一条	01-3209-1111
真田幸村	さなだゆきむら	長野県上田市猿飛町１０番地	十勇士
勝海舟	かつかいしゅう	東京都墨田区本所亀沢町	洗足池公園

2 マウスポインターが鉛筆の形になるので、二重線にしたい場所でドラッグする❶。

史跡と歴史と文化を巡るツアー参加者名簿

名前	よみ	住所	連絡先
徳川慶喜	とくがわよしのぶ	東京都千代田区１－１	03-3213-1111
川端康成	かわばたやすなり	静岡県伊豆市湯ヶ島字桐山	0558-58-3618
岩倉具視	いわくらともみ	京都府木津川市山城町	造幣局
大岡忠相	おおおかただすけ	東京都千代田区八重洲１丁目	北町奉行所
夏目漱石	なつめそうせき	北海道札幌市中央区北一条	01-3209-1111
真田幸村	さなだゆきむら	長野県上田市猿飛町１０番地	十勇士
勝海舟	かつかいしゅう	東京都墨田区本所亀沢町	洗足池公園

完成！

3 二重線を引くことができた。ダブルクリックすると、マウスポインターが元の形に戻り、鉛筆が解除される。

応用 120

ワードの表で列幅・行高を揃える

[初級]

ワードの表の列幅や行高は、ドラッグ操作でサイズを変更できる。また表全体を大きくしたい場合も、最下部の線をドラッグすれば、大きさが変えられる。ただし、このようにドラッグでサイズを変更していると、行列の幅や高さが揃わなくなり、見栄えがよくない。そこで利用するのが「**幅を揃える**」「**高さを揃える**」だ。揃えたいセルをドラッグして複数選択し、ボタンをクリックするだけで、表の列幅・行高を整えてくれる。

ここがポイント!

「幅を揃える」をクリックする

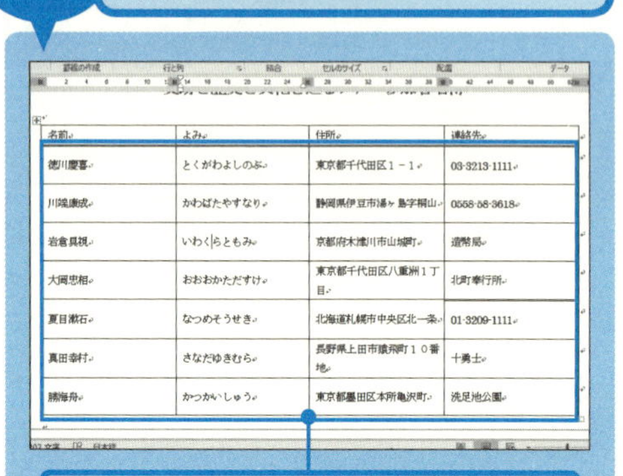

名前	よみ	住所	連絡先
徳川慶喜	とくがわよしのぶ	東京都千代田区１－１	03-3213-1111
川端康成	かわばたやすなり	静岡県伊豆市湯ヶ島字桐山	0558-58-3618
岩倉具視	いわくらともみ	京都府木津川市山城町	造幣局
大岡忠相	おおおかただすけ	東京都千代田区八重洲１丁目	北町奉行所
夏目漱石	なつめそうせき	北海道札幌市中央区北一条	01-3209-1111
真田幸村	さなだゆきむら	長野県上田市鯉飛町１０番地	十勇士
勝海舟	かつかいしゅう	東京都墨田区本所亀沢町	洗足池公園

選択したセルの幅や高さがきれいに揃った

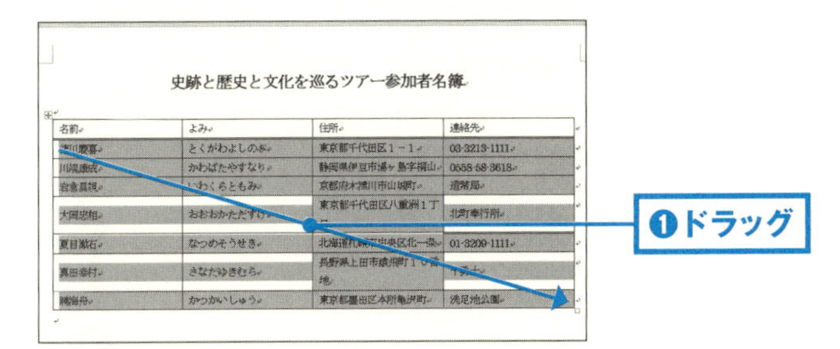

1 行高を揃えたいセルをドラッグして選択する❶。

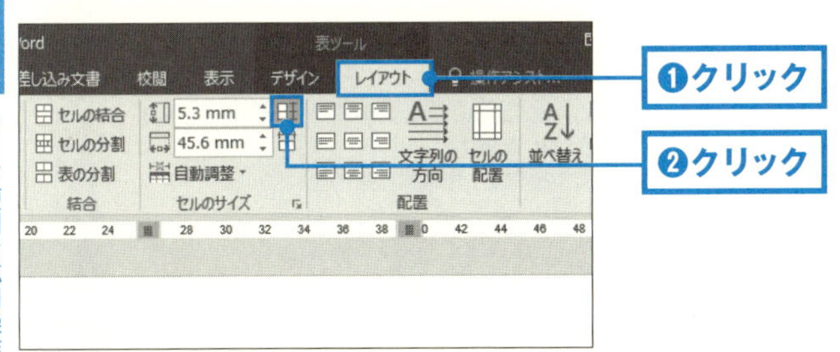

2 表ツールの「レイアウト」タブをクリックする❶。「高さを揃える」をクリックする❷。

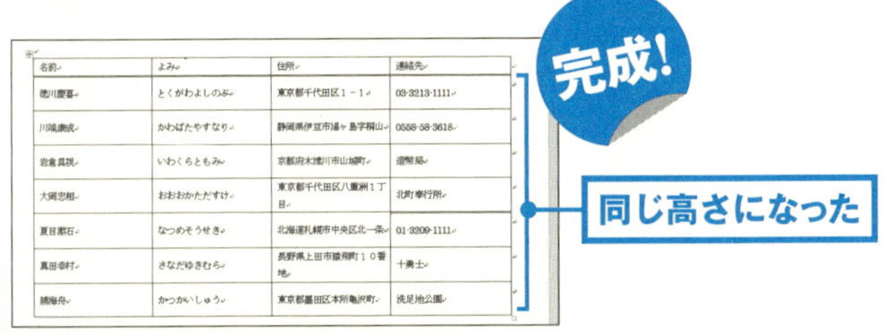

3 セルの高さが揃った。「幅を揃える」をクリックすれば、セルの幅も揃えられる。

ワードの表でセルを結合する

［初級］

ここがポイント！

「セルの結合」をクリックする

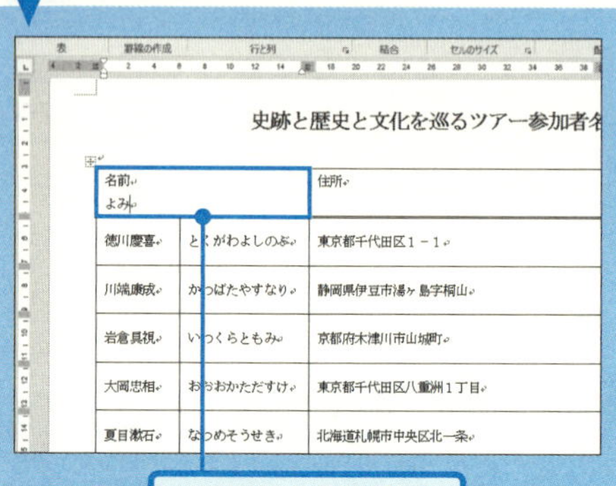

2つのセルを結合した

表の作成に欠かせないのは、行や列の追加だけではない。セルの結合や分割も、ワードで見やすい表を作成するのに必須のテクニックだ。セルの結合は、2つ以上のセルを選択し、「**セルの結合**」をクリックする。これで1つの大きなセルができる。また「**セルの分割**」をクリックすると、反対にセルを分割することができる。表の完成図をイメージしながら、セルの結合や分割をして、伝わる表に仕上げていこう。

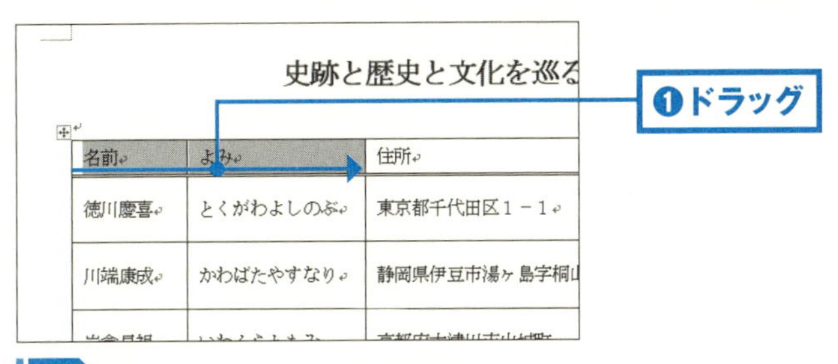

1 2つ以上のセルをドラッグして選択する❶。

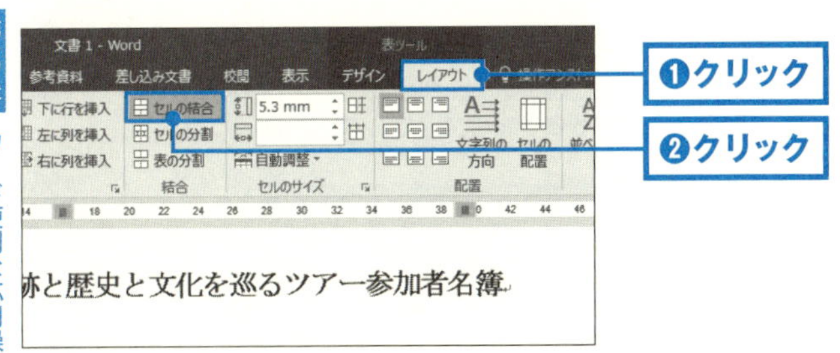

2 表ツールの「レイアウト」タブをクリックする❶。「セルの結合」をクリックする❷。

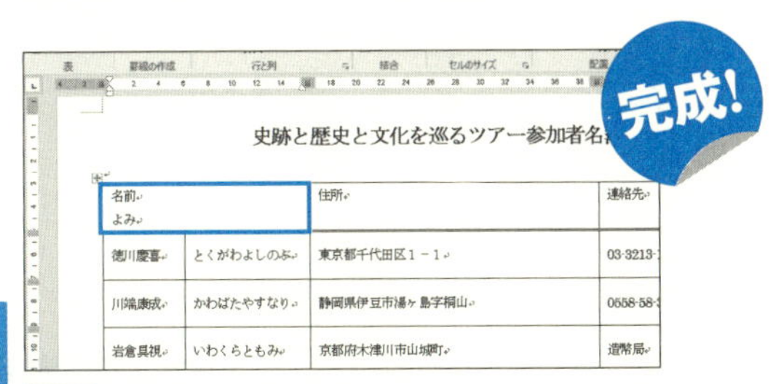

3 2つのセルが結合して、1つの大きなセルになった。

応用

122

エクセルの表をワードに貼り付ける

[極上]

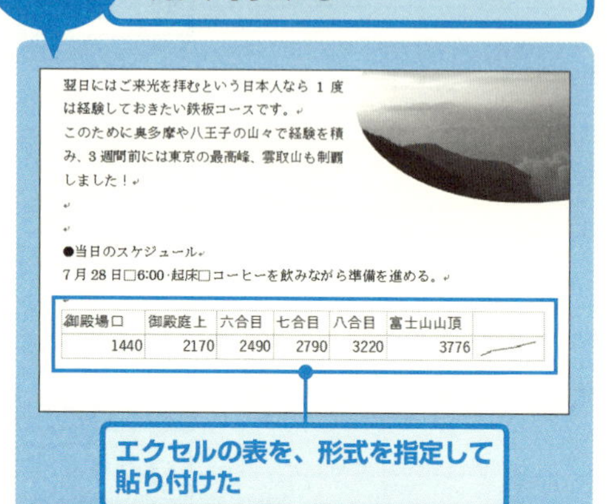

ワードとエクセルはともにマイクロソフト社の製品で、相互のデータのやり取りが可能になっている。ワードには、エクセルの表をそのまま挿入する機能がある。ここで紹介するのは、エクセルの表をコピーして、ワードで「**形式を選択して貼り付ける**」方法だ。この方法で貼り付けると、ワードに貼り付けた表をダブルクリックすると、一時的にエクセルの機能を利用して表を編集できる。ワードとエクセルの究極の連携ワザだ。

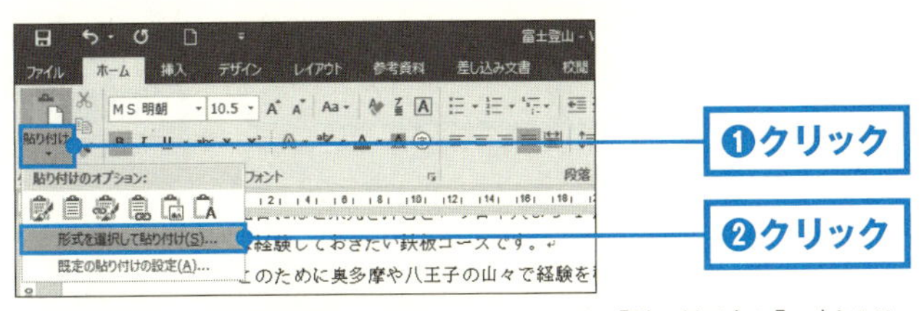

1 エクセルで表を選択し、コピーする。ワードで「貼り付け」の「▼」をクリックし❶、「形式を選択して貼り付け(S)」をクリックする❷。

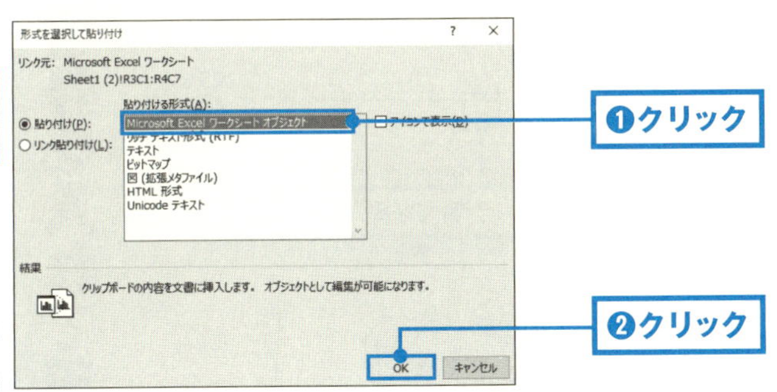

2 「Microsoft Excel ワークシート オブジェクト」をクリックし❶、「OK」をクリックする❷。

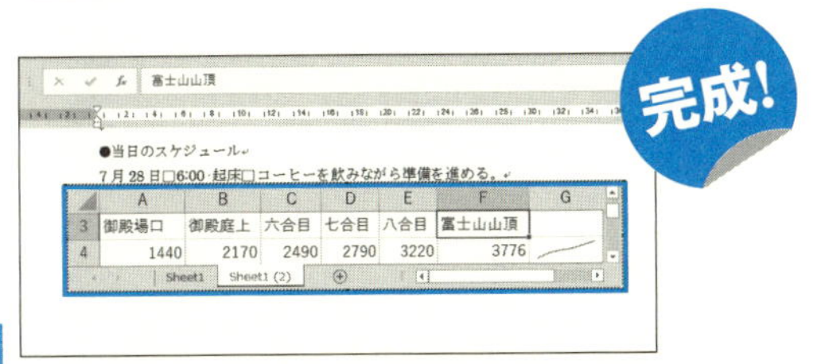

3 エクセルの表がワードに貼り付けられた。表をダブルクリックすると編集状態になり、エクセルのタブやリボンが表示される。グラフやスパークラインも、一緒に貼り付けられる。

応用

123

ページ番号を入れて印刷する

［中級］

ここがポイント！

フッターにページ番号を挿入する

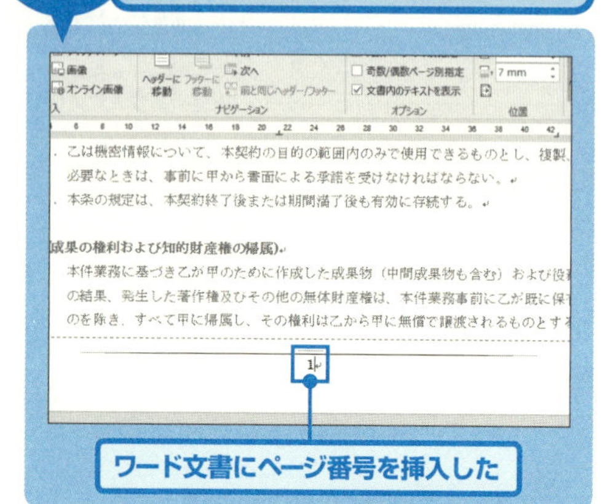

ワード文書にページ番号を挿入した

ワードで複数ページにまたがる文書を作成した場合、ページの順番をまちがえないよう、**ページ番号**をつけて印刷したい。プレゼンや会議などで配布する場合も、ページ番号は必須だ。やり方はかんたんで、「挿入」タブの「ページ番号」を利用する。挿入する位置も、ページ下部や上部などを選ぶことができる。ページ上部を**ヘッダー**、下部を**フッター**と呼び、ページ番号の他にもファイル名やファイルの保存場所などを挿入することができる。

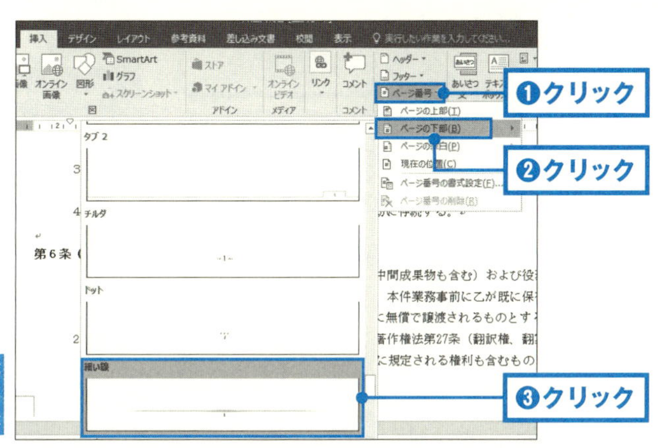

1 「挿入」タブの「ページ番号」をクリックする❶。「ページの下部(B)」をクリックする❷。メニューの中から、好みのデザインをクリックする❸。

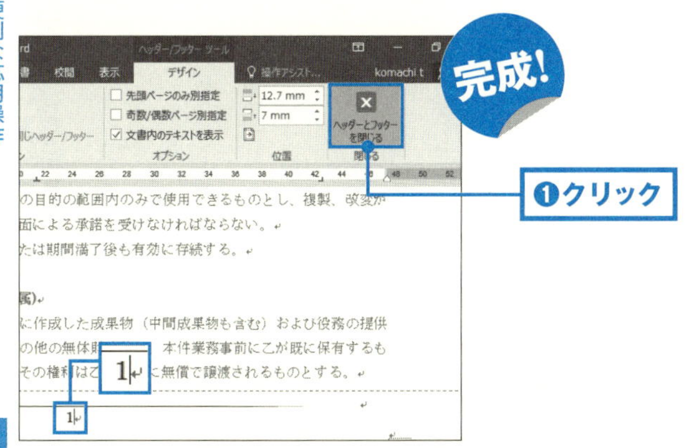

2 ページ番号が挿入された。ヘッダーとフッターが編集状態になっているので、「ヘッダーとフッターを閉じる」をクリックする❶。すると、元の編集画面に戻る。

応用

124

ページ番号を開始する数を指定する

ここがポイント！

「書式設定」で最初のページ番号を指定する

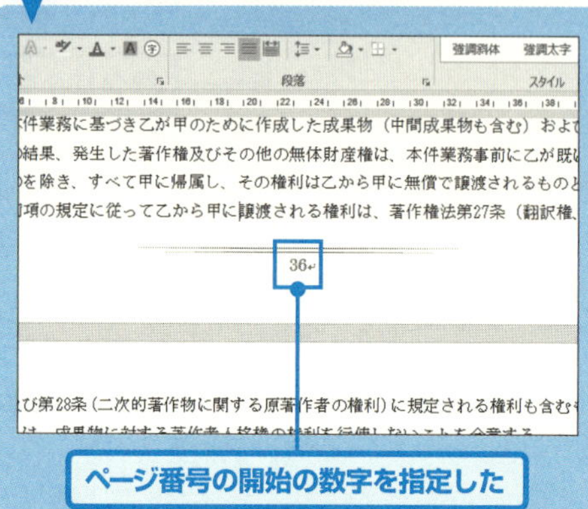

文書によっては、**ページ番号を途中から**開始したい、といったことがある。その場合に利用するのが「**ページ番号の書式設定**」だ。P.268の方法で設定したページ番号をダブルクリックすると、ヘッダー／フッターツールの「デザイン」タブが表示される。「ページ番号」をクリックし、「ページ番号の書式設定」をクリックすると表示される画面で、何ページ目から始めるのかを指定できる。番号の種類もここで変更できる。

［中級］

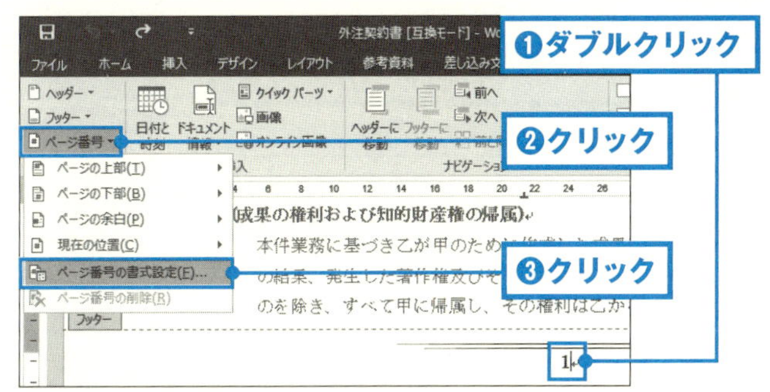

1 ページ番号をダブルクリックする❶。「ページ番号」をクリックし❷、「ページ番号の書式設定(F)」をクリックする❸。

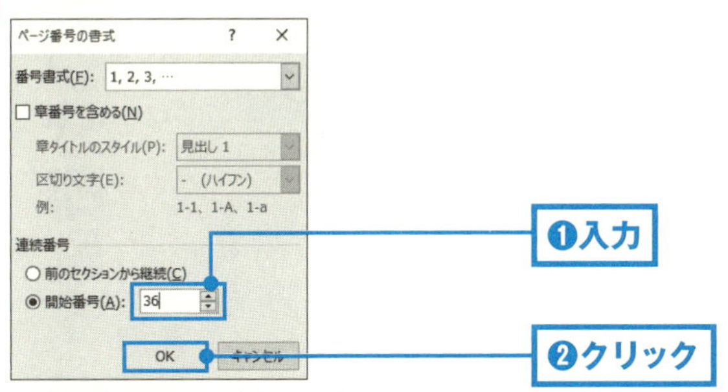

2 「開始番号(A)」に、開始するページ番号を入力する❶。「OK」をクリックする❷。

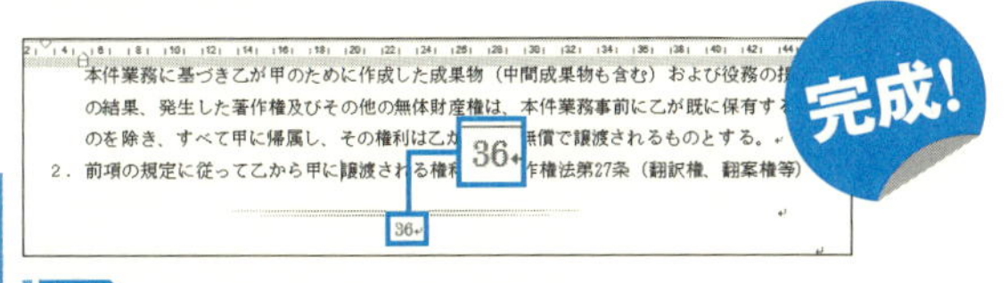

3 ページの開始番号が変更された。

応用
125

1枚に2ページ分印刷する

[中級]

ここがポイント!
「印刷設定」で「2ページ/枚」に設定する

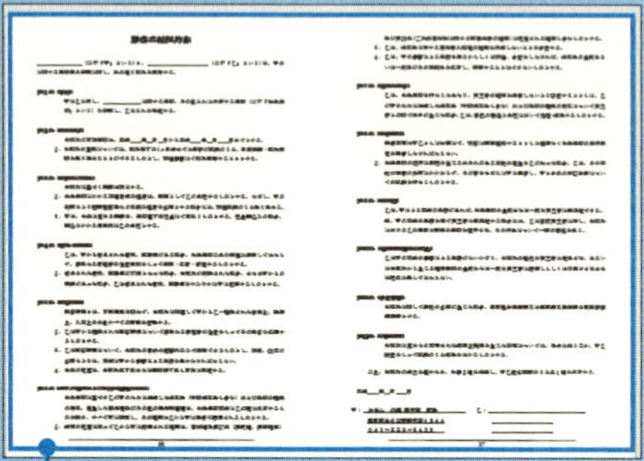

1枚の用紙に2ページ分を印刷した

複数ページにわたる文書を印刷する場合に、印刷枚数を減らすため、用紙1枚に**2ページ分**を入れて**印刷**したいことがある。方法はかんたんで、印刷設定で「2ページ/枚」に設定すればOKだ。印刷用紙が少なくなれば、用紙の節約にもなる。また、2ページ1枚に限らず、4ページ、8ページと指定することもできる。このように、1枚に複数ページを入れ込むことを「**割り付け**」と呼ぶので覚えておこう。

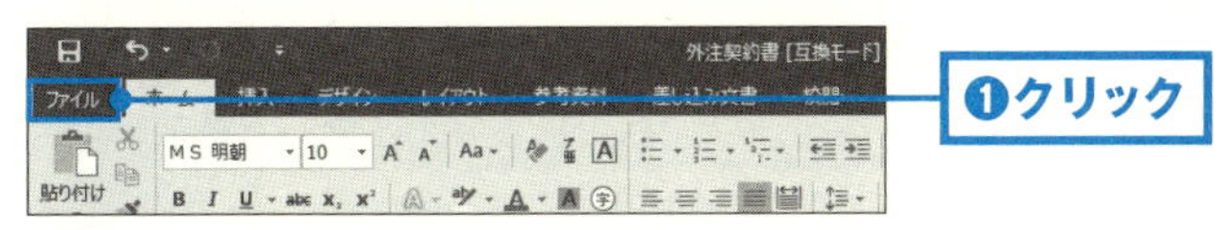

1

「ファイル」をクリックする❶。

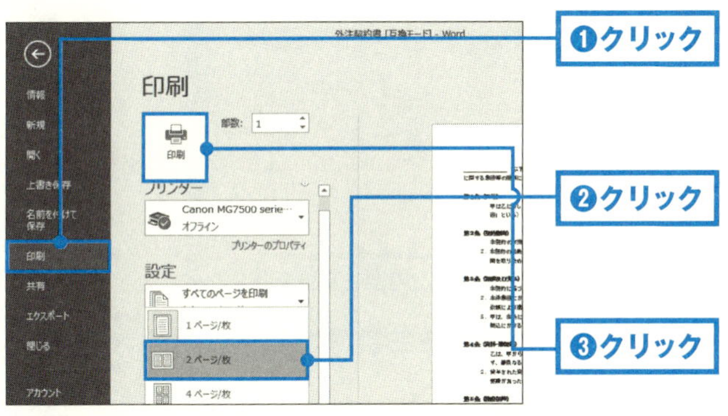

2

「印刷」をクリックする❶。「1ページ／枚」をクリックし、「2ページ／枚」をクリックする❷。「印刷」をクリックする❸。

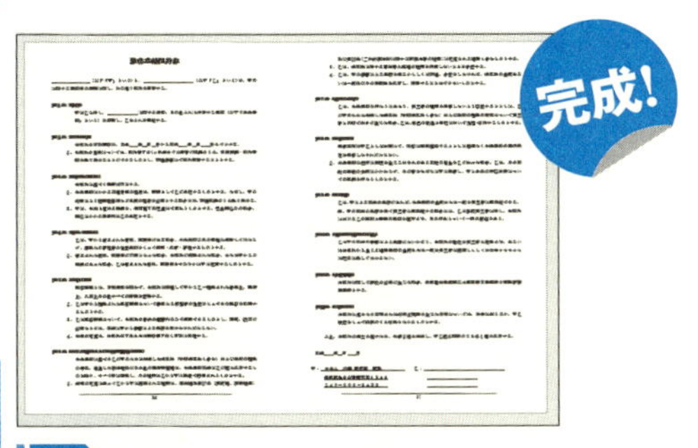

3

1枚の用紙に2ページ分が割り付けられて印刷される。

内容が変更されないようにPDFにして渡す

[中級]

ここがポイント！ PDF形式で保存する

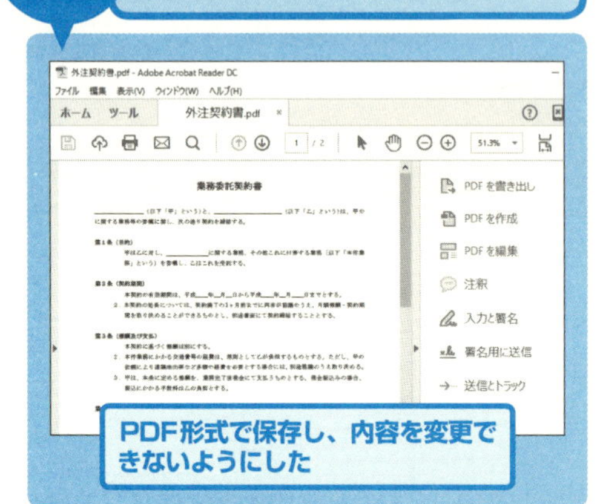

作成した文書をデータで渡す場合、ワード形式のまま渡すと、配布先でもかんたんに変更ができてしまう。P.34のように文書にパスワードを設定し変更できないようにしてもよいが、もう1つの方法は、**PDF形式**にして渡す方法だ。見積書や契約書などは、このPDF形式でやりとりされることが多い。内容を変更できず、先方のパソコンにワードが入っていなくても開くことができる。一石二鳥の便利ワザだ。

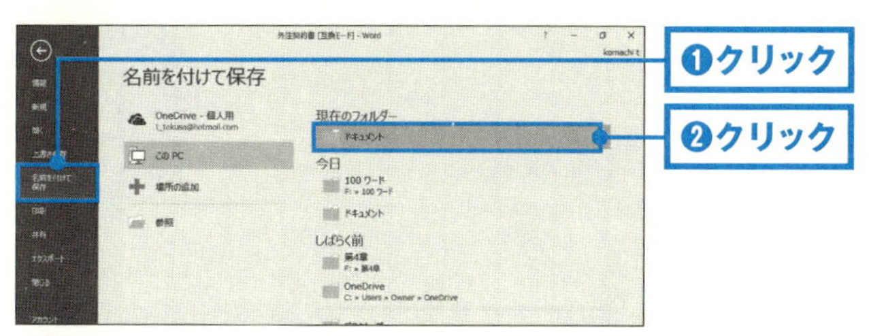

1 「ファイル」タブをクリックし、「名前を付けて保存」①→保存先(例では「ドキュメント」)②の順にクリックする。

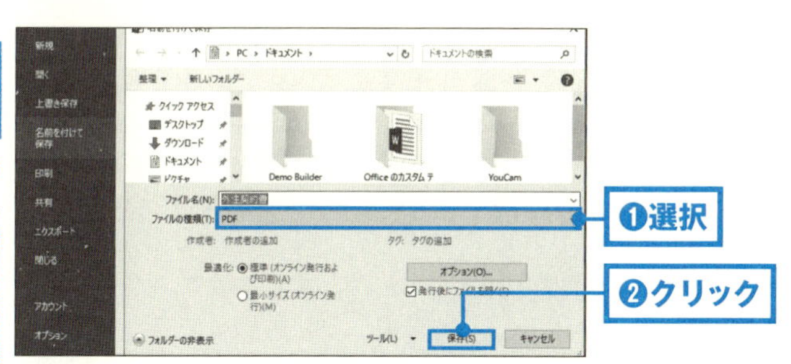

2 「名前を付けて保存」画面の「ファイルの種類(T)」で、「PDF」を選択する①。「保存(S)」をクリックする②。

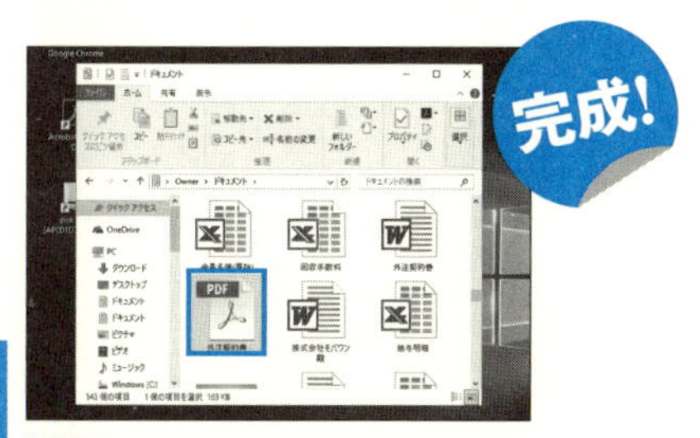

3 指定した場所に、PDFファイルが保存される。

COLUMN

コラム 5

OneDriveって何?

Office 2013以降のワードやエクセルでは、保存先に「OneDrive」(旧名SkyDrive)を指定できるようになった。OneDriveはクラウドを利用した保存領域で、インターネットに接続され、ワードやエクセルを同じアカウントで利用するように設定していれば、どのパソコンからでもOneDriveに保存したファイルを利用することができる。

しかし、OneDriveの利用にはちょっとした注意が必要だ。OneDrive内にはパソコン内と同じ名前の「ドキュメント」フォルダーがある。注意していないと、パソコンとOneDrive、どちらの「ドキュメント」に保存したかわからなくなり、ファイルを見つけられなくなってしまう。

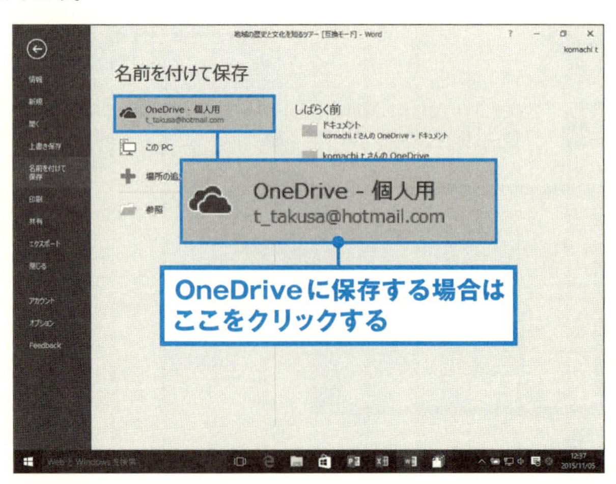

特別付録

エクセル&ワード
特選ショート
カットキー事典

エクセル&ワード共通のショートカットキー

定番

Ctrl+N	新規文書(ブック)の作成
Ctrl+S	上書き保存
Ctrl+Z	操作の取り消し
Ctrl+Y	直前の操作を繰り返す
Ctrl+A	すべて選択
Ctrl+C と Ctrl+V	コピー&貼り付け
Ctrl+X と Ctrl+V	切り取り&貼り付け
Ctrl+P	印刷の開始
Ctrl+F	検索
Ctrl+H	置換
Ctrl+ドラッグ	複製
ESC	操作のキャンセル・全画面表示を終了

入力

F6	変換時にひらがなにする
F7	変換時にカタカナにする

F8	変換時に半角カタカナにする
F9	変換時に全角英数にする
F10	変換時に半角英数にする

保存と開く

F12	「名前を付けて保存」ダイアログを表示
Ctrl + O	「ファイルを開く」ダイアログを表示
Alt + F4	アプリを閉じる

エクスプローラ

⊞ + Home	作業中のウィンドウ以外を最小化
⊞ + ↑ / ↓	ウィンドウを最大化 / 元に戻す
⊞ + E	「コンピューター」を表示
⊞ + ←	ウィンドウを左半分に
⊞ + →	ウィンドウを右半分に
⊞ + Tab	アプリを切り替える
⊞ + D	デスクトップの表示
⊞ + +	拡大鏡で画面を拡大
⊞ + Enter	音声案内を開始
⊞ + PrintScreen	画面をピクチャに保存
Alt + スペース	ウィンドウの操作メニューの表示

ワードのショートカットキー

定番

キー	機能
Ctrl + F1	リボンの表示 / 非表示
Ctrl + マウスのホイールを回転	ウィンドウ内の拡大
PageDown	1 画面分下にスクロール
Shift + スペース	日本語入力モードで半角スペースを入力
Ctrl + Shift + A	英字を大文字にする

文字書式

キー	機能
Ctrl + B	太字（ボールド体）にする
Ctrl + I	斜体（イタリック体）にする
Ctrl + Shift + .	フォントサイズを拡大
Ctrl + Shift + ,	フォントサイズを縮小
Ctrl + Shift + C / V	書式だけをコピー&貼り付け

段落書式

キー	機能
Ctrl + E	中央に揃える
Ctrl + L	左に揃える
Ctrl + R	右に揃える
Ctrl + 5	行間を 1.5 行にする
Ctrl + M	インデントを設定

挿入

Ctrl + K	ハイパーリンクを設定する
Ctrl + Enter	改ページする

校正

Shift + Ctrl + G	文字数や行数を数える
Ctrl + スペース	書式のクリア
F7	誤字脱字のチェック

移動

Ctrl + G	文章内のジャンプ
Shift + F5	直前に編集した位置に移動
Ctrl + Home	文章の先頭に移動
Ctrl + End	文章の行末まで移動

選択

Shift + クリック	複数の図形の選択
Alt + ドラッグ	矩形（四角形）で選択
Shift + →	キー操作で1文字ずつ選択
Shift + Home	文字カーソル位置から行頭までを選択
Shift + End	文字カーソル位置から行末までを選択
Ctrl + Shift + Home	文字カーソル位置から先頭までを選択
Ctrl + Shift + End	文字カーソル位置から末尾までを選択
Ctrl + Shift + ↑	文字カーソル位置から段落行頭までを選択
Ctrl + Shift + ↓	文字カーソル位置から段落行末までを選択
Shift + F10	ショートカットメニューの表示

エクセルのショートカットキー

入力・編集

キー	機能
F2	セルを編集状態にする
Alt + Enter	セル内で改行
Ctrl + D	上のセルと同じ値を入力
Ctrl + R	左のセルと同じ値を入力
Alt + ↓	上に入力された値をリストで表示
Ctrl + Enter	選択した複数のセルに同じデータを入力
Ctrl + ;	現在の日付を挿入
Ctrl + :	現在の時刻を表示

書式

キー	機能
Ctrl + 1	セルの書式設定の表示
Ctrl + Shift + 1	数字に，（カンマ）をつける
Ctrl + Shift + ^	標準の書式設定にする
Ctrl + Shift + 3	日付の表示形式にする
Ctrl + @	時刻の表示形式にする
Ctrl + Shift + $	通貨の表示形式にする

Ctrl + Shift + 6	セルに外枠線を摘要
Ctrl + Shift + ＼	罫線を消す

移動

Ctrl + Home	A1 セルに移動
Ctrl + End	表の右下のセルに移動
F5	特定のセルにジャンプするダイアログの表示
Alt + PageDown	1 画面分、右にスクロール
Alt + PageUp	1 画面分、左にスクロール

選択

Ctrl + A	すべてのセルを選択
Ctrl + Shift + *	表全体を選択
Shift + スペース	行全体を選択
Ctrl + スペース	列全体を選択
Shift + ↑↓←→	セルの選択範囲の微調整
Ctrl + Shift + ↑↓←→	表の端のセルまでを選択
Ctrl + End	データの入った最後のセルを選択
Ctrl + Shift + Home	現在の位置から A1 セルまで選択
Ctrl + Shift + End	現在の位置からデータの入った最後のセルまで選択
Ctrl + [	数式に含まれるセルを選択

表示

キー	内容
Ctrl + Shift + @	数式の表示 / 非表示
Ctrl + F6	複数ブック表示時の切り替え
Ctrl + F9	ブックの最小化
Ctrl + F10	ブックの最大化
Ctrl + F7	ブックの移動
Ctrl + F8	ブックのサイズ変更
Shift + F10	右クリックメニューを表示

シート・ブック

キー	内容
Ctrl + PageDown	前のシートを選択
Ctrl + PageUp	次のシートを選択
Ctrl + Tab	別のブックに切り替える

行・列

キー	内容
Ctrl + Shift + +	セルや行 / 列を挿入
Ctrl + −	セルや行 / 列を削除
Ctrl + 9	行を非表示にする
Ctrl + 0	列を非表示にする
Ctrl + Shift + 9	行を再表示する
Ctrl + Shift + 0	列を再表示する

挿入・再実行

Ctrl + L	テーブルの作成ダイアログを表示
Ctrl + Shift + +	セルの挿入ダイアログの表示
Shift + F2	セルにコメントを追加
Ctrl + Shift + =	合計を入れる
Shift + F3	関数の挿入ダイアログの表示
Alt + Shift + =	SUM 関数を挿入
F9	計算を再実行

た

な

は

ま

や

ら・わ

索引

英数字

あ

か

さ

お問い合わせについて

本書に関するご質問については、本書に記載されている内容に関するもののみとさせていただきます。本書の内容と関係のないご質問につきましては、一切お答えできませんので、あらかじめご了承ください。また、電話でのご質問は受け付けておりませんので、必ずFAXか書面にて下記までお送りください。
なお、ご質問の際には、必ず以下の項目を明記していただきますようお願いいたします。

1 お名前
2 返信先の住所またはFAX番号
3 書名（今すぐ使えるかんたん文庫
　エクセル＆ワード
　全部！使える瞬間ワザ）
4 本書の該当ページ
5 ご使用のOSとソフトウェアのバージョン
6 ご質問内容

なお、お送りいただいたご質問には、できる限り迅速にお答えできるよう努力いたしておりますが、場合によってはお答えするまでに時間がかかることがあります。また、回答の期日をご指定なさっても、ご希望にお応えできるとは限りません。あらかじめご了承くださいますよう、お願いいたします。
ご質問の際に記載いただきました個人情報は、回答後速やかに破棄させていただきます。

問い合わせ先

〒162-0846
東京都新宿区市谷左内町21-13
株式会社技術評論社　書籍編集部
「今すぐ使えるかんたん文庫
エクセル＆ワード
全部！使える瞬間ワザ」質問係
FAX番号　03-3513-6167

URL：http://book.gihyo.jp

お問い合わせの例

FAX

1 お名前
技術　太郎
2 返信先の住所またはFAX番号
03-XXXX-XXXX
3 書名
今すぐ使えるかんたん文庫
エクセル＆ワード
全部！使える瞬間ワザ
4 本書の該当ページ
100ページ
5 ご使用のOSとソフトウェアのバージョン
Windows 10
Excel 2016
6 ご質問内容
合計が正しく計算されない

今すぐ使えるかんたん文庫
エクセル&ワード
全部!使える瞬間ワザ

2016年2月25日　初版　第1刷発行

著　者●たくさがわつねあき
発行者●片岡　巌
発行所●株式会社　技術評論社
東京都新宿区市谷左内町21-13
電話　03-3513-6150　販売促進部
03-3513-6160　書籍編集部
編集●大和田洋平
カバーデザイン●菊池祐（株式会社ライラック）
本文デザイン／DTP●株式会社ライラック
製本／印刷●株式会社加藤文明社

定価はカバーに表示してあります。

ISBN978-4-7741-7900-1 C3055

Printed in Japan